ABITUR

Prüfungsaufgaben
mit Lösungen

2013

Geographie

Grund- und Leistungskurs
Gymnasium • Gesamtschule
Nordrhein-Westfalen

2009–2012

STARK

ISBN 978-3-8490-0103-2

6. neu bearbeitete und ergänzte Auflage
www.stark-verlag.de

Inhalt

Original-Prüfungsaufgaben Abitur 2011

Original-Prüfungsaufgaben Abitur 2012

Autoren

Rainer Koch: Hinweise und Tipps, Übungsaufg. 2; Nina Erdmann: Übungsaufg. 1;
Wolfgang Lage: Lösungen Abituraufgaben (GK) 2009–12;
Torsten Wagner: Lösungen Abituraufgaben (LK) 2010, 2011 (1);
Sandra Böker: Lösungen Abituraufgaben (LK) 2011 (2, 3), 2012.

Vorwort

Liebe Abiturientinnen und Abiturienten,

Sie werden bald die schriftliche oder mündliche Abiturprüfung im **Fach Geographie** ablegen. Dieses Buch wird Ihnen dabei helfen, sich erfolgreich darauf vorzubereiten.

Das einführende Kapitel „**Hinweise und Tipps zum Zentralabitur**“ informiert Sie über die offiziellen Rahmenvorgaben, macht Sie mit den unterschiedlichen Arbeitsanweisungen (Operatoren) vertraut und erläutert die verschiedenen Schwierigkeitsstufen (Anforderungsbereiche) innerhalb jeder Aufgabe sowie deren Bewertung. Außerdem erhalten Sie wertvolle **Tipps**, wie Sie die gestellten Aufgaben am besten lösen können. Auch über alles Wissenswerte zur **mündlichen Prüfung** im Fach Geographie werden Sie informiert.
Sollten nach Erscheinen dieses Bandes noch wichtige Änderungen in der Abitur-Prüfung 2013 vom Ministerium für Schule und Weiterbildung bekannt gegeben werden, finden Sie aktuelle Informationen dazu im Internet unter folgendem Link:
www.stark-verlag.de/info.asp?zentrale-pruefung-aktuell

Der anschließende **Übungsteil** enthält je eine praxiserprobte abiturähnliche Aufgabe für den Grund- bzw. Leistungskurs, die gemäß den Vorgaben für das Zentralabitur Geographie 2013 konzipiert sind. Des Weiteren finden Sie in diesem Buch eine Auswahl an Aufgaben der **Zentralabitur-Haupttermine** 2009 und 2010 sowie die vollständigen Abiturjahrgänge 2011 und 2012. Anhand dieser Aufgaben können Sie sich auf die **inhaltlichen Vorgaben** vorbereiten und gezielt üben. Außerdem können sie wertvolle Schlüsse auf den Inhalt und die Anforderungen der kommenden Abiturprüfung ziehen.

Konkrete **Bearbeitungshinweise** zeigen, wie Sie am effektivsten an die Aufgaben herangehen. Die **Lösungsvorschläge** geben Ihnen die Möglichkeit, Ihre eigene Lösung damit zu vergleichen, um so Ihren Wissensstand zu kontrollieren.

Insgesamt können Sie mit diesem Buch selbstständig die im Unterricht gelernten Inhalte und Methoden wiederholen und sich **effektiv auf das Abitur vorbereiten.**

Autoren und Verlag wünschen Ihnen eine erfolgreiche Prüfung!

Hinweise und Tipps zum Zentralabitur

1 Rahmenbedingungen

1.1 Vorgaben für den Doppeljahrgang des Zentralabiturs 2013

Seit 2007 werden in Nordrhein-Westfalen die Prüfungsaufgaben für die schriftliche Abiturprüfung zentral vom Schulministerium gestellt. Die mündlichen Prüfungsaufgaben werden weiterhin dezentral von der jeweiligen Schule entwickelt.

Die zentralen Prüfungsaufgaben orientieren sich an drei Vorgaben:
- an den gültigen Richtlinien und Lehrplänen Sekundarstufe II – Gymnasium/ Gesamtschule *(im Internet abrufbar)*,
- an den bundesweit gültigen Einheitlichen Prüfungsanforderungen in der Abiturprüfung (EPA),
- an den jährlichen Vorgaben zu den unterrichtlichen Voraussetzungen für die schriftliche Prüfung im Abitur in der gymnasialen Oberstufe *(siehe Kapitel 2!)*.

Alle für Sie wichtigen Informationen werden auf den folgenden Seiten erläutert. Sollten Sie darüber hinaus an weitergehenden Informationen (z. B. zu einzelnen Erlassen oder zur EPA) interessiert sein, so finden Sie diese im Internet:
www.standardsicherung.schulministerium.nrw.de/abitur-gost/fach.php?fach=9
www.schulministerium.nrw.de/BP/Schulrecht/RuL/index.html
www.kmk.org/bildung-schule/allgemeine-bildung/abitur/

1.2 Zeitrahmen

Die **schriftlichen Abiturprüfungen** im Fach Geographie finden für G9- und für G8-SchülerInnen am **11. April 2013 (Leistungskurs)** bzw. am **22. April 2013 (Grundkurs)** statt. Die **mündlichen Prüfungen** im vierten Fach beginnen ab dem **24. April 2013**.
Im schriftlichen Abitur werden Ihnen drei Aufgaben gestellt, von denen Sie eine auswählen und bearbeiten müssen. Im **Grundkurs** stehen Ihnen für Auswahl und Bearbeitung Ihrer Abituraufgabe **insgesamt 210 Minuten** zur Verfügung. Im **Leistungskurs** beträgt der Zeitrahmen **insgesamt 285 Minuten**.

1.3 Aufgabenstruktur

Jede Aufgabe stellt eine thematische Einheit dar. Diese enthält eine zwei- oder dreiteilige Arbeitsanweisung mit verschiedenen Teilaufgaben. **Grund- und Leistungskurs** unterscheiden sich im Hinblick auf den **Umfang** und/oder die **Komplexität** der vorgelegten Materialien. Ansonsten greifen sie bis auf wenige Unterschiede bei den jährlichen Vorgaben zu den inhaltlichen Schwerpunkten *(Kapitel 2!)* auf dieselben inhaltlichen und methodischen Kompetenzen zurück.

1.4 Hilfsmittel

Im Fach Geographie können Sie grundsätzlich folgende Hilfsmittel benutzen:
- den an der Schule in der Qualifikationsphase überwiegend verwendeten Atlas,
- einen Taschenrechner,
- ein Wörterbuch der deutschen Rechtschreibung.

2 Inhaltliche Schwerpunkte im Fach Geographie für das Abitur 2013

(Quelle: Ministerium für Schule und Weiterbildung Düsseldorf 2011; vgl. auch Richtlinien und Lehrpläne Erdkunde Sek. II, Seiten 12–13)

Raumstrukturen und raumwirksame Prozesse in der Wechselwirkung von natürlichen Systemen und Eingriffen des Menschen

- Ursachen und Folgen von Eingriffen in geoökologische Kreisläufe
  - landwirtschaftliche Intensivierung durch unterschiedliche Bewässerungssysteme in ariden und semiariden Räumen
  - Prozess der Bodenversalzung und mögliche Gegenmaßnahmen
- Ökologische Prinzipien und zukunftsfähige Maßnahmen in der Industrie, Land-, Forst- oder Fischereiwirtschaft im globalen ökonomischen Zusammenhang
  - Dreieck der Nachhaltigkeit
  - Desertifikation als Folge einer unangepassten Bodennutzung in ariden Klimaten und Maßnahmen zu deren Behebung
  - Ressourcenproblematik und Alternativen
  - Grenzen der Tragfähigkeit
- Das Spannungsfeld von Landschaftszerstörung und -bewahrung im Zusammenhang mit Freizeitgestaltung
  - Standortfaktoren für unterschiedliche Tourismusformen
  - Drei-Phasen-Modell der raum-zeitlichen Entfaltung der Tourismuswirtschaft nach Vorlaufer (**nur LK**) und Tourismusmodell nach Butler
  - Formen angepassten und sanften Tourismus

- Klima- und Vegetationszonen in ihrer unterschiedlichen Bedeutung für die Entwicklung von Räumen
  - Mechanisierung, Intensivierung und Spezialisierung als Kennzeichen einer industrialisierten Landwirtschaft in der gemäßigten Zone und den Tropen (**GK und LK**) sowie den Subtropen (**nur LK**)
  - Agrarkolonisationen als Maßnahmen zur Reduzierung des Bevölkerungsdruckes und zur Erhöhung der Agrarproduktion in den Tropen (**nur LK**)

Raumstrukturen und raumwirksame Prozesse im Spannungsfeld von wirtschaftlichen Disparitäten und Austauschbeziehungen

- Ernährungspotenzial für eine wachsende Weltbevölkerung zwischen Subsistenzwirtschaft und Agrobusiness
  - Subsistenzwirtschaft versus Marktorientierung
  - Merkmale des Agrobusiness
  - Grundprinzipien der ökologischen Landwirtschaft
- Wandel von Standortfaktoren in seiner Wirkung auf industrieräumliche Strukturen
  - Standortentscheidungen im Zusammenhang mit harten und weichen Standortfaktoren
  - Hauptphasen des industriellen Strukturwandels
- Verkehrs- und Kommunikationsnetze in ihrer Bedeutung für die Verflechtung und Gestaltung von Räumen
  - Zusammenhang zwischen der Modernisierung der Verkehrs- und Kommunikationsnetze und der Globalisierung
  - Prinzipien der Standortverlagerung und der Beschaffungslogistik
- Tertiärisierung als Motor für die räumliche Verteilung von Arbeitsplätzen und Warendistribution
  - Wirtschaftsfaktor Fremdenverkehr in seiner Bedeutung für Zielregionen
- Veränderung von Konsummustern und Wertorientierungen als wesentliche Voraussetzungen für nachhaltiges Wirtschaften in der Einen Welt
  - Merkmale von Fairtrade-Projekten
  - Ökobilanzierung

Raumstrukturen und raumwirksame Prozesse im Spannungsfeld von Aktionen und Konflikten sozialer Gruppen, Staaten und Kulturgemeinschaften

- Raumbedarf und Tragfähigkeit im Zusammenhang mit demographischen Prozessen
  - Demographischer Wandel (mit Modell)
  - Ursachen und Folgen von Wanderungsbewegungen

- Siedlungsentwicklung in Abhängigkeit von soziokulturellen und politischen Leitbildern
  - Grundzüge der Stadtentwicklung in Europa und Nordamerika mit entsprechenden Modellen (**GK und LK**) sowie Stadtentwicklungsprozesse in Asien (**nur LK**)
  - aktuelle Leitbilder der Stadtentwicklung
  - Merkmale von Global Cities
  - Zentralität als Ausdruck funktionaler Verflechtungen: Strukturen und Raumordnungsziele, einschließlich modellhafter Darstellungen
- Raumwirksamkeit globaler Zusammenarbeit in Abhängigkeit von soziokulturellen Rahmenbedingungen
  - Zielsetzungen von Wirtschaftsbündnissen
  - Transnationale Bedeutung von Sonderwirtschafts- und von Freihandelszonen
- Zusammenwachsen oder Desintegration von Räumen aufgrund politischer Vorgaben und kultureller Prägung
  - Transformationsprozesse im Osten Europas
  - Europäische Raumordnungsmodelle, u. a. die „Blaue Banane“ (**nur LK**)

3 Leistungsanforderungen

Folgende allgemeine Kenntnisse und Fähigkeiten müssen Sie bei der Bearbeitung der Abituraufgabe im Fach Geographie nachweisen:

Inhaltsbezogene Kenntnisse und Fähigkeiten
Im Mittelpunkt der Abituraufgabe steht ein bestimmter Raum. Diesen müssen Sie lokalisieren und seine geographischen und topographischen Besonderheiten kennzeichnen können. Ebenso gefordert ist die sachkundige Analyse unter dem geforderten inhaltlichen Schwerpunkt. Hierbei müssen Sie im Unterricht erworbenes Wissen anwenden.

Methodenbezogene Kenntnisse und Fertigkeiten
Sie sollten in der Lage sein, bezogen auf jede Teilaufgabe eine sinnvolle Auswahl aus den vorgelegten Arbeitsmaterialien zu treffen, alle wesentlichen Aspekte herauszuarbeiten und Ihre Erkenntnisse in Ihren Darstellungstext einzubauen. Wichtig ist eine eigene und sinnvolle gedankliche Strukturierung der Materialien sowie des Darstellungstextes.

Folgerichtige Gedankenführung und Argumentation zu den gestellten Teilaufgaben
Damit ist gemeint, dass Ihre Ausführung keine Gedankensprünge oder Widersprüche aufweisen darf und dass Sie die einzelnen Teile Ihrer Darstellung mithilfe sinnvoller Überleitungen oder Verbindungen miteinander verknüpfen.

Fach- und sachgerechte schriftliche Darstellung
Hierzu zählt der korrekte Gebrauch der deutschen Sprache ebenso wie die sichere Beherrschung der Fachsprache.

4 Anforderungsbereiche und Operatoren

Die für die gymnasiale Oberstufe wichtigen **Anforderungsbereiche (AFB) I–III** werden in den bundesweit gültigen Einheitlichen Prüfungsanforderungen in der Abiturprüfung (EPA) erläutert. Diese AFB sind sowohl für die Aufgabenstellung und die in ihnen enthaltenen **Operatoren** wichtig als auch für die Bewertung der Prüfungsleistungen. Diese drei Anforderungsbereiche entsprechen drei Leistungsstufen, die durch unterschiedliche Operatoren angesteuert werden.
In der folgenden **Übersicht** werden die AFB kurz skizziert, im Zusammenhang mit den einzelnen Operatoren erläutert und anhand eines Beispiels verdeutlicht.

Operatoren, die vorrangig Leistungen im AFB I verlangen (Reproduktion)

nennen	Informationen/Sachverhalte ohne Kommentierung wiedergeben	Nennen Sie die technischen Entwicklungen, die den Steinkohleabbau im Ruhrgebiet ermöglichten.
beschreiben	Materialaussagen/Sachverhalte mit eigenen Worten geordnet und fachsprachlich angemessen wiedergeben	Beschreiben Sie das Straßennetz der US-amerikanischen Städte.
darstellen	aus dem Unterricht bekannte oder aus dem Material entnehmbare Informationen und Sachzusammenhänge geordnet (grafisch, verbal) verdeutlichen	Stellen Sie am Beispiel des Duisburger Innenhafens den Strukturwandel im Ruhrgebiet dar.
lokalisieren	Einordnen von Fall-/Raumbeispielen in bekannte topographische Orientierungsraster	Lokalisieren Sie die Nordgrenze des Weizenanbaus auf unterschiedlichen Kontinenten.

Operatoren, die vorrangig Leistungen im AFB II verlangen (Reorganisation und Transfer)

einordnen/ zuordnen	einem Raum/Sachverhalt auf der Basis festgestellter Merkmale eine bestimmte Position in einem Ordnungsraster zuweisen	Ordnen Sie den Entwicklungsstand Costa Ricas den verschiedenen Entwicklungstheorien zu.
kennzeichnen	einen Raum/Sachverhalt auf der Basis bestimmter Kriterien begründet charakterisieren	Kennzeichnen Sie die Wirtschaftsstruktur Japans Anfang der 1950er-Jahre.

analysieren	komplexe Materialien/Sachverhalte in ihren Einzelaspekten erfassen mit dem Ziel, Entwicklungen/Zusammenhänge zwischen ihnen aufzuzeigen	Analysieren Sie die soziale Struktur des Dortmunder Stadtteils Kirchhörde.
erläutern	Sachzusammenhänge mithilfe ergänzender Informationen verdeutlichen	Erläutern Sie die Flurbereinigung in Westdeutschland.
erklären	Begründungszusammenhänge, Voraussetzungen und Folgen bestimmter Strukturen und Prozesse darlegen	Erklären Sie den Vorgang der Suburbanisierung am Beispiel von Los Angeles.
vergleichen	Gemeinsamkeiten und Unterschiede zwischen (vergleichbaren) Strukturen/Prozessen erfassen und kriterienbezogen verdeutlichen	Vergleichen Sie die Bevölkerungspyramiden von Togo, Brasilien und Deutschland.
anwenden	Theorien/Modelle/Regeln zu konkretem Fall-/Raumbeispiel/Sachverhalt in Beziehung setzen	Wenden Sie die Standorttheorie Alfred Webers auf das Prinzip der Nassen Hütten an.

Operatoren, die vorrangig Leistungen im AFB III verlangen (Reflexion und Problemlösung)

erörtern	einen Sachverhalt unter Abwägen verschiedener Pro- und Kontra-Argumente klären und eine schlüssige eigene Meinung entwickeln	Erörtern Sie die Folgen der internationalen Arbeitsteilung am Beispiel der deutschen Autoindustrie.
(kritisch) Stellung nehmen	unter Abwägung unterschiedlicher Argumente zu einer begründeten Einschätzung eines Sachverhalts/einer Behauptung gelangen	Nehmen Sie kritisch Stellung zu der Äußerung: „Die Ausweitung des ÖPNV ist die einzige Chance, den Kollaps der europäischen Innenstädte zu verhindern.“
überprüfen	(Hypo-)Thesen/Argumentationen/Darstellungsweisen auf ihre Angemessenheit/Stichhaltigkeit/Effizienz hin untersuchen	Überprüfen Sie die Aussage: „Der Tourismus ist geeignet, die Wirtschaft der Philippinen anzukurbeln.“
beurteilen/ bewerten	auf der Basis von Fachkenntnissen/Materialinformationen/eigenen Schlussfolgerungen unter Offenlegung/Reflexion der angewendeten Wertmaßstäbe zu einer sachlich fundierten, qualifizierenden Einschätzung gelangen/eine begründete, differenzierte eigene Meinung entwickeln	Beurteilen Sie, ob die Gentrifikation in der Münchner City hinter der allgemeinen Entwicklung zurückgeblieben ist.

Anmerkung: *Lokalisieren, beschreiben, darstellen und vergleichen* sind Operatoren, die je nach Komplexität des zu bearbeitenden Materials/der Zielrichtung der Teilaufgabe auf Leistungen im nächst höheren Anforderungsbereich zielen können.

5 Tipps für die Anfertigung der Abiturklausur

5.1 Auswahl der Aufgabe

Am Tag der schriftlichen Prüfung können Sie aus **drei zur Wahl gestellten Aufgaben eine Aufgabe auswählen**. Hierfür haben Sie **30 Minuten** Zeit. Falls Sie für die Aufgabenauswahl weniger Zeit benötigen sollten, kommt Ihnen dies zugute, denn Sie dürfen auch bereits während der Auswahlzeit sofort mit der Bearbeitung beginnen. Deshalb sollten Sie sich darauf vorbereiten, nach einer sorgfältigen Prüfung von Arbeitsanweisungen und Materialteil aller gestellten Aufgaben eine zügige Entscheidung zu treffen.
Anhand der **Überschrift** wird bereits klar, um welchen **Untersuchungsraum** es sich handelt und welcher **Themenschwerpunkt** angesprochen wird (Landwirtschaft, Tourismus, Strukturwandel, Raumplanung, Stadtentwicklung etc.).
Auch wenn Sie spontan zu einer Aufgabe tendieren: Entscheiden Sie sich nicht vorschnell, **überprüfen** Sie in jedem Fall, ob Ihnen der Materialteil auch liegt!

Tipp: Überlegen Sie, ob ein ähnliches Thema – evtl. bezogen auf einen anderen Raum – bereits in einer Klausur oder in Ihrem Unterricht behandelt wurde oder ob eine der gestellten Abitur-Aufgaben einer Ihnen bekannten Übungsaufgabe in diesem Band ähnelt.

5.2 Zeiteinteilung

Beginnen Sie nicht zu früh mit der **Reinschrift**! Zunächst muss in Ihrem Kopf die Bearbeitung aller Teilaufgaben klar sein. Sie müssen anhand des Materialteils die gesamte Aufgabe gedanklich bewältigt haben und das Ergebnis muss, soweit ein solches in der letzten Teilaufgabe gefordert wird, für Sie feststehen.
Achten Sie auf die erreichbaren **Höchstpunktzahlen**, die hinter den Teilaufgaben angegeben sind, und verwenden Sie nicht zuviel Zeit auf die Teilaufgabe 1 – sie zählt bei der Bewertung weniger als die anderen Teilaufgaben *(siehe Kap. 6!)*.
Je nachdem, wie viele Teilaufgaben zu bearbeiten und welche Arbeitsmaterialien auszuwerten sind, teilen Sie sich am besten die 3-stündige (Grundkurs) bzw. die 4¼-stündige Bearbeitungszeit (Leistungskurs) so ein, dass auch für die letzte Teilaufgabe ausreichend Zeit bleibt. Berücksichtigen Sie, dass Sie für Ihr abschließendes **Fazit** ebenfalls Zeit benötigen.

Für einen letzten **Korrekturgang** sollten Sie am Ende ca. 15 Minuten einplanen. Während dieser Zeit gilt es, formale Aspekte (Rechtschreibung, Zeichensetzung, Layout-Anforderungen wie Deckblattgestaltung, Seitenzahlen-Hinweise u. a.) zu überprüfen. Hier ist auch Gelegenheit, ggf. Lesehilfen in Form von Unterstreichungen und Zwischenüberschriften, soweit nicht schon beim Schreiben geschehen, nachträglich als Gliederungshilfe einzufügen *(siehe auch Kap. 5.4!)*.

5.3 Notizen beim ersten Sichten des Materialteils

Markieren Sie jeden **Operator**, rufen Sie sich ins Gedächtnis, welcher **Anforderungsbereich** hiermit gemeint ist, und halten Sie sich unbedingt daran! So vermeiden Sie Themaverfehlungen.
Arbeiten Sie beim **Sichten des Materials** mit Randanmerkungen und Textmarker, schreiben Sie sich zentrale Fachbegriffe neben das einzelne Material. Machen Sie sich eine Notiz, wo Sie den Atlas zur Unterstützung von Aussagen hinzuziehen. Markieren Sie, welches Material zu welcher Teilaufgabe passt (manche Materialien gehören zu mehreren Teilaufgaben).
Gehen Sie bei der Sichtung alle Materialien von Anfang bis Ende durch, aber arbeiten Sie die Einzelmaterialien in ihren späteren Ausführungen nicht einfach der Reihe nach ab! Denn das würde bedeuten, dass Sie keine **eigenständige gedankliche Strukturierung** vornehmen. Eine solche Strukturierung stellt jedoch eine der im Abitur geforderten Leistungen dar.
Es wird von Ihnen erwartet, dass Sie sich selbstständig im Material bewegen, entsprechend dem von Ihnen gewählten gedanklichen Argumentationsansatz. Das Material ist manchmal bewusst nicht sachlogisch aneinandergereiht, manchmal spielt auch das Format für die Unterbringung auf dem einen oder anderen Blatt eine Rolle. In jedem Fall müssen Sie Ihre methodischen, materialbezogenen Kompetenzen unter Beweis stellen, indem Sie sich von der vorgegebenen **Materialreihenfolge**, wo notwendig, lösen.

5.4 Strukturierung

Überlegen Sie, wie Sie Ihre Abiturklausur **einleiten**: Zu jeder Geographieklausur gehört eine räumliche Einordnung. Ein erster Bezug zum Thema gehört ebenfalls an den Anfang.

Folgende Fragen helfen beim Aufbau der Arbeit:
- Wo lassen sich innerhalb der Teilaufgaben *sinnvolle Abschnitte* einziehen?
- Wie lassen sich *Überleitungen* zwischen den Teilaufgaben herstellen?
- Wie wollen Sie – mit Rückbezug zum Thema – den *Schlussteil* gestalten?

Die Abituraufgaben im Fach Geographie bestehen aus **mehrteiligen Arbeitsanweisungen**. Hinter deren Reihenfolge verbirgt sich eine sachlogische gedankliche Ordnung. Insofern haben Sie hierdurch bereits die gedankliche **Grobgliederung** vorgegeben. Halten Sie sich unbedingt daran – bei jedem Operator *(siehe Kapitel 4!)* sind ganz konkrete Arbeitsanweisungen zu befolgen!
Machen Sie die Bearbeitung einzelner **Hauptgedanken** durch Zwischenüberschriften und Absätze deutlich; fügen Sie auch an mehreren Stellen sogenannte Spitzmarken ein, einzelne mit Lineal (!) unterstrichene Kernbegriffe, die alleine in einer Zeile stehen, quasi als „Unter-Untergliederung".
Unübersichtliche Endlossätze und -absätze ermüden den Leser/ Lehrer; auch das Auge benötigt zwischendurch eine Unterbrechung. Grundsätzlich verdeutlichen **Zwischenüberschriften**, **Absätze** und **Spitzmarken**, dass Ihrer Ausführung eine klare **gedankliche Ordnung** zugrunde liegt.

Tipp: Vergewissern Sie sich in regelmäßigen Abständen, wie die Themenstellung lautet! Nicht selten passiert es, dass man sich so über das gerade wie von alleine aus der Feder Fließende freut, dass man ganz aus den Augen verliert, was das eigentliche Ziel der Darstellung im Sinne von Thema und Arbeitsanweisung ist.

5.5 Hilfsfragen für die Arbeit mit dem Materialteil

Bei der Arbeit mit dem Materialteil können die folgenden Fragen hilfreich sein:

- *Aus welchem Jahr stammt die jeweilige Quelle?*
  Die Antwort macht deutlich, ob das Dargestellte noch aktuell ist oder ob eine Aussage aus einer früheren Zeit stammt.
- *Wer hat die Quelle verfasst?*
  Die Antwort hierauf kann für eine geforderte Bewertung wichtig sein, z. B. wenn eine politisch begründete Meinung gedanklich einzuordnen ist.
- *Welche Querverbindungen gibt es zwischen den einzelnen Materialien?*
  Jedes Klausur-Materialpaket gleicht einem Mosaik: Seine einzelnen Bausteine gehören thematisch zueinander, fügen sich durch Ihre Bearbeitung zu einem Gesamtbild. Arbeiten Sie diese Zusammenhänge heraus und machen Sie sie sprachlich deutlich.
- *Woher stammen meine eigenen Aussagen?*
  Belegen Sie, dass sich das von Ihnen Gesagte aus dem Material ergibt. Zitieren Sie, wo es wichtig ist, kurz und prägnant *(siehe Kapitel 5.6!)*.

5.6 Materialbelege und Zitate

Materialhinweise sind keine Satzglieder, schon gar keine Subjekte. Sie sind einfache Anhänge in Klammern und gehören grundsätzlich an das Ende eines Satzes oder Abschnittes. Fügen Sie solche Belege immer dann ein, wenn Sie einen neuen Sachverhalt vorstellen oder ein neues Argument vortragen – der **Klammerzusatz** macht keine Mühe, beweist aber Ihr **methodisch richtiges Vorgehen** und stellt für Sie selbst eine Rückversicherung dar, dass Ihre Aussage aufgrund des Materials richtig bzw. möglich ist.
Schreiben Sie: „Im Zeitraum von 2000 bis 2008 ist die Bevölkerung um 30 % gestiegen (M 3)". Nicht: „M 3 zeigt uns, dass die Bevölkerung ..." oder „Die Bevölkerungszunahme kann man an M 3 erkennen". So vermeiden Sie die Vermischung von Inhalts- und Formebene.

5.7 Der Schluss

Lassen Sie, um im Bild des Hausbaus und Maurers zu sprechen, mit dem letzten Satz zur letzten Teilaufgabe nicht die Kelle fallen: Zwar ist das gedankliche Gebäude vom Grundsatz her fertig und die Argumentation dicht – aber zu einer Ausführung gehört nun einmal ein Abschluss wie zu einem Haus der äußere Verputz. Jede der Teilaufgaben hatte einen eigenen Arbeitsschwerpunkt – und alle hatten etwas mit dem Thema in der Aufgabenstellung zu tun. Dieses Thema ist quasi das Dach, das alle zwei oder drei Gebäudeteile überdeckt.
Deshalb: Formulieren Sie Ihren Schlussteil unter Rückbezug auf die Themenstellung, und fassen Sie die **wesentlichen Teilergebnisse** zu einem **Fazit** zusammen, ohne hierbei bereits Gesagtes mit derselben Formulierung zu wiederholen! „Wie gesagt" gehört grundsätzlich nicht in eine Ausführung, da Sie damit eine überflüssige Wiederholung auch noch selbst ankündigen würden!

6 Bewertung der Abiturklausur

6.1 Bewertungskriterien

Insgesamt sind maximal **100 Punkte** in einer Abiturklausur im Geographie-Zentralabitur erreichbar. 80 Punkte können Sie über die inhaltlich-methodische richtige Bearbeitung der Teilaufgaben erreichen, die jeweils mit einer bestimmten Punktezahl bewertet werden und die Sie den Angaben in der Aufgabenstellung entnehmen können. Deshalb ist es unbedingt notwendig, dass Sie **alle Teilaufgaben bearbeiten**! 20 weitere Bewertungspunkte erhalten Sie für die **Darstellungsleistung** *(siehe unten!)*.

Bei der Bepunktung werden folgende **Bewertungskategorien** berücksichtigt *(siehe auch Kapitel 3!)*:
- inhaltliche Leistung,
- methodische Leistung,
- Gedankenführung/Argumentation, sprachliche Leistung/Darstellungsleistung.

Für jede der gestellten Abituraufgaben gibt es einen **exakten Bewertungsschlüssel**, nach dem der korrigierende Lehrer die einzelnen Punkte vergibt. Anhand eines solchen Bewertungsschlüssels für die **erste Übungsaufgabe** in diesem Band können Sie sehen, wie eine Abitur-Aufgabe bepunktet wird. In der rechten Spalte ist die max. erreichbare Punktzahl angegeben; in Klammern der Anforderungsbereich (AFB), der jeweils überwiegend vorliegt.

Kriterien für die Bewertung der Schülerleistungen
Übungsaufgabe für den Grundkurs – Aufgabe 1, Thema: „Burkina Faso“

a) Inhaltlich-methodische Leistung

	Anforderungen	max. erreichbare Punktzahl (AFB)
	Teilaufgabe 1	
	Der Prüfling	
1	ordnet Burkina Faso als zwischen 9° und 15° n. Br. sowie zwischen 5° w. und 3° ö. L. im nördlichen Afrika südlich der Sahara in Binnenlage gelegen ein (M 1).	3 (I)
2	kennzeichnet das Relief als relativ eben mit vorherrschenden Höhen von 200–500 m und die vier großen nach Süden entwässernden Flüsse mit lediglich periodischer Wasserführung im Oberlauf (M 1/phys. Karte).	3 (I)
3	zeigt die vorherrschenden Böden der wechselfeuchten Tropen auf: rotbraune und rote lateritische Böden (M 1/Bodenkarte).	3 (I)
4	charakterisiert das Klima als tropisch (M 1/Klimakarte), differenzierend zwischen: – dem Norden als zur semiariden Sahelzone gehörend mit z. T. weniger als 400 mm Jahresniederschlag bei nur fünf humiden Monaten und großer Niederschlagsvariabilität sowie z. T. mehrjährigen Dürren (M 4), – dem Süden als zur semihumiden Sudanzone gehörend mit 900–1 200 mm NS und mehr als sechs humiden Monaten (M 3, M 6).	6 (II)
5	zeigt den Zusammenhang auf zwischen Klima, Boden und Vegetation durch Hinweise auf die Vegetationszonen (M 5): – Dornstrauchsavanne im Norden, – Trockensavanne und teilweise Trockenwälder im Süden.	3 (II)

6	zeigt die sich aufgrund der agronomischen Trockengrenze ergebenden unterschiedlichen regionalen Nutzungspotenziale in Burkina Faso auf (M 6): – Wanderviehhaltung im Nord- sowie Hirseanbau im Südsahel, – ackerbauliche Nutzung im Süden, vor allem in der Nähe von Flüssen, mit Ausnahme lateritischer Böden.	3 (II)
7	erfüllt ein weiteres aufgabenbezogenes Kriterium (max. 2 Punkte).	
	Summe erste Teilaufgabe	**21**
	Teilaufgabe 2	
	Der Prüfling	
1	stellt die Untergliederung in vier Nutzungszonen als Ergebnis des Naturpotenzials voran (M 6): – die nördliche und südliche Sahelzone im Norden, – die nördliche und südliche Sudanzone im Süden.	3 (I)
2	charakterisiert nomadische Viehhaltung kombiniert mit Ackerbau im Rahmen von Subsistenzwirtschaft als Schwerpunkt im Norden bei Zunahme des Viehbesatzes und Ansteigen agropastoraler Nutzung zur südlichen Sahelzone hin (M 6).	4 (II)
3	stellt dem den andersartigen Schwerpunkt Ackerbau in der Sudanzone gegenüber mit unterschiedlichen Anbaufrüchten in beiden Sudanzonen (M 6): – überwiegend Hirse im Norden, nur teilweise Baumwolle, – diversifizierterer Anbau im Südsudan, darunter neben Baumwolle auch typische Früchte der humiden Tropen wie Yams, Mango oder Zitrusfrüchte.	4 (II)
4	führt punktuelle landwirtschaftliche Intensivgebiete vor dem Hintergrund der ansonsten zonalen Nutzungsstruktur an, z. B. Bobo Dioulasso, Ouagadougou oder Fada NGomma (M 1/Wirtschaftskarte, M 6).	3 (II)
5	zeigt die sich im Zusammenhang mit dem hohen Bevölkerungswachstum ergebende starke Zunahme der ländlichen Bevölkerung seit 1967 auf (M 2, M 7).	3 (I)
6	stellt die Zunahme der LNF um 25 % sowie die deutliche Intensivierung bei Ackerbau und Viehzucht in diesen kausalen Zusammenhang (M 7).	4 (II)
7	weist hierbei darauf hin, dass neben den Grundnahrungsmitteln auch die Exportgüter Baumwolle und Vieh überproportional im Vergleich zum Bevölkerungswachstum gesteigert wurden (M 2, M 7).	4 (II)
8	äußert die Vermutung, dass die Ausdehnung der LNF auch in labile ökologische Räume erfolgt ist.	3 (III)

9	stellt eine Verbindung her zwischen der Ausweitung der LNF und der Intensivierung der LW einerseits und der Zunahme ökologischer Probleme andererseits: – Degradation von Böden, zunehmend von S nach N und von weniger dicht besiedelten zu stark besiedelten Regionen (M 8, M 9), – Erosion und Desertifikation in Gebieten zu starker landwirtschaftlicher Nutzung, u. a. im Raum östlich von Bobo Dioulasso mit leichter Reliefneigung und Hanglagen oder um Ouagadougou (M 1, M 5, M 9).	5 (II)
10	führt als weitere Ursache für zunehmende Erosion und Desertifikation das politisch gewollte Sesshaftwerden der Fulbe mit der Folge der Übernutzung der Böden an (M 8, M 10).	3 (II)
11	äußert die Vermutung, dass der bewässerungsintensive Baumwollanbau in der Sudanzone dort eine weitere Ursache für Bodendegradation und Desertifikationsprozesse darstellt (M 1, M 6, M 8).	3 (III)
12	erfüllt ein weiteres aufgabenbezogenes Kriterium (max. 5 Punkte).	
	Summe zweite Teilaufgabe	**39**
	Teilaufgabe 3	
	Der Prüfling	
1	stellt das Projekt in seinen Grundzügen dar (M 11).	3 (I)
2	führt die ökologischen Zielsetzungen des Projektes an: – Erhaltung und Verbesserung der Bodenstruktur durch Integration von kompostiertem Dung in den Ackerbau, – Verhinderung des Bodenabtrages durch Steinwälle und Windschutz, – Verhinderung von Vegetationsschädigungen durch tiefer wurzelnde Bäume, – Verwendung regionaler Materialien.	3 (II)
3	führt die wirtschaftlichen Zielsetzungen an: – Steigerung der Erntemengen im Rahmen angepasster Nutzungsformen, – Gewinnung von Viehfutter, z. B. durch den Baobab-Baum, – Gewinnung von Nutzholz, z. B. durch den Acacia Albida, – Unterstützung der Subsistenzwirtschaft, – geringe Steigerung der Exportorientierung durch Erdnussanbau.	3 (II)
4	führt die sozialen Zielsetzungen an: – Zusammenarbeit von Männern und Frauen im Rahmen der Dorfgemeinschaft, – Absicherung des sozialen Friedens durch wirtschaftliches Zusammenwirken von Ackerbauern und sesshaften wie nomadierenden Viehzüchtern (Nutzung der Acacia Albida).	3 (II)

5	zeigt Nachteile und Grenzen des Projektes auf: – Rückgang angepasster Lebensformen durch weitere Abnahme des Nomadentums, – Zunahme der Bevölkerungsdichte durch neue Siedler, – fehlende Flächenwirksamkeit durch Ausrichtung auf nur kleine Zielgruppen, – fehlende Relevanz für die gesamtstaatliche Situation (M 2).	4 (III)
6	charakterisiert das Projekt im Rahmen von Entwicklungshilfe-strategien: – Hilfe zur Selbsthilfe, – Bottom-up-Prinzip.	4 (III)
7	erfüllt ein weiteres aufgabenbezogenes Kriterium (max. 3 Punkte).	
	Summe dritte Teilaufgabe	**20**
	Summe inhaltliche Leistung (Teilaufgaben 1–3)	**80**

b) Darstellungsleistung

	Anforderungen	**max. Punktzahl (AFB)**
	Der Prüfling	
1	strukturiert seinen Text schlüssig, stringent sowie gedanklich klar und bezieht sich dabei genau und konsequent auf die Aufgabenstellung.	5
2	bezieht beschreibende, deutende und wertende Aussagen schlüssig aufeinander.	4
3	belegt seine Aussagen durch angemessene und korrekte Nachweise (Zitate u. a.).	3
4	formuliert unter Beachtung der Fachsprache präzise und begrifflich differenziert.	4
5	schreibt sprachlich richtig (Grammatik, Syntax, Orthografie, Zeichensetzung) und stilistisch sicher.	4
	Summe der Darstellungsleistung	**20**
	Gesamtsumme Teil (a) und Teil (b)	**100**

Für die Note „gut" (11 Notenpunkte) müssen annähernd vier Fünftel (mindestens 75 %) der Höchstpunktzahl erreicht werden. Die Note „ausreichend" (5 Notenpunkte) soll erteilt werden, wenn annähernd die Hälfte (45 %) der vorgesehenen Höchstpunktzahl erreicht wird.

6.2 Anforderungen an die Darstellungsleistung

Neben dem inhaltlich-sachlichen Ertrag kommt der sprachlichen Richtigkeit eine große Bedeutung zu. Hierbei sind folgende Kriterien von Bedeutung:

- *Verwendung einer präzisen und differenzierten Sprache:* Missbrauchen Sie Hilfsverben nicht als Vollverben; benutzen Sie Synonyme statt Wiederholungen; variieren Sie beim Satzbau, wählen Sie Nebensatzkonstruktionen statt Hauptsatzketten.
- *Verwendung von Fachbegriffen:* Auch im Fach Geographie hat jedes Kind einen Namen: Belegen Sie also jedes Phänomen mit einem Fachbegriff. Zur Erinnerung: In Ihrem Geographiebuch gibt es, meist am Ende, ein Begriffs- oder Sachregister mit Erläuterungen. („City" heißt z. B. „City" und nicht „Stadt", denn „Stadt" ist anders definiert.)
- *Hypothesen/Vermutungen:* Kennzeichnen Sie ungesicherte Aussagen, Vermutungen und Hypothesen als solche, grenzen Sie diese gegen gesicherte Aussagen ab (z. B: „Es ist zu vermuten …", „ Es könnte sein, dass …" oder „Für eine gesicherte Aussage fehlen folgende Informationen: …").
- *Syntaktisch korrekte Schreibweise:* Schreiben Sie in vollständigen Sätzen, achten Sie auf die richtige Wortstellung, variieren Sie Satzanfänge.
- *Stilistisch korrekte Schreibweise:* Unterlassen Sie umgangssprachliche Formulierungen, verwenden Sie ausschließlich Hoch- und Fachsprache.
- *Wissenschaftspropädeutik:* Stellen Sie Ihre Zitier- und Belegkompetenz unter Beweis.
- *Sachgerechte Strukturierung:* Zeigen Sie, dass Sie den Materialteil verstanden haben und die Einzelmaterialien gut in Ihre Argumentation einbauen können.

6.3 Formale Anforderungen

Berücksichtigen Sie bei Ihrer Ausführung die Anforderungen an die äußere Form und die sprachliche Richtigkeit. Denn: Gravierende Verstöße gegen diese Gebote führen zu Bewertungsverlusten von ein bis zwei Notenpunkten. Wenn Sie bedenken, wie viel Mühe Sie sich bezüglich des Inhaltes und der Methode geben – ein nachträgliches Abwerten z. B. von Note 2 auf 3+ oder von Note 3 auf 4+ wäre doch mehr als ärgerlich.

- *Rechtschreibung:* Beachten Sie die neue Rechtschreibung. Im Klausurraum liegt eine angemessene Anzahl von Rechtschreibduden aus: Schlagen Sie einfach darin nach, wenn Sie unsicher sind.
- *Zahlen:* Schreiben Sie die Zahlen von null bis zwölf aus und nicht als Ziffern.

- *Deckblatt-Vorgabe:* Berücksichtigen Sie die Regelung, die an Ihrer Schule getroffen wurde.
- *Layout-Vorgabe:* Beachten Sie diese – an manchen Schulen darf z. B. nur eine halbe Seite je Bogen beschrieben werden, dient der Rest als halbseitiger Rand.
- *Zeilenende:* Respektieren Sie den Rand, trennen Sie Wörter, schreiben Sie nicht über den Rand hinaus.
- *Seitenzahlen:* Fügen Sie ab Seite 2 diese am Fuß jeder Seite bei – nummerieren Sie die Seiten erst am Schluss, wenn keine Einschübe mehr erfolgen.
- *Sauberkeit:* Streichen Sie sauber durch, setzen Sie zu Streichendes in eckige Klammern oder fügen Sie eine entsprechende Fußnote zur Erklärung bei.
- *Nachträge:* Setzen Sie diese als Fußnoten durchnummeriert an den Schluss jeder Teilaufgabe oder einheitlich ganz an den Schluss, eventuell auf ein eigenes Blatt. Quetschen Sie solche Zusätze nicht nachträglich in den Text oder an den Rand.
- *Kopf- und Fußzeile:* Diese gehören zum Seitenaufbau – sie sind ebenfalls kein geeigneter Platz für Zusätze oder Nachträge.

7 Hinweise zur Benutzung dieses Buches

Zu Beginn aller in diesem Buch abgedruckten Lösungsvorschläge steht, auf welchen **inhaltlichen Schwerpunkt** sich die Aufgabe bezieht. Vor jeder Teilaufgabe finden Sie **Hinweise**, wie Sie am besten an die Aufgabe herangehen.
Strukturierungshinweise in der **Marginalspalte** am Rand helfen Ihnen dabei, die vorgeschlagene Aufgabenlösung nachzuvollziehen, und erleichtern Ihnen so das Lernen. In den ausformulierten Lösungsvorschlägen werden wesentliche Fachbegriffe durch **Fettdruck** hervorgehoben.
Die **Bewertung** Ihrer Abiturklausur können Sie anhand der Aufgabe 1 der abiturähnlichen Übungsaufgaben für den Grundkurs nachvollziehen.

Den besten Trainingserfolg werden Sie bei folgender Vorgehensweise erreichen:

1. Simulieren Sie die tatsächliche Klausursituation, indem Sie den vorgesehenen **Zeitrahmen** berücksichtigen und – ohne den Lösungsteil anzusehen – die Aufgabenstellung bearbeiten (GK: 3 Zeitstunden, LK: 4 ¼ Zeitstunden).
2. Überprüfen Sie die eigene Ausführung anhand des abgedruckten Lösungsvorschlages. Hierbei ist wichtig, dass Sie den Bezug zwischen der jeweiligen Materialaussage und Ihrer eigenen Auswertung kritisch nebeneinanderstellen.
3. Überarbeiten Sie die Passagen, die Ihnen beim ersten Mal nicht optimal gelungen sind. Dies kann u. a. bedeuten, dass Sie sich das eine oder andere Einzelmaterial noch einmal genau ansehen und dieses so intensiv wie nur möglich auswerten.

8 Die mündliche Abiturprüfung

Eine mündliche Abiturprüfung gibt es in jedem Fall im 4. Abiturfach. Daneben sind weitere mündliche Prüfungen im 1.–3. Abiturfach möglich, wenn die in den Abiturklausuren erzielten Noten um vier oder mehr Punkte von der Vornote (= Durchschnittsnote 12 I bis 13 II bzw. Q1 bis Q2) abweichen oder Sie sich für eine freiwillige mündliche Prüfung melden, z. B. um Ihren Abiturdurchschnitt zu verbessern. Für mündliche Prüfungen im 1.–3. Fach gilt, dass sie nicht dem Stoffgebiet der von Ihnen gewählten Abiturklausur entsprechen dürfen. Es gelten ansonsten grundsätzlich dieselben Kriterien für die Bewertung wie bei den schriftlichen Anforderungen, wobei der sprachlichen Darstellung aufgrund der Kommunikationssituation eine besondere Bedeutung zukommt.

Die Prüfung dauert ca. 30 Minuten und besteht aus zwei Teilen (jeweils 10 bis 15 Minuten). Inhaltlich ist der gesamte Stoff der Qualifikationsphase relevant. Im **ersten Prüfungsteil** wird Ihnen eine materialgestützte Aufgabe gestellt, die aus einer oder mehreren Teilaufgaben bestehen kann. Für die Bearbeitung in einem Vorbereitungsraum haben Sie genau 30 Minuten Zeit. Während dieser Zeit sollen Sie einen 10 bis 15 Minuten langen geschlossenen Vortrag vorbereiten. Die Kürze der Vorbereitungszeit schließt aus, dass Sie Ihren Vortrag schriftlich ausformulieren; vielmehr ist es notwendig, ähnlich wie bei der Sichtungsphase in der Klausur, durch sinnvolles Markieren und knappe Anmerkungen im Materialteil und auf dem Aufgabenblatt den Vortrag vorzubereiten. Beim Vortrag können Sie sich auf die Materialien sowie auf Ihre stichwortartigen Aufzeichnungen beziehen.
Im **zweiten Prüfungsteil**, der als Gespräch angelegt ist, werden Hintergrundwissen und die Fähigkeit, größere Sachzusammenhänge darzustellen, gefordert.

8.1 Der erste Prüfungsteil

Die größten Schwierigkeiten bei der mündlichen Abiturprüfung liegen erfahrungsgemäß im ersten Teil: Hier wird ein mindestens 10-minütiger zusammenhängender, gegliederter Vortrag gefordert. Da es für solch lange Vorträge kaum echte Übungsmöglichkeiten im Unterricht gibt, zumindest nicht für jeden Einzelnen, fehlt es weitgehend an konkreten Vorerfahrungen.

Tipps für die 30-minütige Vorbereitung

- *Zügige Bearbeitung:* Beginnen Sie sofort konzentriert mit der Bearbeitung.
- *Themenstellung:* Was ist die Zielrichtung der geforderten Bearbeitung? Wie lautet das Thema?
- *Operatoren:* Welche konkreten Anforderungen werden gestellt? Bei Mehrteiligkeit: Welche Gliederungshilfe bieten die Teilaufgaben?

- *Einstieg:* Nehmen Sie die räumliche Einordnung vor und verdeutlichen Sie den Themenschwerpunkt.
- *Atlas:* Welche Karten sind für die räumliche Einordnung oder für einzelne Aspekte zusätzlich hilfreich?
- *Materialteil:* Fachbegriffe an den Rand schreiben, Quellen-Anmerkungen ergänzen, Stichworte für den Vortrag festlegen; im Material wichtige Stellen oder Zahlenwerte/Verläufe markieren. Wichtige Materialien müssen Sie u. U. bei mehr als nur einer Aufgabenstellung hinzuziehen. Denken Sie nie: „Einmal benutzt = abgehakt".
- *Strukturierung:* Nummerieren Sie Ihre Markierungen, damit Sie anhand dieser Reihenfolge Ihren Vortrag gestalten können.
- *Thema/Fazit:* Themenformulierungen beinhalten häufig regelrechte Fragestellungen; bei anderen deutet die letzte Aufgabenstellung auf eine Lösung/Bewertung/Beantwortung hin. Gestalten Sie deshalb den Schluss Ihrer Ausführung mit einem klaren Fazit, in dem Sie eine eindeutig formulierte Antwort geben.

Tipps für den Vortrag

- *Zeitmanagement:* Legen Sie eine Armbanduhr neben Ihr Konzept, schreiben Sie, bevor Sie zu sprechen beginnen, den konkreten Zeitraum für Ihren Vortrag auf Ihr Konzept – so haben Sie klare zeitliche Anhaltspunkte.
- *Grobstruktur:* Nennung der Aufgabenstellung – Einleitung – Bearbeitung der Teilaufgaben – Schlussteil.
- *Leitfaden*: Nutzen Sie Ihre Anmerkungen aus dem Vorbereitungsraum.
- *Materialbezug:* Verdeutlichen Sie während des Vortrages, woher Sie Ihre Aussagen beziehen (z. B.: „Die Probleme des kernstädtischen Verkehrs werden besonders deutlich, wenn man anhand von M X das Straßennetz innerhalb der ehemaligen Stadtmauer betrachtet: Hier erkennt man …" usw.). Damit lenken Sie Blick und Gedanken aller Anwesenden so auf den Sachverhalt, wie Sie es wünschen.
- *Sprechweise:* Sprechen Sie möglichst frei und hinreichend laut. Sprechen Sie unbedingt klar und deutlich.
- *Satzbau:* Vermeiden Sie „Endlossätze", an deren Beginn Sie sich beim Sprechen selbst nicht mehr erinnern.
- *Fachsprache:* Beweisen Sie, dass Sie Ihre „Vokabeln" gelernt haben, indem Sie diese verwenden. Die Adressaten Ihres Vortrags sind Geographie-Lehrer bzw. -Lehrerinnen, also allesamt Fachleute – bedenken Sie dies!

- *Blickkontakt:* Ein gelegentlicher Blick zu Ihrem Prüfer oder zu den anderen Kommissionsmitgliedern zeugt von souveränem Umgang mit Situation und Kommunikationsregeln.
- *Logische Verknüpfung:* Verbinden Sie Ihre Gedanken durch Konjunktionen und Subjunktionen, d. h. stellen Sie sprachlich unter Beweis, dass Sie in der Lage sind, kausale Beziehungen, Wechselbeziehungen, Abhängigkeiten, Folgen, Folgerungen, Widersprüche, zeitliches Nacheinander usw. im Rahmen Ihres Vortrages zu verdeutlichen („Und … und … und …" sind hierfür ungeeignete Satzanfänge).
- *Tafelskizze:* Manchmal ist sie geeignet, das Gesagte zu unterstützen. Dies sollte nur wenige Sekunden dauern (z. B. zwei Kurvenverläufe als Ergebnis einer vorgegebenen Tabelle). Dadurch stellen Sie Ihre methodischen Darstellungskompetenzen unter Beweis.
- *Training:* Üben Sie auch dieses Procedere mehrfach während der Qualifikationsphase – einen Teil dieser Verfahrensweisen können Sie ebenso bei Einzel- oder Gruppenvorträgen nutzen.

Training/Vorbereitung

Wenn Sie je einzelne Teilaufgaben der Klausuren dieses Bandes nehmen und die hierzu passenden zwei bis vier Materialien (mehr werden es in der mündlichen Prüfung nicht sein), dann können Sie den ersten Prüfungsteil simulieren. Halten Sie die Vorbereitungszeit exakt ein, ziehen Sie zwei Kursmitglieder als fiktive Prüfungskommission hinzu und lassen Sie sich von diesen anschließend begründet rückmelden, ob sie Ihren Vortrag verstanden haben bzw. wo nicht.

8.2 Der zweite Prüfungsteil

Die zeitliche Dauer entspricht derjenigen des ersten Teils: 10–15 Minuten je nach Verlauf. In diesem zweiten Teil der Prüfung muss der Prüfer/die Prüferin das Thema aus einem anderen Kurshalbjahr der Qualifikationsphase wählen. Meistens erfolgt durch den Prüfer eine Überleitung von Ihrem Vortrag zu diesem zweiten Teil. Im weiteren Verlauf sollen Sie Ihre Kommunikationskompetenzen im Rahmen eines Fachgespräches unter Beweis stellen: Zeigen Sie sich also als gewandter Gesprächspartner, der adressatengerecht und sachkundig die Fragen und Impulse aufgreift und möglichst selbstständig und tiefgründig damit umgeht.

Tipps für das Prüfungsgespräch

- *Sprechanteil:* Je eigenständiger und umfassender Sie mit den Fragen und Impulsen umgehen, desto besser! Begnügen Sie sich nicht mit Kurzantworten, führen Sie länger aus.

- *Erfassen der Frageintention:* Achten Sie auf die Operatoren und auf fachliche Kernbegriffe! Führen Sie sinnvolle Beispiele oder Vergleiche aus dem Unterricht an, zeigen Sie Ihr Hintergrund- und Allgemeinwissen. Aber schweifen Sie nicht ab, bleiben Sie beim Thema.
- *Gesprächsaufbau durch den Prüfer:* In der Regel gestaltet der Prüfer ein solches Gespräch nach dem Prinzip „Vom Einfachen zum Schwierigen, vom Einzelfallbeispiel zum Allgemeinen/Modellhaften". Wenn Sie einen Bezug zu einer Ihnen passend erscheinenden Theorie oder zu einem aus dem Unterricht bekannten Modell selbst herstellen können: Tun Sie dies!
- *Unterrichtsbezüge:* Hintergrund aller Fragen und Impulse ist das gemeinsam aus dem Unterricht Bekannte. Stellen Sie also, wo möglich, Vergleiche zu dem im Unterricht Behandelten an, weisen Sie auf Gemeinsamkeiten und Unterschiede hin. Machen Sie somit deutlich, dass Sie den Gesprächsgegenstand der Prüfung in größere Zusammenhänge einordnen können.
- *Verständnisproblem:* Sollten Sie mit einer einzelnen Frage einmal nichts anfangen können: Verlieren Sie keine Zeit, bitten Sie an einer solchen Stelle um eine kurze ergänzende Erläuterung. Aber fragen Sie nicht bei jeder Frage nach!
- *Unterbrechungen:* Lassen Sie sich nicht irritieren. Der Prüfer möchte Ihnen entweder zurück auf den Haupt(frage)weg helfen oder den Themenschwerpunkt wechseln, was vielleicht nur daran liegt, dass die Prüfungszeit allmählich knapp wird: Werten Sie solche Unterbrechungen in jedem Fall als für Sie günstig und hilfreich.
- *Mimik und Gestik der Prüfer:* Lassen Sie sich nicht durch Äußerlichkeiten irritieren. Denken Sie daran, dass jeder Prüfer i. d. R. eine Reihe von Prüfungen nacheinander abnimmt und nehmen Sie Blicke o. Ä. nicht persönlich.

Training/Vorbereitung

Nicht jede/r aus Ihrem Geographie-Grundkurs wird Geographie als 4. Fach gewählt haben. Vereinbaren Sie mit Ihrem Kurslehrer/Ihrer Kurslehrerin mindestens einmal im Verlauf der Jahrgangsstufe 13/der Q2 die Simulation eines Prüfungsgespräches unter Abiturbedingungen. Ggf. können Sie mit anderen Mitgliedern Ihres Kurses wechselseitig üben; berücksichtigen Sie dabei die jeweiligen Kurshalbjahresthemen und die inhaltlichen Schwerpunkte.

Viel Erfolg!

Grundkurs Geographie (NRW) – Übungsaufgabe 1

Thema
Desertifikation und Ernährungssicherung am Rande der Wüste – das Beispiel Burkina Faso

Aufgabenstellung Punkte

1. Lokalisieren Sie Burkina Faso und beschreiben Sie das landwirtschaftliche Nutzungspotenzial des Landes. 21
2. Erläutern Sie die landwirtschaftliche Nutzung Burkina Fasos und sich daraus ergebende Probleme. 39
3. Erörtern Sie die Nachhaltigkeit des vorgestellten landwirtschaftlichen Entwicklungshilfeprojekts (M 11) für den Norden Burkina Fasos. 20

Materialgrundlage

M 1 Geeignete Atlaskarten

M 2 Ausgewählte Strukturdaten von Burkina Faso

Fläche		274 200 km²
Einwohner	(2009)	15,7 Mio. (= 57 je km²)
Wachstumsrate	(2009)	3,1 %
Lebenserwartung	(2004)	53 Jahre
Analphabetenquote	(2009)	78,2 %
Bevölkerung unterhalb der Armutsgrenze	(2004)	46,4 %
Anteil der Erwerbstätigen in der Landwirtschaft	(2009)	90 %
Anteil der Landwirtschaft am Bruttonationaleinkommen	(2009)	29,1 %
Exportgüter		Baumwolle, Vieh, Gold

Quellen: CIA World Factbook 2010;
http://hdrstats. undp.org/ countries/ country_fact_sheets/cty_fs_BFA.html

M 3 Klimadiagramm Ouagadougou

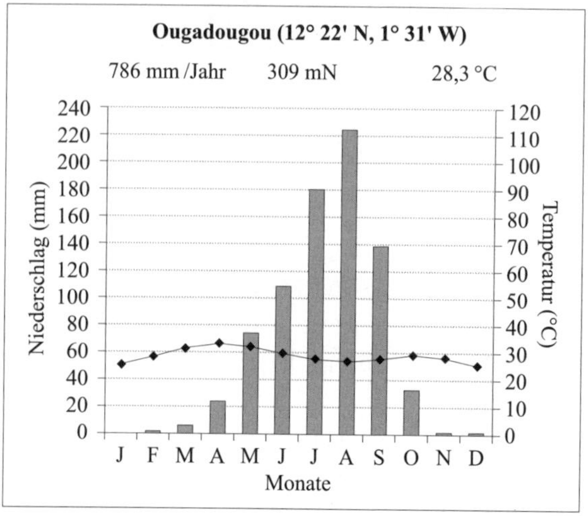

Quelle: eigene Darstellung nach www.klimadiagramme.de

M 4 Durchschnittlicher Niederschlag im Sahel (Bereich 20–10 °N, 20 °W – 10 °O)

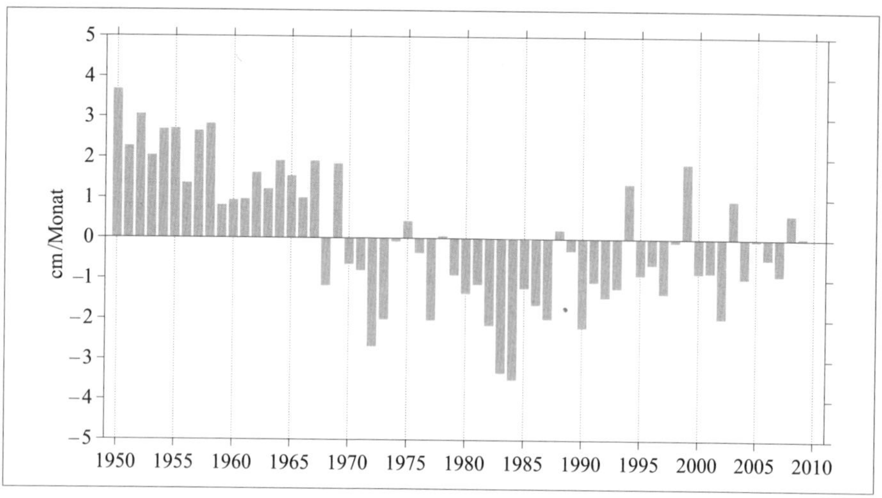

Quelle: http://jisao.washington.edu/data/sahel/sahelprecip19502009.big.gif

M 5 Vegetationszonen in Burkina Faso

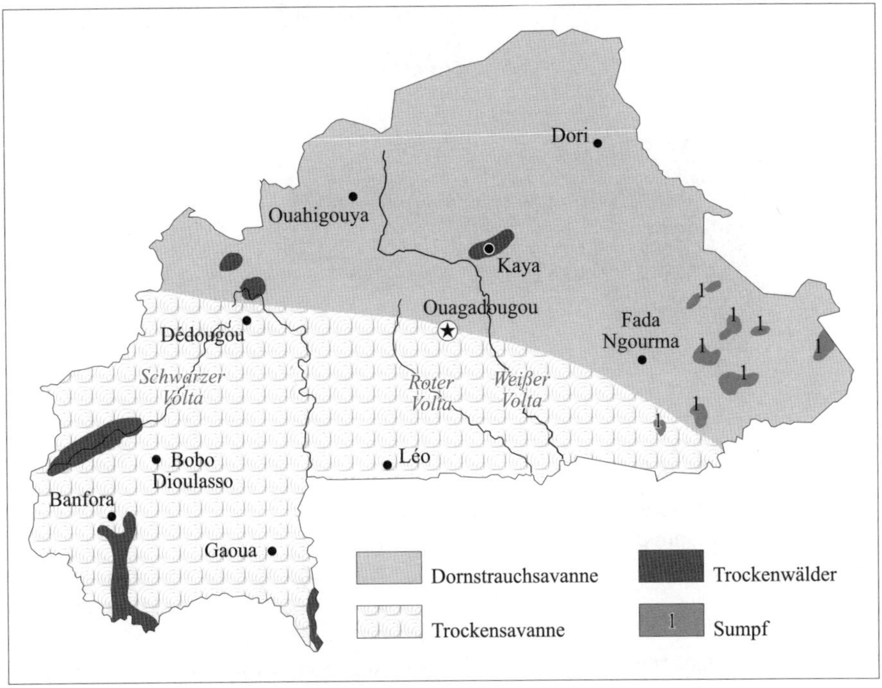

Quelle: http://www.lib.utexas.edu/maps/burkina_faso.html

M 6 Jahresniederschlag und landwirtschaftliche Nutzung in Burkina Faso

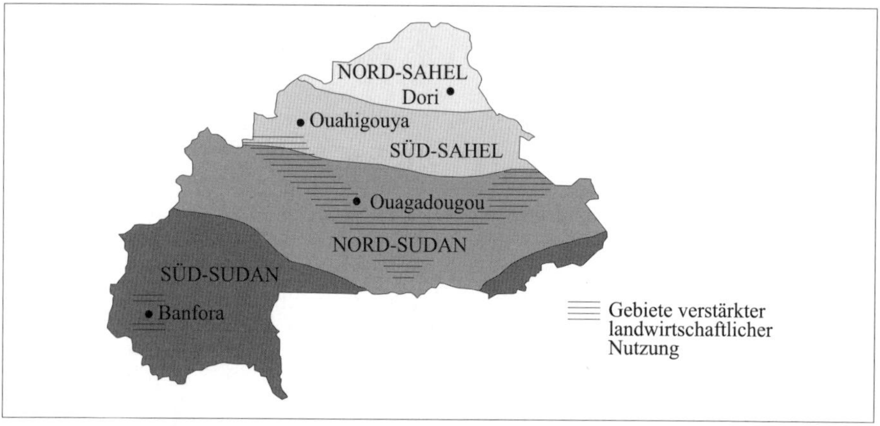

Landwirtschaftliche Nutzung

Zone	Ø-Niederschlag in mm pro Jahr	Landnutzung
Nord-Sahel	< 400	– vorwiegend Weidewirtschaft mit Transhumanz – Ackerbau: nur Subsistenzwirtschaft (Millet*, Sorghum**)
Süd-Sahel	400–700	– vorwiegend Ackerbau: Subsistenzwirtschaft (Millet, Sorghum) in Kombination mit Viehhaltung – Viehhaltung: nomadische Weidewirtschaft oder Viehhaltung in Verbindung mit Ackerbau
Nord-Sudan	700–900	– vorwiegend Ackerbau: Baumwolle und Getreide (Hirse) – Viehhaltung: nomadische Weidewirtschaft und stationäre Viehzucht
Süd-Sudan	900–1200	– vorwiegend Ackerbau: Baumwolle, Yams, Getreide (Hirse, Mais) und Obstbau (Mangos, Zitrus) – Viehhaltung: Weidewirtschaft nur in der Trockenzeit durch Nomaden, stationäre Viehzucht

* Millet: Hirseart, relativ trockenresistent
** Sorghum: Hirseart, produktiver als Millet

Quelle: verändert nach http://www.fao.org/ag/AGP/AGPC/doc/Counprof/BurkinaFaso/BurkinaFeng.htm

M 7 Bevölkerungs- und Landnutzungsentwicklung in Burkina Faso

	1967	1977	1987	1997	2007
Bevölkerung (in 1 000)	5 302	6 432	8 118	10 703	14 721
Bevölkerung auf dem Land (in 1 000)	5 015	5 972	7 057	9 024	11 906
Landfläche (in 1 000 ha)	27 360	27 360	27 360	27 360	27 360
Landwirtschaftliche Nutzfläche (in 1 000 ha)	8 200	8 635	9 140	9 800	11 260
Sorghum (in t)	604 000	634 812	847 740	942 885	1 619 590
Millet (in t)	254 000	354 673	631 832	603 932	1 104 010
Erdnuss (in t)	80 000	57 073	114 817	152 128	244 922
Baumwolle (in t)	17 275	38 043	148 015	343 106	377 365
Rinder (Stück)	2 400 000	2 600 000	3 711 000	5 560 503	8 764 100
Ziegen (Stück)	2 200 000	2 556 000	5 889 000	8 259 311	11 427 500
Schafe (Stück)	1 500 000	2 300 000	4 619 000	5 860 556	7 321 200

Quelle: FAOSTAT, © FAO Statistics Division 2009, 15. Februar 2010

M 8 Anteil und Schwere der Degradation in Burkina Faso 2005

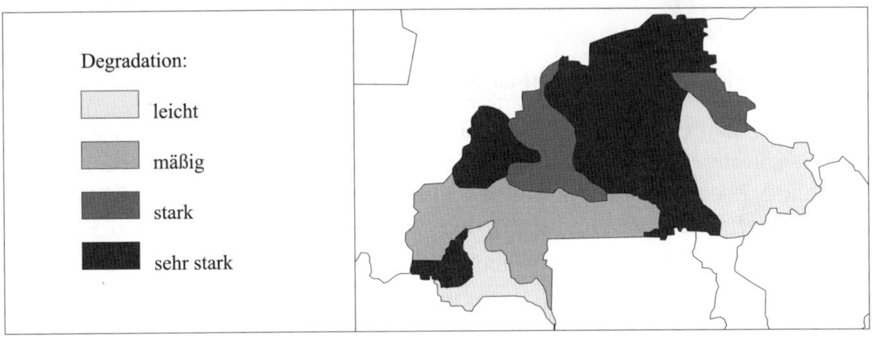

Schweregrad der Degradation	Anteil an der Landesfläche in %	Anteil der dortigen Bevölkerung in %	Bevölkerungsdichte pro km²
leicht	21,6	8,8	17,66
mäßig	21,6	17,8	35,92
stark	12,8	12,8	43,33
sehr stark	44,0	60,7	60,04
gesamt	100,0	100,0	43,54

Quelle: http://www.fao.org/landandwater/agll/glasodmaps.jsp?country=BFA&search=Display+map+

M 9 Erosion und Desertifikation in Burkina Faso

Quelle: Mensching, H. G.: Desertifikation, WBG Darmstadt 1990, S. 42

M 10 Die Fulbe – zwischen Nomadismus und Sesshaftigkeit

Neben den Tuareg gehören die Fulbe zu den wichtigsten ehemals nomadisch lebenden Viehzüchtern Afrikas. In Burkina Faso liegt ihr Bevölkerungsanteil im Norden des Landes bei etwa 25 %, im Süden sind es immer noch 10 %. Viele Fulbe haben die nomadische Lebensweise heute jedoch aufgegeben – gelockt von den Vorzügen des sesshaften Lebens und gedrängt von Politikern, die Sesshafte besser erfassen und mit Steuern belegen können.

Den Nomaden wird häufig unterstellt, ihre Art der Bodennutzung sei für die auftretende Überweidung und Bodendegradation verantwortlich. Doch das Gegenteil ist der Fall. Die mobile Weidewirtschaft kann sich an die schwankenden Niederschlagsverhältnisse in der Sahelzone gut anpassen und erreicht eine wesentlich höhere Produktivität, als in klimatisch vergleichbaren Regionen der Erde durch die dort übliche Form der Landnutzung erzielt wird. Erst die Aufgabe der Mobilität und die damit verbundene Notwendigkeit von Brunnenbau, intensiver Weidenutzung und Anlage von Ackerflächen führen zu einer Übernutzung der Böden in den semiariden und semihumiden Gebieten.

Quelle: eigene Zusammenstellung

M 11 Ein landwirtschaftliches Entwicklungshilfeprojekt in Burkina Faso

In Goursi, im Norden von Burkina Faso, unterstützt die britische „christian aid“ ein Projekt, das den Bauern helfen soll, ihre Böden zu erhalten und ihre Ernten zu steigern, denn ca. 80 % aller Menschen leben von der Subsistenzwirtschaft.
Die Bauern legen zum Ende der Trockenzeit in großen Gruben Komposthaufen an, bei denen sie abwechselnd Dung-, Stroh- und Ascheschichten übereinander lagern. Dieser Kompost reift für 15 Tage und wird dann umgesetzt. Bevor der Regen einsetzt, werden kleine, jeweils halbkreisförmige Vertiefungen angelegt, die mit kleinen Steinwällen abgeschlossen werden und mit dem reifen Kompost gefüllt werden. Auf diese Felder werden Erdnüsse gesät.
Zudem legen die Bauern und vor allem ihre Frauen in gemeinschaftlich durchgeführten Bauarbeiten lange Steinwälle an, die den Wasserabfluss verlangsamen und damit die Erosion vermindern sollen. Auf den Feldern werden überall Bäume gepflanzt, wie der Baobab, der in seinem Stamm Wasser auch in der Trockenzeit speichern kann oder die vielfältig von Mensch und Vieh nutzbare Acacia Albida.
Bereits heute kann man kleine Erfolge sehen. Auch in der Trockenzeit wächst dort spärliches Gras, wo der Boden früher kahl war.

Quellen: Text: eigene Zusammenstellung, Luftbild (Steinwälle in Burkina Faso): http://www.terra-verde.de

Hilfsmittel: der in der Qualifikationsphase 12 /13 überwiegend verwendete Atlas, Wörterbuch zur deutschen Rechtschreibung und Taschenrechner

Diese Übungsaufgabe bezieht sich auf die folgenden **inhaltlichen Schwerpunkte:**
Raumstrukturen und raumwirksame Prozesse in der Wechselwirkung von natürlichen Systemen und Eingriffen des Menschen

- Ökologische Prinzipien und zukunftsfähige Maßnahmen in der Industrie, Land-, Forst- oder Fischereiwirtschaft im globalen ökonomischen Zusammenhang
  - Dreieck der Nachhaltigkeit
  - Desertifikation als Folge einer unangepassten Bodennutzung in ariden Klimaten und Maßnahmen zu deren Behebung
  - Grenzen der Tragfähigkeit
- Klima- und Vegetationszonen in ihrer unterschiedlichen Bedeutung für die Entwicklung von Räumen
  - Mechanisierung, Intensivierung und Spezialisierung als Kennzeichen einer industrialisierten Landwirtschaft in der gemäßigten Zone und den Tropen

Lösungsvorschlag

Teilaufgabe 1

Bei dieser Teilaufgabe wird eine gegliederte, übersichtliche und detaillierte Darstellung der Lage und des Nutzungspotenzials von Burkina Faso erwartet. Als Grundlage für die Lösung der Teilaufgabe dienen vor allem M 1 bis M 6 sowie geeignete Atlaskarten. Die genutzten Quellen sind am Ende des jeweiligen Absatzes in Klammern anzugeben. Die Lagekennzeichnung sollte Angaben zur Lage im Gradnetz sowie zur Lage innerhalb des Kontinentes enthalten.
Damit das Nutzungspotenzial dargestellt werden kann, müssen die Geofaktoren Klima, Hydrologie, Boden und Relief in einen Zusammenhang gebracht werden. Die natürliche Vegetation kann dabei als Indikator für das Nutzungspotenzial dienen.

Naturräumliche Voraussetzungen Burkina Fasos

Das Entwicklungsland Burkina Faso liegt im nördlichen Afrika südlich der Sahara zwischen 9 und 15 ° nördlicher Breite sowie 5 ° westlicher und 3 ° östlicher Länge. Es handelt sich um einen Binnenstaat ohne Zugang zu Meeren. Das **Relief** ist relativ eben und weist vorherrschende Höhen zwischen 200 und 500 m auf, die nur im Südwesten in Richtung der Guineaschwelle über 500 m ansteigen und entlang des Schwarzen Volta unter 200 m sinken (M 1). Die großen nach Süden entwässernden **Flüsse**, der Schwarze Volta, der Weiße Volta, der Rote Volta und der Comoé, fließen in ihrem Oberlauf periodisch, wobei der Weiße Volta erst im südlichen Nachbarland Ghana ganzjährig fließt. Klimatisch gesehen ist das **tropische** Land im Norden Teil der **semiariden Sahelzone**, im Süden aber bereits Teil der vorwiegend **semihumiden Sudanzone**. Im Norden Burkina Fasos fallen bei drei bis fünf humiden Monaten im Jahr zum Teil weit weniger als 400 mm

Niederschlag, während der Süden mit mehr als sechs humiden Monaten 900 mm bis 1 200 mm Niederschlag im Jahr erhält (M 3, M 6). Entsprechend wird der Norden des Landes von Dornstrauchsavanne geprägt, während im Süden Trockensavanne mit vereinzelten Trockenwäldern dominiert. Vor allem die Sahelzone ist durch eine große **Niederschlagsvariabilität** mit mehrjährigen Dürren gekennzeichnet (M 4). Dem Klima entsprechend findet man vorwiegend **rotbraune und rote Böden** der wechselfeuchten Tropen, die zum Teil **lateritisch** sind (M 1).

Nutzungspotenzial Burkina Fasos

Das **Nutzungspotenzial** des Landes wird daher im **Nord-Sahel** für den Ackerbau vor allem durch den unterhalb der agronomischen Trockengrenze liegenden Niederschlag begrenzt. Dies wird durch regelmäßig auftretende Dürreperioden noch verstärkt, sodass hier allenfalls eine Nutzung durch Wanderviehhaltung sinnvoll erscheint. Nur südlich der agronomischen Trockengrenze, im **Süd-Sahel**, ist auch Hirseanbau möglich. Im **Süden** des Landes, in der **Sudanzone**, ist eine ackerbauliche Nutzung generell möglich, vor allem im Bereich der Flüsse, sofern die Nutzung nicht durch lateritische Böden oder Hanglagen eingeschränkt wird.

Teilaufgabe 2

Bei dieser Teilaufgabe müssen Sie die reale Landnutzung mithilfe von M 6, M 7, M 10, M 11 und geeigneten Atlaskarten aufzeigen, um dann die in M 8 und M 9 dargestellten Probleme der Landnutzung unter Rückgriff auf die Ergebnisse aus Teilaufgabe 1 erklären zu können. Wichtig ist hier, dass Sie die genannten Teilaspekte nicht additiv der Reihenfolge der Materialien nach behandeln, sondern inhaltlich verknüpfen.

Zonen landwirtschaftlicher Nutzung

Die landwirtschaftliche Nutzung Burkina Fasos kann generell entsprechend der Landschaftszonen in zwei Zonen unterteilt werden: die nördliche und südliche Sahelzone und die nördliche und südliche Sudanzone.

Die Sahelzone

Der Schwerpunkt der Landnutzung in der **Sahelzone** liegt bei der nomadischen **Viehhaltung**, in der südlichen Sahelzone ist der Viehbesatz jedoch sehr hoch und der Anteil an agropastoraler Nutzung, d. h. Viehzucht mit kombiniertem Ackerbau, nimmt zu. Insgesamt dient die ackerbauliche Nutzung der **Subsistenzwirtschaft** und beschränkt sich auf den Anbau von Hirse (M 6).

Die Sudanzone

In der **Sudanzone** liegt der Landnutzungsschwerpunkt beim **Ackerbau**. In der Nordsudanzone werden Hirse und Baumwolle angebaut. In der Südsudanzone werden auch typische Früchte der humideren Tropen kultiviert: Yams, Mangos und Zitrusfrüchte.

Viehhaltung spielt auch im Süden eine wichtige Rolle, sowohl in Form stationärer Viehhaltung als auch in Form von Transhumanz.

Ausweitung und Intensivierung der Landnutzung

Trotz dieser zonalen Anordnung landwirtschaftlicher Nutzung lassen sich punktuell ackerbaulich intensiv genutzte Gebiete ausmachen: rund um Bobo Dioulasso im Süden des Landes; im Raum um Ouagadougou, hier vor allem in nördlicher Richtung entlang des Weißen Volta in der Sahelzone und in östlicher Richtung entlang der Straße nach Fada Ngourma (M 1, Wirtschaftskarte).

Insgesamt lässt sich in den letzten vierzig Jahren ein deutliches **Wachstum der landwirtschaftlichen Nutzfläche, der Produktionsmengen und der Viehzahlen** feststellen; dies geht einher mit einem starken **Bevölkerungswachstum** auf dem Land. So hat sich die ländliche Bevölkerung von 1967 bis 2007 auf fast 12 Millionen Menschen verdoppelt, gleichzeitig hat sich die landwirtschaftliche Nutzfläche jedoch nur um ein Viertel auf 11 Millionen Hektar vergrößert (M 7). Das lässt einerseits auf eine **Intensivierung** der Landwirtschaft auf den bereits genutzten Flächen schließen, andererseits aber auch eine **Ausdehnung der Nutzflächen** in möglicherweise **ungeeignete Gebiete** der Sahelzone vermuten.

Steigende ackerbauliche Produktion

Dies kann man bestätigen, wenn man die Produktionsmengen typischer Anbaufrüchte Burkina Fasos betrachtet. Die Produktion von Erdnüssen und Hirse ist generell um das Doppelte bis Vierfache gestiegen, insbesondere jedoch die Produktion von **Millet**, jener Hirseart, die eine größere Trockenresistenz besitzt und daher auch **in der Sahelzone** angebaut werden kann. Trotzdem bleibt Sorghum, die produktivere Hirseart, das wichtigste Anbauprodukt des Landes. Ein starker Anstieg von 17 000 t auf 377 000 t kann bei der Baumwollproduktion verzeichnet werden, was auf eine **Intensivierung** des wahrscheinlich bewässerten Anbaus auch in der **Sudanzone** schließen lässt. Auf eine Intensivierung weist auch hin, dass sich die Produktionsmengen mindestens verdreifacht haben, während die Landnutzungsfläche nur um ein Viertel gewachsen ist (M 7).

Intensivierung der Tierhaltung

Bei der Tierhaltung kann man Ähnliches nachweisen. Die Zahl der **Ziegen**, die auch in der **Dornsavanne** immer noch Futter finden können, hat sich mehr als verfünffacht, während die Zahl der Rinder im Jahr 2007 3,6-mal größer war als 1967 (M 7). Hinzu kommt, dass die ursprünglich nomadisch lebenden Volksgruppen Burkina Fasos, wie z. B. die Fulbe, die im Norden des Landes immerhin 25 % der Bevölkerung ausmachen, zunehmend sesshaft werden, weil sie von Politikern dazu gedrängt werden und ihnen selbst das Leben so auch einfacher erscheint. Dabei kann gerade die nomadische Viehhaltung gut auf die variablen Niederschlagsverhältnisse reagieren (M 10).

Folgen der Übernutzung

Diese unangepasste Nutzung hat eine **Übernutzung** des Bodens zur Folge, die sich in **Erosion**, **Degradation** der Böden und letztlich der **Desertifikation**, also anthropogen verursachter Wüstenbildung, äußert.

Desertifikation und Degradation in der Sahelzone

So waren im Jahr 2005 57 % der Landnutzungsfläche stark und sehr stark degradiert, ein Großteil davon in der **Sahelzone** (M 8). Die Erosion und **Desertifikationserscheinungen** sind im Norden auf Vegetationsvernichtung durch **Überweidung**, vor allem auf Verbiss, Bodenverdichtung durch Ziegen-, Schaf- und Rinderherden sowie eine verstärkte Brunnennutzung für die Tränkung zurückzuführen. Der Prozess der Überweidung wird durch die **Sesshaftwerdung** der früher nomadischen Fulbe noch verstärkt, weil die Vegetation keine Möglichkeit mehr hat, sich zu erholen (M 10). Zudem wird gerade das Gebiet nördlich und östlich von Ouagadougou auch **agrarisch intensiv** genutzt, was dem Landnutzungspotenzial der Sahelzone widerspricht.

Degradation und Erosion in der Sudanzone

Die stark degradierten Gebiete in der **Sudanzone** befinden sich östlich von Bobo Dioulasso und entlang der Straße nach Togo (M 8), wo intensive Landwirtschaft betrieben wird und der intensivierte **Baumwollanbau** Bewässerung nahelegt. Zudem steigt das Relief östlich von Bobo Dioulasso an, sodass hier Hanglagen zu vermuten sind, die bei nicht sachgerechter Nutzung Erosion deutlich verstärken. Neben der Landnutzung trägt auch die relativ hohe **Bevölkerungsdichte** bei stetig wachsender Bevölkerung in den stark degradierten Gebieten im Vergleich zu den weniger stark degradierten Gebieten zu einem erhöhten Feuerholz- und Trinkwasserbedarf sowie Siedlungsaktivitäten bei, die den Desertifikationsprozess zusätzlich verstärken (M 8).

Teilaufgabe 3

In dieser Teilaufgabe ist ein Bezug zur Nachhaltigkeit gefordert. Das bedeutet, dass Sie das in M 11 vorgestellte Entwicklungshilfeprojekt zunächst auf den ökologischen Aspekt der Desertifikation hin bewerten.

Im Sinne des Dreiecks der Nachhaltigkeit müssen Sie zusätzlich die wirtschaftliche Situation Burkina Fasos sowie eine soziale Verträglichkeit des Projekts mit in den Blick nehmen, die aus den Informationen in M 2, M 11 und generellen Kenntnissen über Entwicklungsländer herzuleiten sind.

Das Hilfsprojekt stellt einen vielfältig greifenden Lösungsansatz dar. **Ökologisch** gesehen stehen dabei der **Erhalt und die Verbesserung des Bodens** durch vielfältige Maßnahmen im Vordergrund. So wird der Bodenabtrag durch Wind und Wasser sowohl mit Steinwällen als auch neu gepflanzten, zum Teil Wasser speichernden Bäumen begrenzt. Durch die Integration von kompostiertem Dung in den Ackerbau wird nicht nur kurzfristig die Erntemenge gesteigert, sondern auch langfristig die Bodenstruktur verbessert. Die Auswahl der neu gepflanzten **Baumarten** ist dabei auch über den direkten Bodenschutz durch das Wurzelwerk hinaus entscheidend, denn der Baobab speichert Wasser auch in Trockenzeiten und produziert Früchte, die als **Viehfutter** dienen können. Ebenso sind die Zweige und Blätter der Acacia Albida sowohl als Viehfutter als auch als **Holz** für den Haushalt einsetzbar, sodass einer Vegetationsschädigung durch Überweidung und Holzverbrauch vorgebeugt werden kann (M 11).

Bodenschutz

Der Anbau unterstützt vor allem die **Subsistenzwirtschaft**, was dem Landnutzungspotenzial der Sahelzone entspricht. In Maßen können die Erdnüsse jedoch auch als **Cash Crops** verkauft werden. Dies kann die Lebensverhältnisse der äußerst armen Bevölkerung Burkina Fasos verbessern (M 2). Wichtiger Bestandteil des Projekts ist auch, dass die Maßnahmen von allen Dorfbewohnern, Männern und Frauen, **gemeinschaftlich** durchgeführt werden. Auf diese Weise entsteht wahrscheinlich eine hohe soziale Akzeptanz, sodass das Projekt auch dann fortdauern kann, wenn sich die Entwicklungshelfer zurückziehen. Hier sind die Entwicklungsansätze der „**Hilfe zur Selbsthilfe**“ und des Bottom-up-Prinzips berücksichtigt. Zudem werden ausschließlich günstige, in der Region vorhandene Materialien verwendet, sodass eine Reparatur jederzeit möglich und **wenig kostenaufwendig** ist. Die erwähnte Kompostwirtschaft mithilfe von Dung bedeutet, dass Ackerbau betreibende **Bauern** mit den nomadischen und sesshaften **Viehzüchtern** zusammenarbeiten müssen, was helfen könnte, den **sozialen Frieden** zwischen den häufig konkurrierenden Gruppen zu sichern. Gleichwohl könnten die Steinwälle und die damit begrenzten Felder aber auch Konfliktstoff bei dem Durchzug von Nomaden bieten.

Sozioökonomischer Nutzen

Andererseits wird der Prozess der Sesshaftwerdung der Fulbe und anderer nomadischer Gruppen sicherlich fortschreiten, womit die Konfliktursache geringer wird, aber eine den klimatischen Verhältnissen angepasste Nutzungsform verloren geht. Insofern weist

Bevölkerungswachstum und Bildung

das Projekt auch Grenzen auf. Zwar können eine Grundversorgung und ein Schutz des Bodens gewährleistet werden, aber ein rascher wirtschaftlicher Entwicklungsschub ist nicht möglich. Somit ist eine Verbesserung des Entwicklungsstandes nur sehr **langfristig** möglich. Das Projekt ist relativ klein und auf die gegebenen Probleme und die dort lebende Bevölkerung abgestimmt. Ein Ende des **Bevölkerungswachstums** ist bei einer Wachstumsrate von 3,1 % jedoch vorerst nicht abzusehen (M 2), sodass sich der Bevölkerungsdruck und damit der Zwang zur Ausweitung und Intensivierung der Landwirtschaft noch weiter erhöhen werden.

Fazit

Hier müsste also gleichzeitig auf anderen Ebenen gearbeitet werden, um im Sinne der **Nachhaltigkeit** einen langfristigen Erfolg dieses Projekts zu sichern.

Leistungskurs Geographie (NRW) –
Übungsaufgabe 2

Thema

Umwertung von Standortfaktoren unter dem Einfluss globaler Entwicklungen – Das Beispiel Japan: Die Bucht von Tokio

Aufgabenstellung

	Punkte
1. Vergleichen Sie die Standortgegebenheiten in der Bucht von Tokio Anfang der 1950er- und Anfang der 1980er-Jahre.	16
2. Erläutern Sie die Standortentwicklung der japanischen Eisen- und Stahlindustrie am Beispiel der Keihin-Küstenindustriezone.	36
3. Bewerten Sie die Flächennutzungstendenzen in der Bucht von Tokio seit Beginn der 1990er-Jahre.	28

Materialgrundlage

M 1 Geeignete Atlaskarten

M 2 Die Keihin-Küstenindustriezone in der Bucht von Tokio

Quelle: Flüchter, W.: Die Bucht von Tokyo. Schriften des Instituts für Asienkunde (Hamburg), Bd. 6, Wiesbaden 1985, S. 91. © Institut für Asienkunde Hamburg

M 3 Neulandgewinnung in der Bucht von Tokio

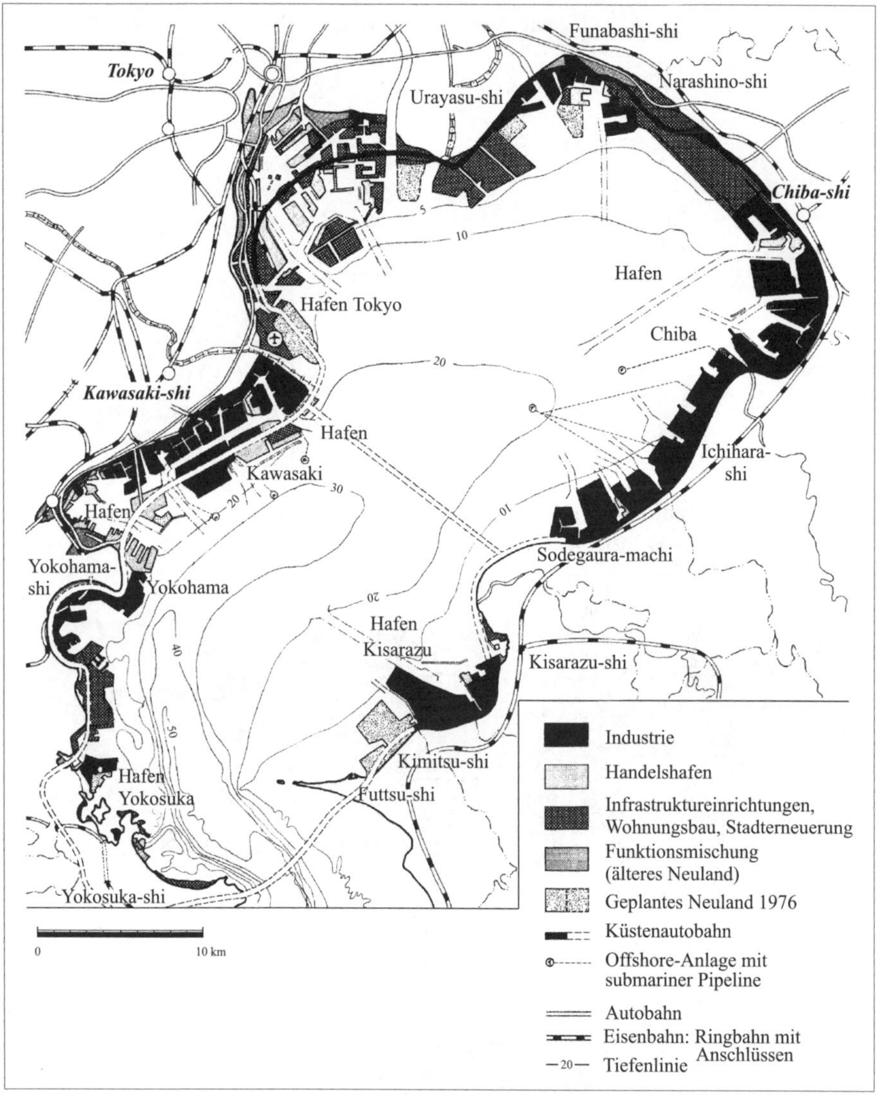

Quelle: Flüchter, W.: Die Bucht von Tokyo. Schriften des Instituts für Asienkunde (Hamburg), Bd. 6, Wiesbaden 1985, S. 244

M 4 Entwicklung der Stahlproduktion (in Mio. t)

	Japan	Deutschland	Welt
1950	4,8	12,1	k. A.
1955	9,4	21,4	k. A.
1960	22,1	34,1	k. A.
1965	41,2	36,8	443
1970	93,3	45,0	512
1975	102,3	40,4	615
1980	111,5	43,3	702
1985	105,3	40,5	655
1990	110,3	41,6	769
1995	101,6	42,1	750
2000	106,4	46,4	847
2006	116,2	47,2	1 242
2008	118,7	45,8	1 333

Quelle: Der Fischer Weltalmanach 2006 und 2009.

M 5 Standortstruktur der Keihin-Küstenindustriezone in den 1980er-Jahren

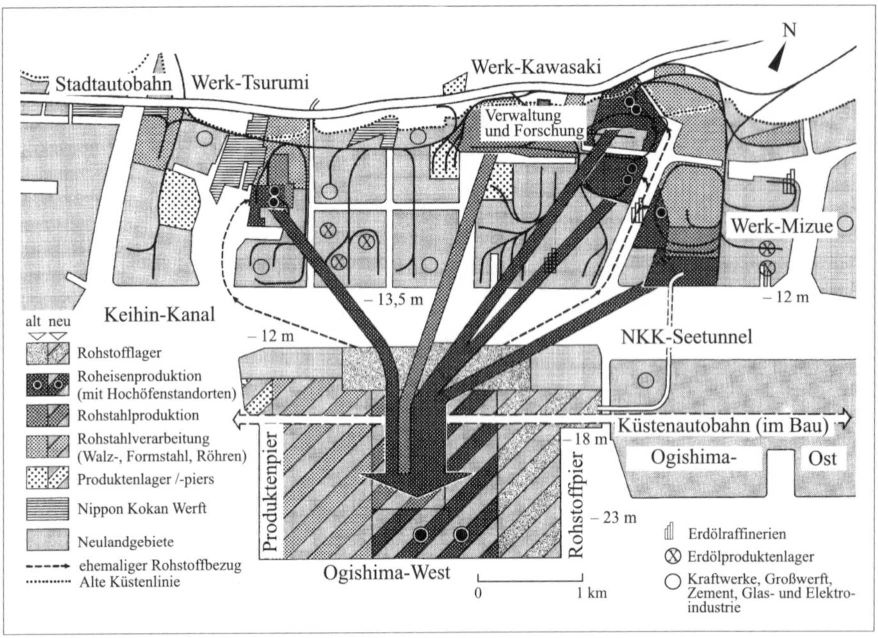

Quelle: Flüchter, W.: Die Bucht von Tokyo. Schriften des Instituts für Asienkunde (Hamburg), Bd. 6, Wiesbaden 1985, S. 95

M 6 Japans Rohstoffsituation

Die wirtschaftliche Entwicklung Japans nach dem 2. Weltkrieg ist nicht unbedingt zu erwarten gewesen: Die Rohstoffknappheit des Landes stellt eine deutliche Ungunst dar und macht den umfangreichen Import der für die industrielle Produktion benötigten Rohstoffe notwendig. So müssen Eisenerz, Erdöl, Kupfer und Nickel seit den 80er-Jahren vollständig importiert werden. Bei Aluminium, Erdgas, Zink und Kohle liegen die Importquoten bei über 90 %. An dieser Situation hat sich bis zur Gegenwart nichts geändert.

Quelle: eigene Zusammenstellung

M 7 a Japan: Produktion ausgewählter Industriegüter (in Tausender Einheiten)

	1985	1990	1995	1999	2004	2008
Eisen und Stahl (1 000 t)	105 279	110 339	101 640	94 192	112 800	118 700
Elektronische Geräte:						
Industrieroboter	21 833	34 110	33 103	48 340	77 427	k. A.
Sprachcomputer	1 123	2 534	1 823	692	k. A.	k. A.
Verkaufsautomaten	431	717	497	571	479	k. A.
Elektrische Geräte:						
Klimaanlagen für Wohnungen	5 426	7 813	19 612	14 906	11 233	k. A.
Mikrowellen	7 909	4 673	3 174	2 844	1 248	k. A.
Kopiergeräte	866	4 350	5 747	4 233	402	k. A.
Mobiltelefone	0	0	8 197	43 350	49 488	35 326
Farbfernseher	16 880	13 243	7 854	3 444	808	k. A.
Flüssigkristallbildschirme	1 853	1 889	1 168	942	2 665	8 440
Videorekorder	28 283	27 921	12 655	7 012	k. A.	k. A.
Videokameras	2 574	8 803	8 658	10 459	11 957	7 928
Navigationssysteme	0	0	0	0	4 707	5 666
Digital Player	0	0	0	0	116	k. A.
Digitalkameras	0	0	0	0	k. A.	36 273

Quelle: Ministy of Economy, Trade and Industry Japan

M 7 b Index der industriellen Produktion (Jahr 2005 = Index 100)

	2004	2006	2007	2008
Informations- und Kommunikationselektronik	99,7	106,4	108,4	103,2
Elektrische Maschinen	99,1	104,5	103,2	100,4
Elektronische Bauteile	98,1	117,8	131,0	126,3
Maschinenbau	94,8	106,4	109,2	100,4

Quelle: Ministy of Economy, Trade and Industry Japan

M 8 Japan als Handelsmacht

	Weltmarktanteil in %			Weltrang der Produktion		
	1998	2004	2008	1998	2004	2008
Automobile	14,8	17,3	15,2	2	2	1
Büromaschinen, EDV-Geräte	12,5	k. A.	k. A.	2	k. A.	k. A.
Eisen und Stahl	10,5	k. A.	8,9	2	k. A.	3
Fernsehgeräte	7,0	2,2	k. A.	5	8	k. A.
Kameras	k. A.	k. A.	k. A.	1	k. A.	k. A.
Kühlschränke	8,0	5,2	k. A.	4	5	k. A.
Kunstfasern	7,0	k. A.	k. A.	5	k. A.	k. A.
Kunststoffe	14,6	k. A.	k. A.	2	k. A.	k. A.
Maschinen	12,4	k. A.	k. A.	3	k. A.	k. A.
Schiffbau	39,7	k. A.	k. A.	1	k. A.	k. A.
Uhren	k. A.	k. A.	k. A.	k. A.	k. A.	k. A.
Videorecorder	k. A.	k. A.	k. A.	1	k. A.	k. A.

Quellen: WTO (Daten für 1998); Fischer Weltalmanach 2006 (Daten für 2004) und 2010 (Daten für 2008)

M 9 Entwicklung der Warenexporte Japans

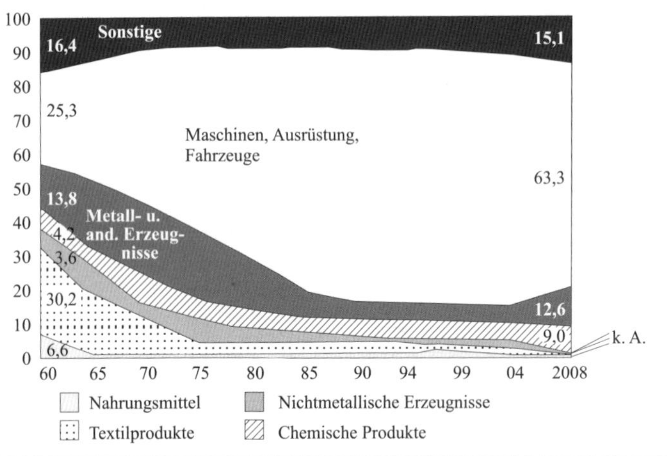

Quelle: Ministry of Finance, Japan

M 10 Raumplanung an der Waterfront der Bucht von Tokio

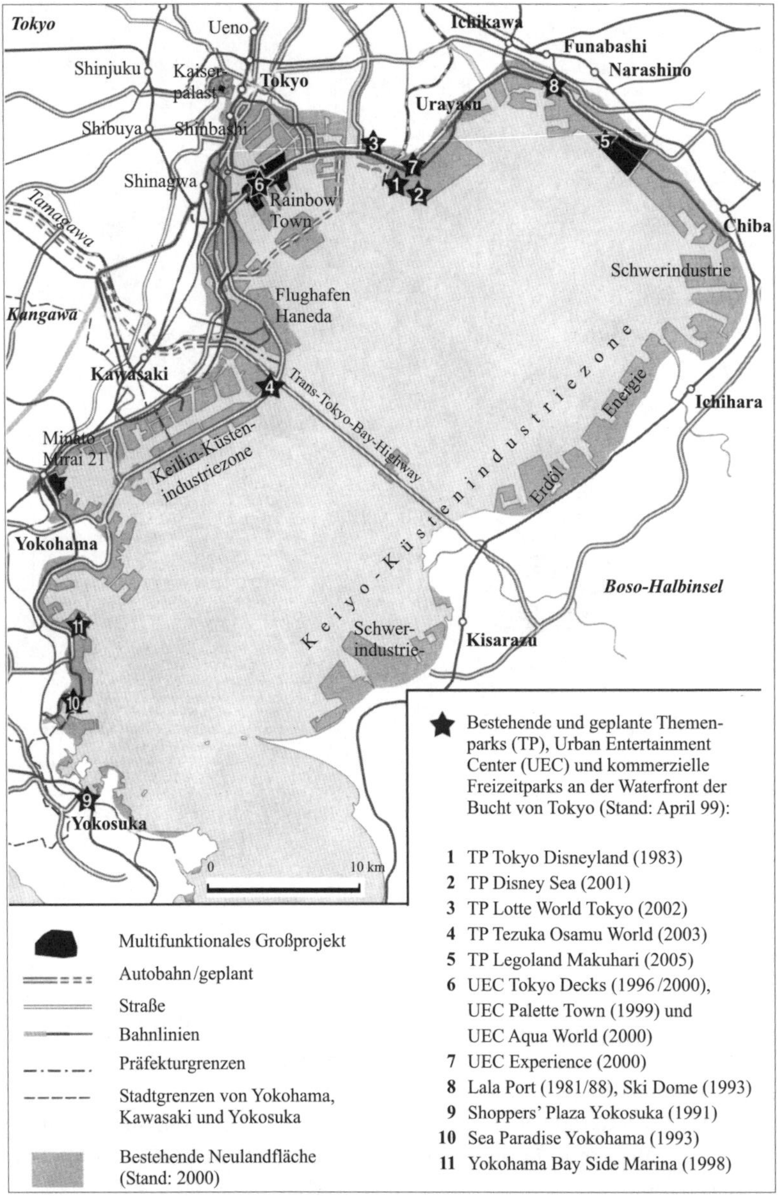

Quelle: © Hohn, A./Hohn, U., Universität Duisburg. In: Hohn, A./Hohn, U.: Stadtentwicklung an der Waterfront der Bucht von Tokyo – die japanische Variante. Geographische Rundschau 52/2000, Braunschweig, S. 49

M 11 „Re-Development“ in der Keihin-Küstenindustriezone

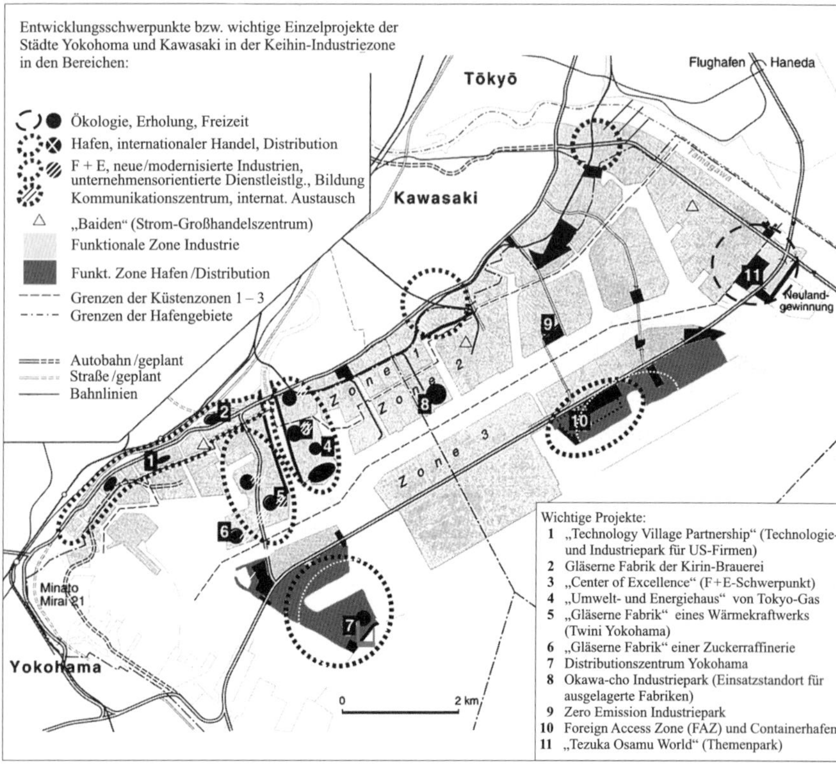

Quelle: © Hohn, A./Hohn, U., Universität Duisburg. In: Hohn, A./Hohn, U.: Stadtentwicklung an der Waterfront der Bucht von Tokyo – die japanische Variante. Geographische Rundschau 52/2000, Braunschweig, S. 50

Hilfsmittel: der in der Qualifikationsphase 12 /13 überwiegend verwendete Atlas, Wörterbuch zur deutschen Rechtschreibung und Taschenrechner

---

Diese Übungsaufgabe bezieht sich auf die folgenden **inhaltlichen Schwerpunkte**:

- Raumstrukturen und raumwirksame Prozesse im Spannungsfeld von wirtschaftlichen Disparitäten und Austauschbeziehungen
  - Wandel v. Standortfaktoren in seiner Wirkung auf industrieräumliche Strukturen
  - Tertiärisierung als Motor für die räumliche Verteilung von Arbeitsplätzen und Warendistribution

Lösungsvorschlag

Teilaufgabe 1

Der Operator „vergleichen" verlangt von Ihnen, dass Sie Gemeinsamkeiten und Unterschiede zwischen (vergleichbaren) Strukturen bzw. Prozessen erfassen und kriterienbezogen verdeutlichen. In diesem Fall geht es um den systematischen Vergleich der standortrelevanten Gegebenheiten. Dabei müssen Sie die Methode und Bedeutung der sogenannten Aufschüttungsflächen, deren Schaffung aus der Relief-Ungunst herzuleiten ist, besonders hervorheben. Das Vorhandensein dieser Neuflächen in der gesamten Bucht von Tokio ist hierbei als entscheidende Standort- und Lagegunst herauszustellen.

Natürliche Ungunst

Betrachtet man das **Relief** Japans, wird sofort deutlich, dass das Land nur über sehr wenige ebene Flächen verfügt, dass vielmehr bewaldete Gebirge das Erscheinungsbild der vier Hauptinseln prägen. Folglich konzentrieren sich Siedlungen, landwirtschaftliche Nutzungsflächen und Industrien an den **Küsten**, ebenso die Hauptverkehrsadern (Atlas). Dies waren ungünstige Voraussetzungen dafür, großflächige Industrien wie die Eisen- und Stahlindustrie oder erweiterte Verkehrsachsen wie mehrspurige Autobahnen anzulegen. Dies wurde jedoch ab Mitte der 50er-Jahre vor allem in der **Bucht von Tokio** notwendig. Damals begann Japan damit, seine Wirtschaft umzustrukturieren und auf den Weltmarkt auszurichten mit dem Ziel, sich als Industriemacht zu etablieren. Dementsprechend groß war der Bedarf an neuen, für diese Exportorientierung geeigneten Flächen.

Neulandgewinnung als Folge von Raummangel

Die von Japan gewählte Lösung, die **natürliche Ungunst** hinsichtlich des Flächenpotenzials auszugleichen, bestand darin, in den flachen Küsten- und Buchtbereichen unmittelbar vor der natürlichen Küstenlinie **künstliches Neuland** in großem Umfang aufzuschütten. So finden sich seit den 70er-Jahren in der Bucht von Tokio fast an der gesamten Buchtlinie entlang **Aufschüttungsgebiete**, die zu mehr als drei Vierteln eine industrielle Nutzung aufweisen (M 3, Atlas).

Diese neuen Flächen bieten, abgesehen von planbaren Größen und funktionalen Formen, den Vorteil, dass hinsichtlich des weltmarktorientierten Handels **ideale Verkehrsvoraussetzungen für den Überseehandel** per Schiff gegeben sind. Dem Prinzip der sogenannten „Nassen Hütten" in Deutschland vergleichbar – das sind Standorte an der Küste bzw. an von Hochseeschiffen befahrbaren Flüssen – siedelt sich die Industrie unmittelbar an der Küste an.

Das Luftbild verdeutlicht, in welcher Intensität diese Neulandflächen genutzt werden; es zeigt weiterhin, dass in einer zweiten vorgelagerten Reihe, verbunden durch einen parallel zur Küste verlaufenden Kanal, weitere Flächen – zum Zeitpunkt der Aufnahme des Luftbildes noch ungenutzt (Bildmitte oben) – geschaffen wurden (M 2).

Teilaufgabe 2

Beim Operator „erläutern" müssen Sie Sachzusammenhänge mithilfe ergänzender Informationen verdeutlichen. In diesem Fall sind anhand von M 3–M 9 die mikrostandortbezogenen Vorteile der Eisen- und Stahlindustrie (horizontaler Verbund) sowie der für die Import- und Exportausrichtung ideale Küstenstandort im Zusammenhang mit der Entwicklung Japans zu einer der führenden Industrie- und Welthandelsnationen herauszuarbeiten.

Japanische Standortlogik – die Keihin-Küstenindustriezone

Wie sehr Japan die Möglichkeit genutzt hat, im Zusammenhang mit der Schaffung neuer Flächen eine **horizontale und vertikale Standortvernetzung** vorzunehmen, verdeutlicht das Neulandgebiet Ogishima-West in der **Keihin-Küstenindustriezone** (M 5). Noch enger als früher nördlich des Keihin-Kanals befinden sich nunmehr Rohstofflager, Roheisenproduktion, Rohstahlproduktion und Produktenlager nebeneinander, eingerahmt vom Rohstoffpier im Osten und vom Produktenpier im Westen des Neulandgebietes Ogishima-West. Noch kürzer sind Transportwege im Bereich der Produktion zwischen Rohstoffempfang und Fertigwarenversand nicht einzurichten, kostengünstiger lassen sich die Transport- und Wegekosten am neuen Standort nicht gestalten.

Daneben bestehen horizontale und vertikale Verbindungen mit den Altstandorten nördlich des Keihin-Kanals, von wo z. B. Roheisen, Erdöl, aber auch technisches Know-how „zugeliefert" werden. Zum einen kann auf diese Weise die Produktion von Stahlerzeugnissen kostengünstig „in einer Hitze" erfolgen, zum anderen besteht durch die räumliche Nähe zu den unmittelbar an die alte Küste angegliederten Neulandgebieten die Möglichkeit des **Rohstoff-, Energie- und Zwischenproduktaustausches** in vertikaler Hinsicht. Ein dichtes lokales Netz von Werksbahnen, Straßen und Kanälen sorgt für eine standortbezogene **Verkehrsinfrastruktur**. Die **regionale Anbindung** an das Hinterland schaffen die Stadtautobahn, die in Planung befindliche Küstenautobahn sowie die ringförmig verlaufende Küsteneisenbahn. Auf diesem

Wege erfolgt auch der tägliche **Pendlerverkehr** – Wohnbereiche sind auf den Neulandflächen nicht ausgewiesen (M 5).

Rohstoff- und damit **Verkehrsorientierung** sowie **Absatzorientierung** standen als **Standortfaktoren** im Vordergrund der Planungen. Das Ganze erfolgte bei einer **optimalen Produktionskostenausrichtung innerhalb des Standortgefüges –** selbst dann, wenn man den Faktor Arbeit/Arbeitslöhne außer Acht lässt.

Eisen- und Stahlindustrie als Grundlage der Wirtschaft

Es war kein Zufall, dass Japan zunächst in großem Maße Eisen- und Stahlindustrien angesiedelt und aufgebaut hat, sind diese doch die Grundlage weiterer Industrien, die mit Stahlzwischenprodukten arbeiten. Innerhalb von nur 20 Jahren hat Japan bis 1970 seine Stahlproduktion auf rund 95 Mio. t verzwanzigfacht; ein Wert, den das Land nach weiteren Anstiegen auf 111 Mio. t im Jahr 1980 bis in die Gegenwart aufrechterhalten und 2008 sogar auf 119 Mio. t gesteigert hat. Im Zeitraum der japanischen **Expansion** bis 1970 konnte Deutschland im Vergleich lediglich eine Vervierfachung auf knapp die Hälfte des japanischen Wertes vorweisen (45 Mio. t). Anfang der 1990er-Jahre wies Japans Eisen- und Stahlproduktion allerdings eine Stagnation auf, woraus wirtschaftliche Schwierigkeiten und zwischenzeitliche **Absatzprobleme** auf dem **Weltmarkt** ersichtlich werden. Erst in der Gegenwart stieg die Produktion wieder an (M 4).

Japan – Handelsriese trotzt Rohstoffarmut

Der Aufstieg Japans zu einer der führenden Industrie- und Handelsnationen der Welt verwundert zunächst, denn Japan verfügt kaum über nennenswerte Rohstoffe (M 6) und ist bei wichtigen Rohstoffen fast vollkommen von Importen abhängig. Betrachtet man die Entwicklung der **Warenexportstruktur** seit 1960, so erkennt man, dass Japan bei der Umstellung seiner gesamten industriellen Produktion die Abhängigkeit von Rohstoffen mit eingeplant haben muss. Vergleicht man weiterhin die Import- und die Exportstruktur, so wird deutlich, dass sich Japan beim Export eindeutig auf hoch industrialisierte Güter wie elektronische und elektrische Geräte konzentriert (M 7 a–M 9).

Bei der Produktion zeigt sich Japan sehr flexibel hinsichtlich seiner Ausrichtung auf die **Weltmarktnachfrage**: In kurzer Zeit steigert es bei Bedarf die Produktion von Industrie- und Konsumgütern (z. B. Industrieroboter, Mobiltelefone, Navigationssysteme, Digitalkameras), stellt bei **Marktsättigung** jedoch schnell auf andere und auf Folgeprodukte um (wie z. B. bei Videorekordern und Farbfernsehern geschehen, vgl. M 7 a). In vielen Fällen schafft die japanische Industrie solche Nachfragen durch geschickte Werbe- und Marketingstrategien auch selbst.

Aufgrund dessen ist es Japan gelungen, auf wichtigen Märkten (z. B. Automobile, EDV-Geräte, Kunststoffe, Maschinen) **hohe Marktanteile** zu erlangen und Spitzenpositionen in den Produktionsranglisten einzunehmen (M 8). Es besteht allerdings die Gefahr, dass Japan bei vielen Produkten eine sehr starke **Weltmarktabhängigkeit** eingeht.

Teilaufgabe 3

Die weltweite Rezession sowie die allgemeinen Globalisierungstendenzen haben auf die japanische Wirtschaft sowie auf die Raumplanung in der Bucht von Tokio Einfluss genommen. Sie sind als Hintergrund für die geänderte Flächennutzungsplanung auf ehemals für eine Expansion der (Schwer-)Industrie geschaffenen Neulandflächen zu bewerten.

Seit 1990 konnte Japan bei Eisen- und Stahlprodukten seinen Weltmarktanteil nur geringfügig steigern. Im Bereich hoch spezialisierter Produkte wurden jedoch höhere Weltmarktanteile erzielt (M 7 a, M 8, M 9).

Rezession der 1990er-Jahre: veränderte Flächennutzung in der Bucht von Tokio

Diese weltwirtschaftliche Entwicklung hat sich nicht nur auf die japanische **Exportwirtschaft**, sondern auch auf die Flächennutzung im Bereich der langfristig vorgeplanten Neuland- bzw. Aufschüttungsflächen wie z. B. in der Bucht von Tokio ausgewirkt. So weist die Planungskarte für die Bucht von Tokio aus dem Jahr 1999 aus, dass im Unterschied zu der früher fast ausschließlich auf Küsten- und Hafenindustrie ausgerichteten **Flächennutzung** nunmehr sogenannte „**multifunktionale Großprojekte**" in allen Teilen der Bucht geplant sind (d. h. Projekte, die den Bereich Bildung ebenso ausweisen wie den Bereich Freizeit und Erholung; M 10). So sind z. B. für die ehemalige Keihin-Küstenzone insgesamt 11 Projekte ausgewiesen, die verdeutlichen, dass hier ein **Strukturwandel** stattfindet (M 11).

Im Zuge des „Waterfront-(Re-)Developments" soll zum einen die **monostrukturelle schwerindustrielle Struktur aufgegeben** und zum anderen sollen wichtige städtische Funktionen auf den Aufschüttungsflächen angesiedelt werden. Neue und moderne Industrien, unternehmensorientierte Dienstleistungsbetriebe, ein Stromgroßhandelszentrum sowie ein Technologie- und Industriepark für US-Firmen sind vorgesehen. Daneben soll es Einrichtungen für Freizeit und Erholung geben (Disneyland, Disney Sea, Legoland, Aqua World u. a.; M 10).

Möglicherweise spielen hierbei gesunkene Bodenpreise auf den Neulandflächen wegen zurückgehender Industrienachfrage ebenso eine Rolle wie gestiegene Bodenpreise im Bereich der Kernstädte auf dem Festland. Man könnte bei dem geplanten Strukturwandel von einer **De-Industrialisierung** und gleichzeitigen **Tertiärisierung** dieser Flächen sprechen.

Fazit: Umwertung von Standortfaktoren

„Umwertung von Standortfaktoren unter dem Einfluss globaler Entwicklungen“ lautete das Oberthema – anhand der Bucht von Tokio wird deutlich, wie sich weltweite Industrialisierungs- und Handelsentwicklungen regional auf **Standortbewertungen und -entwicklungen** niederschlagen können. So zeigt sich im Bereich der Aufschüttungsflächen in der Bucht von Tokio seit der weltmarktbedingten **Rezession** der 1990er-Jahre und den allgemeinen **Globalisierungstendenzen** eine funktionale Umwertung: Ehemals fast ausschließlich für Küsten- und Hafenindustrien sowie überregionale Verkehrseinrichtungen ausgewiesene Flächen werden in einem zweiten Planungsansatz als multifunktionale Flächen ausgewiesen, die auch teilstädtische Funktionen übernehmen.

Grundkurs Geographie (NRW) – Abiturprüfung 2009
Aufgabe 1

Thema

Sonderwirtschaftszonen – ein geeignetes Instrument ausgewogener Raumentwicklung? – Das Beispiel Shenzhen/China

Aufgabenstellung

Punkte

1. Lokalisieren Sie Shenzhen und stellen Sie die räumlichen Disparitäten der Wirtschaftsentwicklung Chinas dar. 23
2. Erläutern Sie die in Shenzhen gewählte Entwicklungsstrategie und ihre Auswirkungen. 33
3. Erörtern Sie die im Thema formulierte Frage. 24

Zugelassene Hilfsmittel

- der an der Schule in der Qualifikationsphase überwiegend verwendete Atlas, in einer für alle Prüflinge gleichen Auflage
- Wörterbuch der deutschen Rechtschreibung
- Taschenrechner

Materialgrundlage

M 1 Atlaskarten nach Wahl

M 2 Strukturdaten der Volksrepublik China

Jahr	1997	2001	2005
Bevölkerung (in Mrd.)	1,23	1,27	1,31
Bruttoinlandsprodukt (in Mrd. US-$)	987	1 324	2 265
Reales Wachstum des BIP (in %)	9,3	8,3	9,9
Anstieg der Verbraucherpreise (in %)	2,8	0,7	1,8
Städtisches zur Verfügung stehendes Pro-Kopf-Einkommen (in US-$)	645	828	1 300
Ländliches Pro-Kopf-Einkommen (in US-$)	261	285	403
Arbeitslosenrate* (in %)	3,1	3,6	4,2
Haushaltsdefizit (in Mrd. US-$)	7,3	30,4	36,4**

Anmerkungen:
* Bezüglich der offiziellen Zahlen, die nicht die Arbeitslosenraten der Migranten beinhalten;
** Zahl für 2003

Quellen: PRC National Bureau of Statistics (NBS), China Statistical Yearbook, 2004; The People's Bank of China; Bearbeitete Quellen: www.uschina.org/statistics/economy.html; www.library.uu.nl/populstat/Asia/chinag.htm (Zugriff 10. 08. 2006)

M 3 Geschätztes Pro-Kopf-Einkommen nach Provinzen 2003

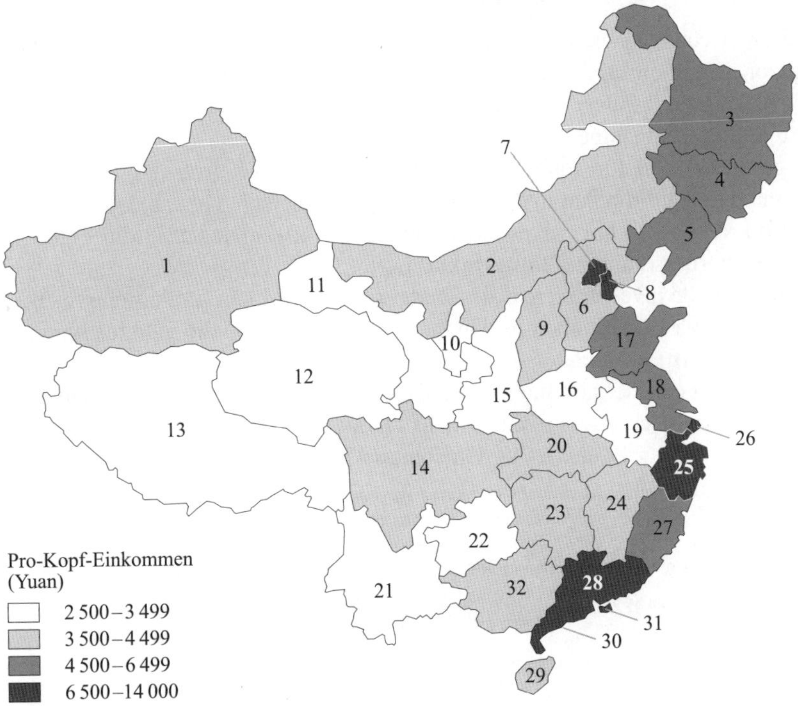

1	Xinjiang	9	Shanxi	17	Shandong	25	Zhejiang
2	Inner Mongolia	10	Ningxia	18	Jiangsu	26	Shanghai
3	Heilongjiang	11	Gansu	19	Anhui	27	Fujian
4	Jilin	12	Qinghai	20	Hubei	28	Guangdong
5	Lianing	13	Tibet	21	Yunnan	29	Hainan
6	Hebei	14	Sichuan	22	Guizhou	30	Macau
7	Beijing	15	Shaanxi	23	Hunan	31	Hong Kong
8	Tianjin	16	Henan	24	Jiangxi	32	Guangxi

Anmerkung: Der Wechselkurs für US-$/Yuan beträgt ungefähr 1 : 8.

Quelle: USDA: Mathew Shane/Fred Gale: China: A Study of Dynamic Growth, p. 14, Fig. 6.
Fundort: http://benmuse.typepad.com/ben_muse/china/index.html (Zugriff 10. 08. 06)

M 4 Internet-Informationen für ausländische Investoren: Sonderwirtschaftszonen in China

Sonderwirtschaftszonen sind durch die Volksrepublik China eingerichtete Entwicklungszonen, um ausländische Investoren zu ermutigen in China zu investieren, mit der Absicht, die dringend benötigten Arbeitsplätze, technisches Know-how und zukünftige Steuereinnahmen sicherzustellen. [...]
Der größte Vorteil für ausländische Investoren sind die großzügigen Steuerzugeständnisse in den Frühphasen der Firmenneugründungen [...].
Die Volksrepublik China investiert bedeutende Aufwendungen in die Entwicklung und/oder Verbesserung der Infrastruktur [...].
Infrastrukturelle Investitionen in die Sonderwirtschaftszonen sind umfangreicher verglichen mit den Investitionen im Umland, z. B. bezüglich vorbereiteter Immobilien, die schnelle Firmengründungen am Ort ermöglichen [...].
Vorsicht: Lassen Sie sich nicht täuschen, die Gründung einer Produktionsstätte in einer Sonderwirtschaftszone führt nicht automatisch oder auf einfache Weise zu einem Zugang Ihrer Produkte auf den chinesischen Binnenmarkt.

Anmerkung: Ausländische Investitionen werden oftmals in Form von Joint Ventures getätigt, wobei diese Firmen dann maximal 49 % der Anteile erwerben können; über die restlichen 51 % der Anteile verfügt der Staat.
Auch chinesische Unternehmen haben in Sonderwirtschaftszonen investiert.

Quelle: nach: http://www.chinaunique.com/business/sez.htm (Zugriff 10. 08. 2006)

M 5 Sonderwirtschaftszonen in der Volksrepublik China

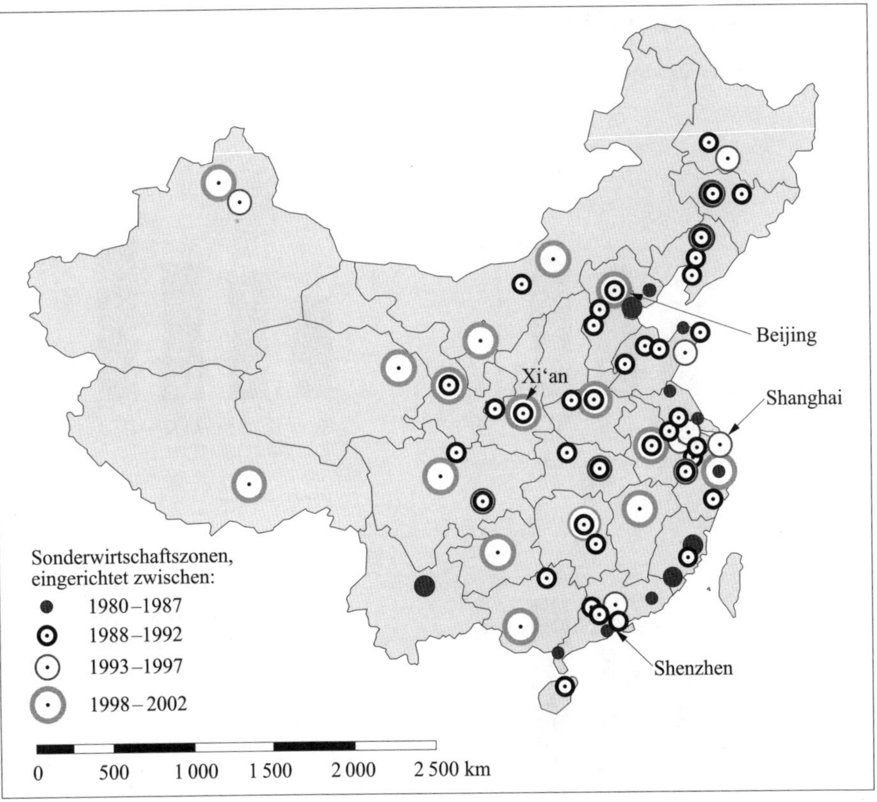

Anmerkung: Die Sonderwirtschaftszone Shenzhen grenzt an die frühere britische Kronkolonie Hong Kong und besteht seit der Reform 1978.

Quelle: verändert nach: Hui Wang/Josef Nipper: New Special Development Zones: A Dominating Urban Development Model in China's Reform Era. Geographische Rundschau, International Edition, Vol. 2, No. 1/2006, S. 38

M 6 Wirtschaftsdaten Shenzhen/Provinz Guangdong

Wichtige Wirtschaftsindikatoren

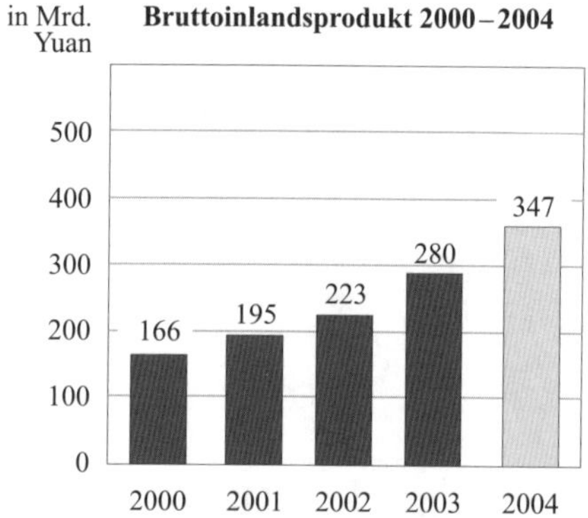

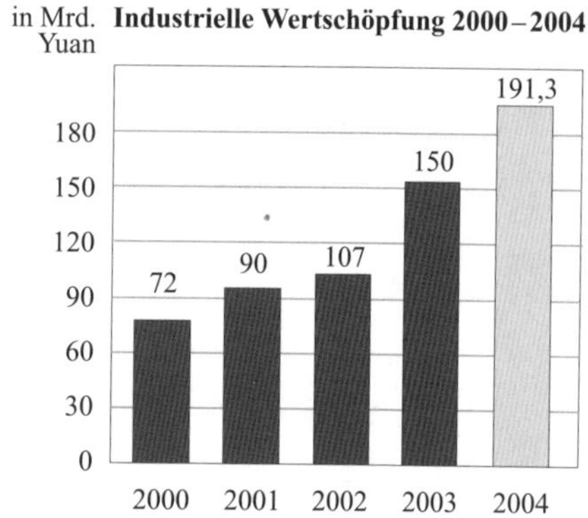

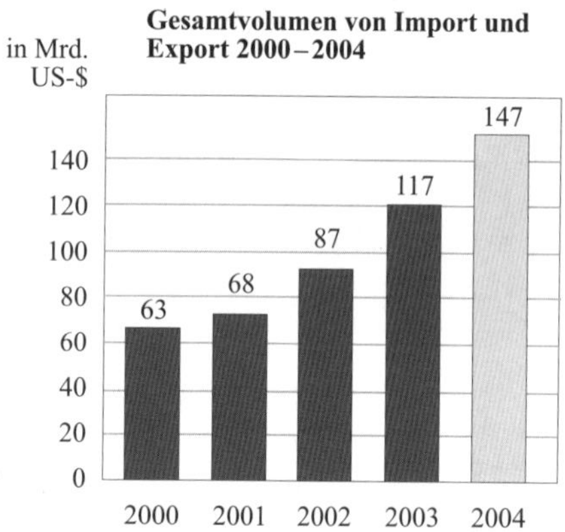

Bevölkerung:

1979	314 100 Einwohner
1982	351 900 Einwohner
1990	1 667 000 Einwohner
2000	7 008 000 Einwohner
2004	7 228 000 Einwohner

82,1 % der Bevölkerung im Jahr 2004 waren Zuwanderer. Das Durchschnittsalter in Shenzhen liegt unter 30 Jahren. Die durchschnittliche Lebenserwartung lag im Jahr 2004 bei 76,71 Jahren.

Allgemeine Informationen

In Shenzhen verzeichnete die industrielle Produktion in 13 aufeinander folgenden Jahren ein schnelles Wachstum, und im Jahr 2004 betrug der Wert 191 Milliarden Yuan. Dieser Wert lag um 23,8 % höher als im vorangegangenen Jahr und machte 55,9 % des gesamten Produktionsvolumens der Stadt aus. Die Industrie hat einen Anteil von 74,3 % am städtischen Wirtschaftswachstum […].

[…] Industrieunternehmen […] mit Jahresumsätzen von mehr als 5 Millionen Yuan trugen mit mehr als 181,1 Milliarden zum gesamten industriellen Produktionswert bei. Im Jahr 2004 war ein Anstieg von 23,8 % verglichen mit dem vorangegangenen Jahr zu verzeichnen. Davon wurden 13,39 Milliarden Yuan durch die Schwerindustrie und 47,3 Milliarden Yuan durch die Leichtindustrie erwirtschaftet.

Der Umsatz von Telekommunikation, Computern und anderen Elektroherstellern erreichte in der Summe 89,6 Milliarden Yuan; das entsprach einem Anstieg auf 36,7 %. Der Export von Industrieprodukten ist stark angewachsen. Der Verkauf von Industrieprodukten stieg um 27 % an und erreichte 636 Milliarden Yuan. Der Wert der Exportwaren in andere Länder erreichte 405 Milliarden Yuan, was einen Anstieg von 28,5 % darstellt und 63,7 % der gesamten Industrieproduktion entspricht.

Quelle: nach http://english.sz.gov.cn/economy/200509/t478.htm (Zugriff 10. 08. 2006)

M 7 Ausländische Direktinvestitionen in China und Shenzhen

China	2001	2002	2003	2004
Anzahl der genehmigten Projekte	26 139	34 171	18 877	21 688
Direktinvestitionen (Mrd. US-$)	46,85	52,74	50,96	72,69
Shenzhen zog 2005 Direktinvestitionen in Höhe von 2,97 Milliarden US-$ an. Die gesamten ausländischen Investitionen für die Stadt beliefen sich seit 2001 auf 14,76 Milliarden US-$. Zurzeit haben 114 der 500 global wichtigsten Firmen Büros in der Stadt.				

Bearbeitete Quellen: Ministry of Foreign Trade and Economic Cooperation; www.uschina.org/statistics/2003foreigninvestment.html; http://www.uschina.org/statistics/fdi_2004.html (Zugriff 10. 08. 2006)

M 8 HDI-Werte chinesischer Provinzen 2003

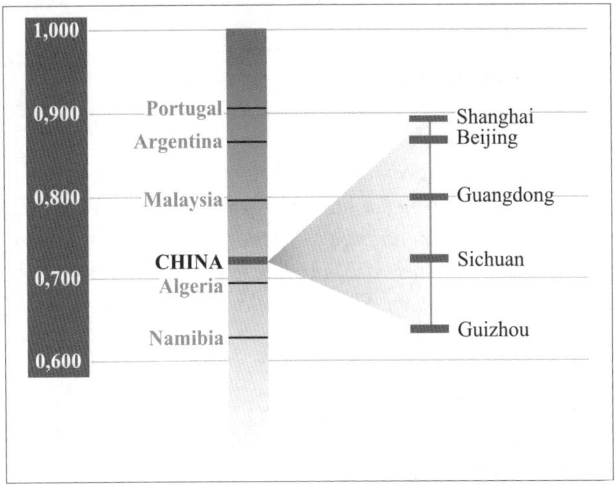

Anmerkungen:

1. HDI ist eine zusammengesetzte Maßeinheit für den gegenwärtigen Stand der gesellschaftlichen Wohlfahrt und setzt sich zusammen aus drei Indikatoren: Lebenserwartung, Bildungsniveau und BIP/Kopf.
2. Die Indexwerte für China lagen 1980 bei 0,558 und 2003 bei 0,755. Die Werte für Deutschland betrugen 0,861 (1980) und 0,930 (2003).

Quelle: Human Development Report 2005, S. 59 und S. 219 f.; http://hdr.undp.org/reports/global/2005/pdf/HDR05_complete.pdf (Zugriff 10. 08. 06)

M 9 Wanderarbeiter in China

Anzahl der Wanderarbeiter (2003)	113 Mio.
Ländlicher Arbeitskräfteüberschuss (Schätzung für 2003)	150 Mio.
Anteil der Wanderarbeiter am gesamten Arbeitskräftepotenzial	23,2 %
Wanderarbeiter, die Arbeitsstellen außerhalb ihrer Heimatprovinzen suchen	49,9 %
Anteil der Wanderarbeiter in den östlichen Landesteilen an allen Wanderarbeitern	69,9 %
Wanderarbeiter unter 25 Jahren	47,3 %

Resultate eines Gutachtens des „China's State Statistical Bureau"

Bearbeitete Quelle: http://www.chinadaily.com.cn/english/doc/2004-05/15/content_330991.htm (Zugriff 10. 08. 06)

Die Aufgabe bezieht sich auf die folgenden **inhaltlichen Schwerpunkte**:
- Raumstrukturen und raumwirksame Prozesse im Spannungsfeld von wirtschaftlichen Disparitäten und Austauschbeziehungen
  - Wandel von Standortfaktoren in seiner Wirkung auf industrieräumliche Strukturen
- Raumstrukturen und raumwirksame Prozesse im Spannungsfeld von Aktionen und Konflikten sozialer Gruppen, Staaten und Kulturgemeinschaften
  - Ursachen und Folgen von Wanderungsbewegungen für Herkunfts- und Zielgebiete

Lösungsvorschlag

Teilaufgabe 1

Der Operator „darstellen" erfordert umfangreiche Ausführungen im Anforderungsbereich I. Sie sollen aus dem Unterricht bekannte oder anhand des Materials erkennbare Informationen und Sachzusammenhänge verdeutlichen. Im Zusammenhang mit dieser Teilaufgabe bedeutet dies die ausführliche Auswertung der Materialien M 3, M 5, M 8 und M 9. Bedenken Sie, dass mit „Disparitäten" nicht nur wirtschaftliche Disparitäten gemeint sind!

Räumliche Einordnung

Shenzhen liegt im Süden der chinesischen Küstenprovinz Guangdong am Südchinesischen Meer. In direkter Nachbarschaft befindet sich die ehemalige britische Kronkolonie Hong Kong (M 1, M 3).

Zwischen dem Küstenraum Chinas und dem chinesischen Binnenland vor allem im Westen gibt es **deutliche Unterschiede hinsichtlich der Bevölkerungsverteilung**: Der Osten Chinas, vor allem die Küstenzone und die Einzugsbereiche des Jangtsekiang und des Huang He, weisen eine Bevölkerungsdichte von über 200 E./km^2 auf; nach Westen und zum Landesinneren hin nimmt die Bevölkerungsdichte bis auf 1–10 E./km^2 ab. Alle Millionenstädte befinden sich im östlichen Teil Chinas, überwiegend in den Küstenprovinzen.

Regionale Disparitäten

Der unterschiedlichen Bevölkerungsverteilung entspricht auch die Verteilung der landwirtschaftlichen Intensivzonen: Diese befinden sich bis auf wenige Ausnahmen (Ziegen- und Schafhaltung) in den östlichen Provinzen Chinas. Auch die größten Bodenschatzvorkommen lagern im Ostteil; auf ihrer Grundlage sind Bergbau- und Industriestandorte entstanden (M 1).

Folgen dieser **Disparitäten** sind **deutliche Unterschiede in der regionalen Entwicklung und beim Einkommensniveau**. Die städtische Bevölkerung hat seit 1997 ihr Pro-Kopf-Einkommen auf 1 300 US-$ im Jahr 2005 verdoppeln können; das der ländlichen Bevölkerung stieg im selben Zeitraum nur um ca. 50 % und lag mit 403 US-$ deutlich darunter (M 2). Ein solches **Ost-West-Gefälle** erkennt man auch **bezüglich des regionalen Einkommensniveaus**: Den Höchstwerten von bis zu 14 000 Yuan in Bejing oder Guangdong stehen die Minima von nur 2 500–3 499 Yuan in den Provinzen Gansu oder Yunnan gegenüber (M 3).

Als Folge dieser deutlichen Einkommensunterschiede und eines Arbeitskräfteüberschusses von 150 Mio. Menschen in den ländlichen Regionen lässt sich eine **starke Binnenwanderung** weg aus den westlichen und hin in die östlichen Provinzen feststellen. 113 Mio. Wanderarbeiter sind bis 2003 in die städtischen Wachstumsregionen gezogen, die Hälfte von ihnen hat dabei ihre Heimatprovinzen verlassen. 23,2 % betrug ihr Anteil an der Gesamtbeschäftigtenzahl im Jahr 2003. Hierbei überwogen die jüngeren Jahrgänge: Fast jeder Zweite war jünger als 25 Jahre (M 9). Während diese jungen Leute im Osten ein günstiges Arbeitskräftepotenzial darstellen, verliert der Westen nach und nach seine arbeitsfähige Bevölkerung.

Die unterschiedlichen Entwicklungsstände und ausgeprägten **regionalen Disparitäten** verdeutlicht der Vergleich der provinz- und großstadtbezogenen **HDI-Werte**: Diese reichen von 0,63 bis 0,9, was einem unterschiedlichen Entwicklungsstand zwischen einem Entwicklungsland wie Namibia oder einem entwickelten Land wie Portugal entspricht (M 8).

Die Volksrepublik China, bis Ende der 1970er-Jahre ausschließlich kommunistisch geprägt und wirtschaftlich gegenüber den westlichen Industrieländern abgegrenzt, hat seitdem versucht, einen **deutlichen Industrialisierungsprozess** in Gang zu setzen, sich **dem Weltmarkt zu öffnen** und ausländisches Knowhow ins Land zu holen. Dies bedeutete nach 1978 die Öffnung und **Liberalisierung der chinesischen Wirtschaft**. Ziel war es damals, möglichst schnell ausländisches Kapital und Devisen ins Land zu holen, um so die chinesische Wirtschaftsentwicklung zu beschleunigen und an westliche Standards heranzuführen.

Chinas volkswirtschaftliche Öffnung nach Westen

Die **Errichtung von Sonderwirtschaftszonen** sollte hierbei eine wichtige Rolle spielen und nach und nach auch regionale Wachstumsimpulse im Landesinneren und im rückständigen Westen des Landes setzen. Bis 1987 wurden Sonderwirtschaftszonen fast ausschließlich nur an der Küste errichtet – die Küstenstandorte waren im Zusammenhang mit der Import- und Exportausrichtung für diese wirtschaftliche Öffnung Chinas am besten geeignet.

Von 1988–1997 wurden weitere Sonderwirtschaftszonen vor allem im Bereich der großen Flüsse, im Norden des Landes und im Bereich der Küstenprovinzen errichtet, von 1998 an fast ausnahmslos im küstenfernen Hinterland (M 5).

Von 2001 bis 2004 stiegen die **ausländischen Direktinvestitionen** von rund 47 auf 73 Mrd. US-$ jährlich. Dies unterstreicht den Erfolg dieser **staatlichen Wirtschaftsförderung in China** (M 7).

Teilaufgabe 2

„Erläutern" (Anforderungsbereich II) als Operator verlangt von Ihnen, dass Sie aus dem Material entnehmbare Zusammenhänge verdeutlichen. In dieser Teilaufgabe müssen Sie nachweisen, welche Strategie der wirtschaftlichen Entwicklung in Shenzhen gewählt wurde und welche Ergebnisse danach festgestellt werden konnten (M 4–M 8).

Die **Sonderwirtschaftszone Shenzhen** wurde als eine der ersten bereits 1978/79 gegründet (M 1, M 5). In direkter Lage am Meer und in unmittelbarer Nachbarschaft zur früheren britischen Kronkolonie Hong Kong gelegen, besaß die Stadt ideale Standortgegebenheiten für eine **„westliche" wirtschaftliche Ausrichtung**. Sonderwirtschaftszonen boten gute Voraussetzungen, da sie die in- und ausländischen Investoren steuerlich begünstigten und diese **günstige infrastrukturelle Voraussetzungen** vorfanden (M 4). Für die chinesische Regierung stellten Sonderwirtschaftszonen wie

Sonderwirtschaftszonen als punktuelle Wachstumskerne

Shenzhen **punktuelle Wachstumskerne** dar, an denen u. a. eine deutliche **Steigerung des Arbeitsplatzangebotes** geplant war. Ein besonderes Gewicht kam hierbei der Ansiedlung zukunfts- und wachstumsorientierter Branchen wie Elektronik, Telekommunikation oder Computertechnologien zu (M 6).

Erfolge ließen sich in der Sonderwirtschaftszone Shenzhen sehr schnell beobachten: Die industrielle Produktion stieg stark an, ihr Anteil am Gesamtproduktionsvolumen lag 2003 bei 55,9 %. Ein weiterer Beweis für den **wirtschaftlichen Aufschwung** ist der Anstieg des Handelsgesamtvolumens von 63 auf 147 Mrd. US-$. Großunternehmen mit mehr als 5 Mio. Yuan Jahresumsatz waren zu mehr als 95 % hieran beteiligt. Branchenmäßig dominierten Wachstums- und Leichtindustrie. Die **industrielle Produktion** wurde erfolgreich **auf den Weltmarkt ausgerichtet**: Der Höchstwert von 405 Mrd. Yuan Exporterlösen bei Industrieprodukten im Jahr 2004 (30 % mehr als im Vorjahr und fast zwei Drittel der gesamten Industrieproduktion) verdeutlicht die **gestiegenen Absatzchancen** (M 6).

Sonderwirtschaftszonen als Bevölkerungsmagneten

Möglich wurde dieses wirtschaftliche Wachstum aufgrund des **enormen Bevölkerungsanstiegs** innerhalb von elf Jahren bis 1990 von 314 000 auf fast 1,7 Mio. Einwohner. Im Zuge einer **Wechselwirkung zwischen Zuwanderung und wirtschaftlichem Erfolg** setzte sich dieser **West-Ost-Migrationstrend** fort: Bis 2004 stieg die Bevölkerung in Shenzhen auf etwa 7,3 Mio. an. Wanderarbeiter machten 2004 mehr als 80 % aller Arbeitskräfte in Shenzhen aus, hierunter überwiegend jüngere, die das Durchschnittsalter in Shenzhen auf unter 30 Jahre drückten.

Im Zuge des wirtschaftlichen Aufschwungs konnte das BIP von 2000 bis 2004 mehr als verdoppelt werden und erreichte 347 Mrd. Yuan; im selben Zeitraum stieg die industrielle Wertschöpfung sogar um fast das Dreifache. Möglich wurden diese im Vergleich mit den anderen Provinzen und Sonderwirtschaftszonen **überdurchschnittlich hohen Wachstumswerte** auch aufgrund der sehr hohen ausländischen Direktinvestitionen in Shenzhen: Mit ca. 3 Mrd. Yuan im Jahr 2005 erfolgten hier fast 4 % aller Direktinvestitionen in China; insgesamt waren es nahezu 15 Mrd. Yuan an ausländischen Gesamtinvestitionen im Zeitraum 2001–2005 (M 7). Die gestiegene Bedeutung Shenzhens unterstreicht auch die **große Repräsentanz internationaler Konzerne**: 114 der global wichtigsten 500 haben Büros in Shenzhen.

Aufgrund der positiven wirtschaftlichen Entwicklungen gehört Guangdong zu den Provinzen mit dem **höchsten Pro-Kopf-Einkommen** (6 500–14 000 Yuan); der wirtschaftliche Erfolg ist zudem an dem **hohen regionalen HDI-Wert** Guangdongs von 0,8 abzulesen, der in China nur von Shanghai und Bejing übertroffen wird und demjenigen von Malaysia entspricht (M 3, M 8).

Teilaufgabe 3

Der Operator „erörtern" gehört zum Anforderungsbereich III. Er verlangt von Ihnen das begründete Abwägen zwischen Pro und Contra mit dem Ziel einer eigenen Urteilsbildung am Schluss. In dieser Teilaufgabe wird von Ihnen erwartet, dass Sie beurteilen, ob Sonderwirtschaftszonen geeignet sind, in ganz China eine regional ausgewogene Entwicklung zu ermöglichen (M 2–M 9).

Schnelles Wachstum in den Sonderwirtschaftszonen

Der Vergleich der **regionalen wirtschaftlichen und sozialen Index-Werte** mit dem **Standortmuster der Sonderwirtschaftszonen** ergibt eine hohe Übereinstimmung. Dies bedeutet, dass Sonderwirtschaftszonen Schwerpunkte wirtschaftlicher Entwicklung und damit **Wachstumspole** sind: Dort stiegen Produktionszahlen, Exportwerte, regionales BIP und Pro-Kopf-Einkommen ebenso wie Bevölkerungszahl, Lebenserwartung und Bildungsniveau.

Nicht nur die Sonderwirtschaftszonen selbst, sondern auch ganz China profitiert von dieser Entwicklung: Chinas HDI-Wert ist von 1980 bis 2003 von 0,558 auf 0,755 gestiegen, er hat denjenigen von Algerien bereits überholt (M 8). Das jährliche ausländische Investitionsvolumen stieg seit 2001 um ca. 60 % (M 7), Pro-Kopf-Einkommen und BIP nahmen von 1997 bis 2005 deutlich zu (M 2).

Zunahme der Disparitäten

Dieser punktuellen Entwicklung einerseits und der gesamtstaatlichen andererseits stehen z. T. ausgeprägte **regionale Disparitäten** gegenüber: Die ländlich geprägten Provinzen in Chinas Mitte und im Westteil sind weit hinter der allgemeinen Entwicklung des Landes zurückgeblieben, die **wirtschaftliche und soziale Schere zwischen den West- und Ostprovinzen** ist in den letzten 20 Jahren noch weiter auseinander gegangen. Die hohen Abwanderungszahlen und die in naher Zukunft zu erwartende Überalterung der Bevölkerung werden in den westlichen Provinzen **Nachfolgeprobleme** bedingen, die ein Aufholen des Entwicklungsrückstandes unwahrscheinlich erscheinen lassen. Bisher ist es trotz der allerdings deutlich kleineren Anzahl an Sonderwirtschaftszonen, die nach 1998 in der Mitte und in den westlichen Provinzen errichtet wurden, nicht gelungen, eine Verringerung der regionalen Disparitäten zu erzielen. Sonderwirtschaftszonen scheinen nur bedingt geeignet zu sein, von alleine Entwicklungsimpulse größeren Ausmaßes in die Fläche abzugeben.

Dabei wäre das Schaffen ähnlicher Lebensverhältnisse und -standards u. a. auch aus **geopolitischen Gründen** ein wichtiges Ziel für einen Staat wie China. Denn eine weitere Verschärfung der regionalen Disparitäten und ein Anhalten der Binnenmigrationsströme Richtung Ostteil des Landes und Küstenzone könnten zu **sozialen und politischen Unruhen** in den hinter der allgemeinen Entwicklung zurückbleibenden Regionen führen, was in Anbetracht der Landesgröße und der Gesamtbevölkerungszahl **innenpolitische Risiken** mit sich bringen könnte. Dies um so mehr, als die weltwirtschaftliche Gesamtsituation am Ende der ersten Dekade des 21. Jahrhunderts ein Wachstum im bisherigen Umfang von ca. 9 % jährlich gefährdet – das gleichbleibend hohe jährliche chinesische Haushaltsdefizit deutet grundsätzliche Probleme an (M 2).

Fazit

Abschließend kann gesagt werden, dass die wirtschaftlichen Erfolge Chinas nach 1980 im Zuge der politischen Öffnung zu einem großen Teil auf die erfolgreiche Strategie der Sonderwirtschaftszonen zurückzuführen sind, dass Sonderwirtschaftszonen alleine jedoch kein geeignetes Mittel darstellen, eine ausgewogene Raumentwicklung zu erzielen.

Grundkurs Geographie (NRW) – Abiturprüfung 2010
Aufgabe 2

Thema
Tourismus im Spannungsfeld von Ökonomie und Ökologie –
Das Beispiel: der US-Bundesstaat Hawaii

Aufgabenstellung Punkte

1. Lokalisieren Sie den US-Bundesstaat Hawaii und kennzeichnen Sie das touristische Potenzial am Beispiel der Inseln Oahu und Big Island (Hawaii). 24
2. Erläutern Sie die Strukturen des Tourismus und dessen Bedeutung für den US-Bundesstaat Hawaii. 34
3. Erörtern Sie Chancen und Risiken des Tourismus im US-Bundesstaat Hawaii unter besonderer Berücksichtigung der Inseln Oahu und Big Island (Hawaii). 22

Zugelassene Hilfsmittel

- der an der Schule in der Qualifikationsphase überwiegend verwendete Atlas, in einer für alle Prüflinge gleichen Auflage
- Wörterbuch zur deutschen Rechtschreibung
- Taschenrechner

Materialgrundlage

M 1 Atlaskarten nach Wahl

M 2 US-Bundesstaat Hawaii – Informationen

- besteht aus 137 Inseln
- Hauptinseln: Big Island (= Hawaii), Maui, Oahu, Kauai, Molokai, Lanai
- zwischen dem 3. und 7. Jahrhundert n. Chr. entdeckt durch polynesische Siedler
- 1778 erkundet durch den britischen Kapitän James Cook
- 50. Bundesstaat der USA seit 1959
- Pearl Harbor Naval Shipyard: US-Militärstützpunkt für den Pazifik
- größere Städte: Honolulu (Hauptstadt), Kailua, Kaneohe
- durchschnittliches Familieneinkommen pro Jahr (2005):
  76 240 US-$ (Rang 6 unter den 50 US-Bundesstaaten)
- Lebenshaltungskosten für eine vierköpfige Familie um ungefähr 25 % höher als im US-amerikanischen Durchschnitt

Region	Fläche	Einwohner
US-Bundesstaat Hawaii	28 311 km² (davon 16 634 km² Landfläche)	1 288 198 (2008)
Oahu	1 557 km²	905 601 (2007)
Big Island (Hawaii)	10 499 km²	173 057 (2007)

- Durchschnittsalter (2007): 37,9 Jahre
- Altersstruktur (2007):
  unter 18: 22,3 %
  18 bis 64: 63,4 %
  65 und älter: 14,3 %
- ausgewählte Bevölkerungsgruppen (2007):
  Personen mit polynesisch-hawaiianischen Wurzeln: 24,2 %
  Personen mit europäischen Wurzeln: 23 %
  Personen mit japanischen Wurzeln: 15,6 %
  Personen mit philippinischen Wurzeln: 11,2 %
  Personen mit chinesischen Wurzeln: 3,5 %
- Lebenserwartung (2004/2006):
  Männer 78,2 Jahre
  Frauen 83,3 Jahre
- Bildung (2006):
  89 % der Bevölkerung (25 Jahre und älter) mit höherem Schulabschluss
  29,7 % der Bevölkerung (25 Jahre und älter) mit Hochschulabschluss

Quelle: http://hawaii.gov/dbedt/info/economic/library/facts (Zugriff 05. 02. 2009)

M 3 Fremdenverkehr auf Oahu und Big Island (Hawaii) (siehe Farbabbildung F-1 und F-2)

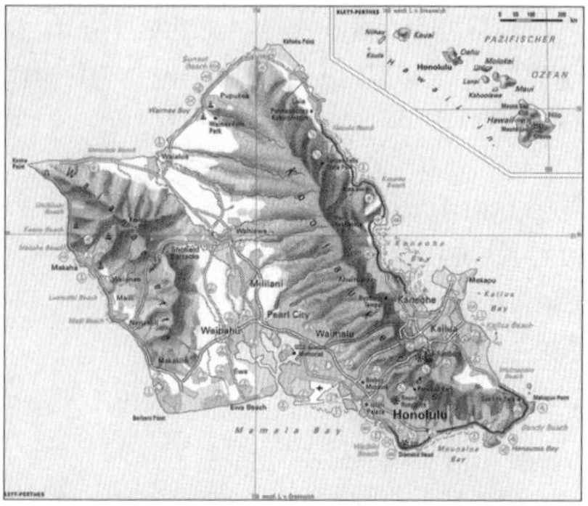

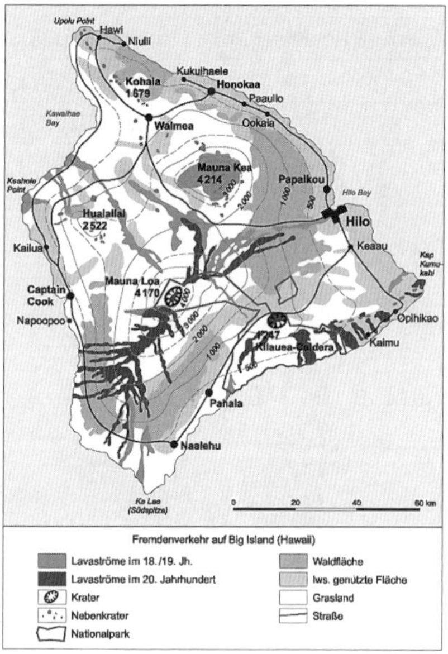

Quellen:
Alexander Weltatlas, © Ernst Klett Verlag GmbH, Stuttgart und Gotha (oben),
abiturähnliche eigene Darstellung (unten)

M 4 Honolulu – Klimadaten

	J	F	M	A	M	J	J	A	S	O	N	D	Jahr
Mittlere Temperatur (°C)	22,5	21,9	22,2	22,8	23,9	24,7	25,3	25,9	25,9	25,0	23,9	23,0	23,9
Mittlerer Niederschlag (mm)	104	66	78	48	25	18	23	28	36	48	64	104	642
Sonnenscheindauer (Stunden/Tag)	11	8	10	15	11	15	15	14	12	15	15	15	13

Quelle: © National Weather Service U.S.A., www.weather.gov

M 5 US-Bundesstaat Hawaii – Flugverbindungen im pazifischen Raum

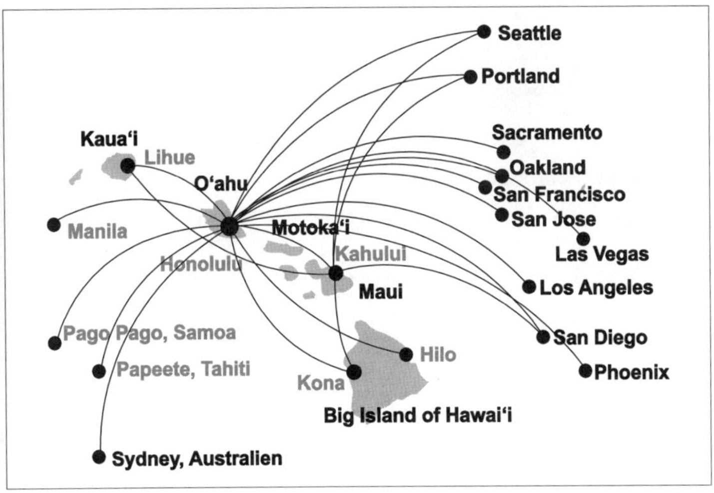

Honolulu – Sydney: 9 248 km

Honolulu – Manila: 8 474 km

Honolulu – Seattle: 4 285 km

Honolulu – San Francisco: 3 836 km

Anmerkung:
O'ahu landessprachlich für Oahu

Quelle: http://hawaiianairlines.homeandabroad.com/hawaiian/map.ha (Zugriff 06. 02. 2009)

M 6 US-Bundesstaat Hawaii – Wirtschaftsdaten

Arbeitsplätze:

Ausgewählte Wirtschaftszweige	2003	2005	2007
Verwaltung (inklusive staatlicher und regionaler Verwaltungsfunktionen)	119 150	119 650	122 000
Tourismus	99 700	106 300	109 850
Handel und Transport	107 900	117 700	121 300
Bildung und Gesundheit	65 350	69 850	72 800
Unternehmensbezogene Dienstleistungen	69 650	74 200	76 050
Finanzen	28 350	29 300	30 050
Produzierendes Gewerbe	42 950	48 600	54 200
Landwirtschaft	7 100	6 900	6 500

Arbeitslosenrate (Anteil der Arbeitslosen an allen Erwerbsfähigen):

Region / Jahr	Hawaii (Staat)	Honolulu County (= Oahu)	Hawaii County (= Big Island)
1997	5,8 %	4,8 %	9,3 %
2002	4,0 %	3,9 %	4,6 %
2007	2,6 %	2,5 %	3,3 %

Quelle: http://hawaii.gov/dbedt/info/economic/databook/db2007/section12.pdf (Zugriff 07. 03. 2009)

Bruttoinlandsprodukt (in Millionen Dollar):

Ausgewählte Wirtschaftszweige	1997	2002	2007
Öffentliche Verwaltung	8 292	9 856	14 119
Immobilien	6 154	7 105	10 867
Hotel- und Gaststättengewerbe	3 197	3 676	5 302
Einzelhandel	2 955	3 221	4 414
Gesundheitswesen	2 372	2 954	4 054
Transport und Lagerhaltung	1 621	1 583	2 345
Industrie- und Baugewerbe	2 555	3 216	4 487
Landwirtschaft	363	378	414

Quelle: http://hawaii.gov/dbedt/info/economic/databook/db2007/section13.pdf (Zugriff 07. 03. 2009)

M 7 Daten zum Tourismus auf Oahu und Big Island (Hawaii)

Anzahl der Besucher auf Oahu (2008)

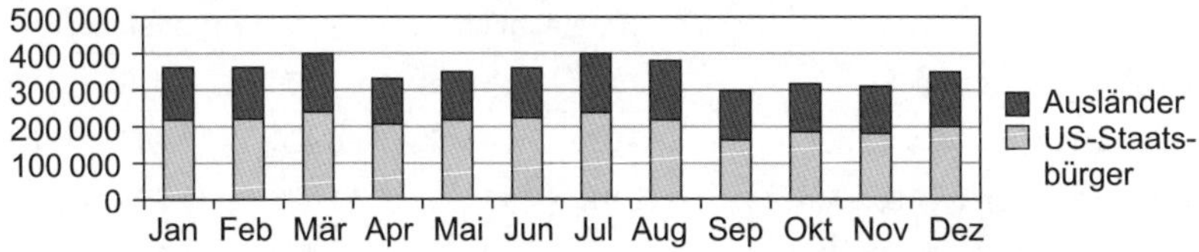

Anzahl der Besucher auf Big Island (2008)

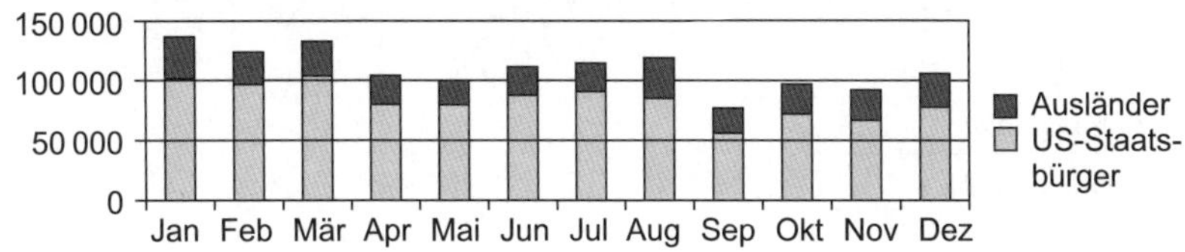

Weitere Angaben aus dem Jahr 2008

Besucher	**Oahu**	**Big Island**
Durchschnittliche Verweildauer (Tage)	7	7
Verteilung der Touristen auf Unterkünfte (in %)		
Hotel	73,1	58,4
Ferienwohnung	10,1	17,4
Kreuzfahrtschiff	3,6	9,1
Freunde / Verwandte	10,5	10,2
Andere	2,7	4,9
Reisemotive der Touristen (in %)*		
Erholung	76,9	79,9
Kongress	6,1	7,6
Geschäftsreise	4,4	3,5
Besuch von Freunden / Verwandten	10,5	9,0
Regierung	2,3	0,6
Schule	0,3	0,4
Sportereignis	2,5	1,7
Reisestatus (in %)		
Erstmalig	42,0	37,0
Wiederholt	58,0	63,0
Gruppenreise	16,2	11,3
Individualreise	83,8	88,7

* Mehrfachnennungen möglich

Quelle: nach: http://hawaii.gov/dbedt/info/visitor-stats/ni-stats/ (Zugriff 05. 02. 2009)

M 8 US-Bundesstaat Hawaii – Wirtschaftsprognose

Ökonomische Indikatoren	2007	2008	2010	2011	2012
	(tatsächlich)		(prognostiziert)		
Bevölkerung (in Tausend)	1 277	1 288	1 309	1 319	1 329
Besucherankünfte (in Tausend)	7 628	6 807	6 486	6 783	7 144
Besucherausgaben (in Mio. Dollar)	12 811	11 347	11 526	12 353	13 337
Bruttoinlandsprodukt (in Mio. Dollar*)	49 860	49 995	50 447	51 244	52 217
Jährliche Veränderung (in %)					
Bevölkerung	0,2	0,8	0,8	0,8	0,8
Besucherankünfte	0,0	–10,8	1,3	4,6	5,3
Besucherausgaben	2,6	–11,4	3,6	7,2	8,0
Bruttoinlandsprodukt	3,0	0,3	1,1	1,6	1,9

* inflationsbereinigt

Anmerkung:
Daten veröffentlicht im Januar 2009

Quelle: http://hawaii.gov/dbedt/info/economic/data_reports/qser/outlook-economy (Zugriff 15. 03. 2009)

M 9 Flugreisen – ökologischer Fußabdruck

Flugstrecke	Beispiele	Entfernung (km)	Treibstoff/Person (Flugbenzin (l))	ÖF-Fläche (m^2/pro Person)
Mittelstrecke	Berlin – Mallorca	1 648	200	1 111,03
	Berlin – Teneriffa	3 645	377	2 097,13
Langstrecke	Berlin – New York	6 358	621	3 461,37
	Berlin – Sydney	16 087	1 500	8 352,81

Anmerkung:
ÖF = ökologischer Fußabdruck
Der ökologische Fußabdruck ist ein Indikator, der ausdrückt, welche Waldfläche notwendig wäre, um das durch eine Aktivität von Menschen produzierte Kohlendioxid aus der Atmosphäre zu entfernen. Derartige Aktivitäten im Zusammenhang mit Flugreisen sind z. B. Produktion von Flugzeugen, Flugstrecke, sonstige Dienstleistungen, Entsorgungseinrichtungen.

Quelle: http://www.agenda21berlin.de/fussabdruck/folie_28.html (Text verändert) (Zugriff 13. 04. 2009)

Der Flugverkehr nimmt in der Emissionsbilanz eine Sonderrolle ein. Da die Schadstoffe direkt in die höheren Schichten der Atmosphäre gelangen, unterscheidet sich ihre Klimarelevanz deutlich von bodennahen Emissionen. Emissionen aus Mittel- und Langstreckenflügen erhalten im Vergleich zu anderen Emissionen im CO_2-Rechner eine 2,7-fach höhere Gewichtung […]!

Quelle: http://greenpeace.klima-aktiv.com/?cat=mobility-air (Zugriff 13. 04. 2009)

Die Aufgabe bezieht sich auf die folgenden **inhaltlichen Schwerpunkte**:

- Raumstrukturen und raumwirksame Prozesse in der Wechselwirkung von natürlichen Systemen und Eingriffen des Menschen
  - Die gemäßigte und tropische Klima- und Vegetationszone in ihrer Bedeutung für die Entwicklung von Räumen
- Raumstrukturen und raumwirksame Prozesse im Spannungsfeld von wirtschaftlichen Disparitäten und Austauschbeziehungen
  - Wirtschaftsfaktor Fremdenverkehr in seiner Bedeutung für Quell- und Zielregionen

Lösungsvorschlag

Teilaufgabe 1

Der Operator „kennzeichnen" (Anforderungsbereich II) verlangt, dass Sie einen Raum oder einen Sachverhalt auf der Grundlage bestimmter Kriterien begründet charakterisieren. In dieser Teilaufgabe sollen Sie im Anschluss an die räumliche Einordnung Hawaiis darlegen, über welche Voraussetzungen die Inseln Oahu und Big Island für eine touristische Entwicklung verfügen (M 1–M 5).

Die Lage Hawaiis

Den US-Bundesstaat Hawaii bildet eine aus 137 Inseln bestehende Inselkette im Pazifischen Ozean, der sogenannte Hawaiirücken, ca. 4 000 km westlich vom amerikanischen Kontinent entfernt (z. B. 3 836 km von San Francisco oder 4 285 km von Seattle, M 5), zwischen 19 und 23 ° N sowie 11 und 170 ° W gelegen (M 1). Die größte Insel ist Big Island (Hawaii), die Hauptstadt Honolulu liegt auf Oahu. Weitere große Inseln sind Maui, Kauai, Molokai und Lanai.

Bevölkerungsverteilung

Die Bevölkerung ist multiethnisch zusammengesetzt: Die **Ureinwohner** mit polynesisch-hawaiianischen Wurzeln haben mit 24,2 % kaum mehr Anteil an der Gesamtbevölkerung als Bewohner europäischer Abstammung (23 %); daneben weisen noch Japaner und Philippiner einen größeren Anteil auf. Die 1,3 Millionen Einwohner verteilen sich sehr ungleich über die Inseln: Allein auf Oahu leben mit ca. 906 000 Einwohnern fast 75 % der Bevölkerung, auf der größten Insel Big Island mit ca. 173 000 weitere 15 %; somit verteilen sich die restlichen ca. 200 000 Einwohner auf alle übrigen Inseln (M 2). Die Bevölkerung weist mit 37,9 Jahren ein relativ niedriges Durchschnittsalter auf, die Lebenserwartung ist so hoch wie in Industriestaaten, das Bildungsniveau ist als überdurchschnittlich hoch zu bewerten (M 2).

Die Lage in den **äußeren Tropen** bietet günstige klimatische Voraussetzungen mit 23,9 °C jährlicher Durchschnittstemperatur, einer **Temperaturamplitude** von nur 4,0 °C, relativ geringen Niederschlägen von 642 mm pro Jahr, die in der Hauptsache in den Wintermonaten der Nordhalbkugel von November bis Februar fallen, und einer durchschnittlichen Sonnenscheindauer von 13 Stunden (wobei selbst im Januar und Februar noch 11 bzw. 8 Stunden täglich sonnig sind; M 4). Klimagunst

Aufgrund der Insellage und der hohen Wassertemperaturen bieten alle Inseln ideale Möglichkeiten für den Wassersport. So finden sich z. B. auf Oahu fünf verschiedene wasserbezogene Freizeitangebote (M 3), was für die anderen Inseln vom Grundsatz her auch gilt. Daneben bietet das abwechslungsreiche **Relief** auf Oahu mit Höhen bis knapp 1 000 m Möglichkeiten zum Wandern und zum Besichtigen von natürlichen und kulturellen Sehenswürdigkeiten im Inselinneren wie auch an der Küste. Mit Golf und Reiten sowie Rundflügen gibt es weitere touristische Angebote (M 3, Karte 1). Die **Verkehrsinfrastruktur** ist mit einem umfangreichen Straßennetz, zahlreichen Yachthäfen auf allen Seiten der Insel sowie dem internationalen Flughafen im Süden gut ausgeprägt; es bestehen Direktverbindungen nach Nordamerika, Asien und Australien (M 5). Oahu

Big Island bietet aufgrund seines **vulkanischen Charakters** mit den drei quartären Vulkanen Mauna Kea (4 214 m), Mauna Loa (4 170 m) und Kilauea-Caldera (1 247 m) Freizeitmöglichkeiten für Bergwanderer und Bergsteiger. Der Hawaii Volcano Nationalpark im Südosten, der von der Küste bis in 4 000 m Höhe reicht, die Akaka Falls und der archäologische Lapakahi State Historical Park bieten vielfältige Sehenswürdigkeiten für Naturinteressierte; daneben gibt es zusätzlich zu den Wassersportmöglichkeiten an geeigneten Stränden auch die Möglichkeit zum Hochseeangeln (M 3, Karte 2). Big Island

Das Verkehrsnetz auf Big Island ist reliefbedingt nicht so stark ausgeprägt wie auf Oahu. Eine nicht ganz geschlossene ringartige Straße verläuft in einigem Abstand und entsprechend in mehreren Hundert Metern Höhe in etwa parallel zur Küste. Eine mehr oder weniger diagonal verlaufende weitere Straße führt von der größten Stadt Hilo südwestlich am Mauna Kea vorbei nach Captain Cook, einem Ort an der Westküste, der nach dem britischen Seefahrer James Cook benannt wurde, der die Insel 1778 als erster Europäer erkundete. Mit Hilo im Osten und Keahole Point im Westen weist

Big Island nur zwei größere Häfen auf. Daneben gibt es noch zwei kleinere Flughäfen in Hilo und Kona, die den lokalen Inselflugverkehr mit Oahu und Maui ermöglichen (M 5).

Teilaufgabe 2

Der Operator „erläutern" (Anforderungsbereich II) verlangt, dass Sachzusammenhänge verdeutlicht werden. In dieser Teilaufgabe müssen Sie zunächst die vorhandenen touristischen Strukturen aufzeigen und anschließend auf die wirtschaftliche Bedeutung des Fremdenverkehrs für Hawaii eingehen (M 6–M 8).

Herkunft der Touristen

Die Monatsstatistik 2008 der beiden Inseln Big Island und Oahu zeigt hinsichtlich der Tendenz eine Parallele: Der Tourismus ist ganzjährig und ohne signifikante Monatsunterschiede ausgeprägt, was nicht zuletzt auf die **Klimagunst** zurückzuführen ist. Die Besucherzahlen liegen auf Oahu zwischen 300 000 im September und 400 000 im März; auch auf Big Island liegt das Minimum im September (80 000), das Maximum im Januar und März mit jeweils ca. 140 000. Während der Anteil der US-Amerikaner und damit des US-amerikanischen **Binnentourismus** auf Big Island pro Monat mindestens 75 % beträgt, liegt der Anteil ausländischer Touristen auf Oahu mit ca. 40 % erkennbar darüber (M 7).

Reisemotive

Die Reisemotive unterscheiden sich weder zwischen US-Amerikanern und Ausländern noch zwischen den beiden Inseln signifikant: Es dominiert jeweils eindeutig das Erholungsmotiv. Lediglich der höhere Anteil der Ferienwohnung-Benutzer auf Big Island (17,4 % zu 10,1 %) sticht heraus, was mit den höheren Anteilen der Gruppen- bzw. Individualreisenden korrespondiert. Auffällig ist für beide Inseln der mit 58 bzw. 63 % hohe Anteil von wiederholt dort Urlaub Machenden (M 7).

Tourismus als Beschäftigungsmotor

Für den Zeitraum 1997–2007 zeigen die statistischen Daten eine durchweg positive Entwicklung: Die Anzahl der Arbeitsplätze im Tourismussektor ist um knapp 10 000 auf beinahe 110 000 gestiegen, in diesem Zusammenhang bei Handel und Transport proportional sogar noch stärker um 12,8 % auf ca. 121 000. Es kann gemutmaßt werden, dass die weiteren positiven Arbeitsplatzentwicklungen und der deutliche Rückgang der Arbeitslosenrate zwischen 1997 und 2007 unter anderem auf **Sekundäreffekte der touristischen Entwicklung** zurückzuführen sind, da man Letztere deutlicher auf der stärker vom Tourismus geprägten Insel Oahu beobachten kann (M 6). Das BIP hat sich in diesen 10 Jahren vor allem in den Bereichen Immobilien (+77 %), Hotel- und Gaststättengewerbe (+66 %), Industrie- und Baugewerbe (+76 %) sowie im Gesundheitswesen (+71 %) und im Bereich der öffentlichen Verwaltung (+70 %) entwickelt.

Hingegen ergibt sich für das letzte statistisch abgebildete Jahr 2008 sowie für die Prognose bis 2010 ein deutlicher Rückgang der Touristen um 10,6 % von 7,6 (2007) auf 6,8 (2008) bzw. 6,5 Millionen (2010) (M 8). Gleichzeitig gingen auch die Einnahmen aus dem Tourismusgeschäft bis 2008 zurück, und zwar noch deutlicher um 11,4 % auf 11,3 Mrd. US-$. Während das BIP im vorhergehenden Jahr noch bei +3,0 % lag, stagnierte es 2008 (+0,3%) bei einer um 0,8 % gestiegenen Bevölkerung (M 8). Inwieweit es sich bei dieser Entwicklung um eine Ausnahme handelt, bleibt abzuwarten. Stagnation 2007 – 2010

Teilaufgabe 3

Der Operator „erörtern" gehört zum Anforderungsbereich III. Er verlangt von Ihnen das begründete Abwägen zwischen Pro und Kontra mit dem Ziel einer eigenen Urteilsbildung am Schluss. In dieser Teilaufgabe wird von Ihnen erwartet, dass Sie beurteilen, ob der Tourismus auf den beiden Inseln Oahu und Big Island positive oder negative Perspektiven hat (M 2 – M 8).

Ergänzender Hinweis zu M 9: Beim ökologischen Fußabdruck stellen Wohnen, fossile Energie, Verkehr und Nahrung diejenigen Konsumkategorien dar, die bezüglich der benötigten Flächen, u. a. zur Kompensation des ausgestoßenen Kohlendioxids, die größte Bedeutung haben. Bei der vorliegenden Aufgabe und in M 9 wird der Aspekt des CO_2-Ausstoßes und der benötigten ÖF-Fläche im Zusammenhang mit Flugverkehr isoliert betrachtet.

Dem **Tourismus als direktem und indirektem Arbeitgeber** kommt auf Hawaii eine wichtige Rolle zu, vor allem, wenn man bedenkt, dass aufgrund von Lage und **Naturraumausstattung** eine weitere **wirtschaftliche Diversifizierung** oder eine tourismusunabhängige Steigerung in den anderen Wirtschaftszweigen kaum vorstellbar ist: Die Insellage bringt es nämlich mit sich, dass Hawaii nur per Flugzeug oder (Kreuzfahrt-)Schiff erreicht werden kann; das schiebt Steigerungen in beliebiger Höhe einen Riegel vor. Der bereits hohe Anteil der Siedlungsfläche auf Oahu bzw. das teilweise ungünstige Relief auf Big Island stellen ebenfalls Hemmnisse für eine weitere deutliche Expansion des Tourismus dar. Mit einer Relation Einheimische: Touristen von monatlich durchschnittlich 2:1 ist das Gleichgewicht noch gegeben; das gilt allerdings nicht mehr für die Raumenge und periphere Lage als Probleme übermäßig vom Tourismus geprägte Insel Oahu. Bei einem weiteren Anstieg droht eine Überformung traditioneller Kulturen. Das Risiko von Vulkanausbrüchen auf Big Island vor allem im gesamten Südteil lässt diese Insel für eine Expansion des Tourismus nur sehr bedingt infrage kommen (M 3).

Ökologische Belastungen

Die zu 90 % mit dem Flugzeug erfolgende An- und Abreise der Touristen stellt zusammen mit den lokalen Inselflügen eine deutliche Belastung in ökologischer und gesundheitlicher Hinsicht dar. Von Schadstoffen und Lärm sind die in der Nähe der Flughäfen Lebenden stark betroffen (M 5). Doch auch das globale Klima wird – vor allem durch die Langstreckenflüge – aufgrund der **Schadstoffemissionen** in die höheren Schichten der Atmosphäre überdurchschnittlich in Mitleidenschaft gezogen, wie auch der **ökologische Fußabdruck** beim Vergleich von Mittel- und Langstrecken zeigt. (M 9). Eine Vergrößerung des Anteils nicht-amerikanischer Touristen ist von daher nicht wünschenswert.

Vorsichtiger Optimismus

Die **Wirtschaftsprognosen** für den Zeitraum bis 2012 lesen sich nur bedingt positiv: Zwar sollen sich nach dem Einbruch der Touristenzahlen und den damit verbundenen wirtschaftlichen Einbußen 2007–2010 die ökonomischen Indikatoren wieder positiv entwickeln, allerdings deutlich langsamer. So wird prognostiziert, dass die Besucherzahl 2012 immer noch um eine halbe Million niedriger sein werde als 2007, allerdings bei dann leicht höheren Ausgaben und einem gegenüber 2007 um 4,7 % höheren BIP (M 8). Ob dies tatsächlich eintrifft, bleibt abzuwarten – die allgemeine weltwirtschaftliche Situation am Ende der ersten Dekade des 21. Jahrhunderts und die weltweit gestiegene Konkurrenz an attraktiven Urlaubs- und Fernreiseregionen lässt solche Prognosen nur bedingt zu.

Fazit

Hawaii wird trotz allem weiter auf den Tourismus setzen müssen – zu gering sind alternative wirtschaftliche Möglichkeiten. Dabei wird es darum gehen, über einen **Qualitäts- und Individualtourismus** die wirtschaftliche Bedeutung dauerhaft zu sichern. Das landschaftliche und das klimatische Potenzial bieten hierfür gute Voraussetzungen.

Leistungskurs Geographie (NRW) – Abiturprüfung 2010
Aufgabe 3

Thema
Aktuelle Stadtentwicklungsprozesse in Deutschland –
Das Beispiel Halle-Silberhöhe

Aufgabenstellung	Punkte
1. Lokalisieren Sie den Stadtteil Halle-Silberhöhe und erläutern Sie seine Entwicklung unter Berücksichtigung der Ausgangssituation um 1990 sowie die sich daraus ergebenden Probleme.	42
2. Beurteilen Sie Ziele und Maßnahmen des Stadtumbaukonzeptes Halle-Silberhöhe.	38

Zugelassene Hilfsmittel
- der an der Schule in der Qualifikationsphase überwiegend verwendete Atlas, in einer für alle Prüflinge gleichen Auflage
- Wörterbuch zur deutschen Rechtschreibung
- Taschenrechner

Materialgrundlage

M 1 Atlaskarten nach Wahl

M 2 Halle – Stadtumbau

Großwohnsiedlungen und Innenstadtgebiete in Plattenbau

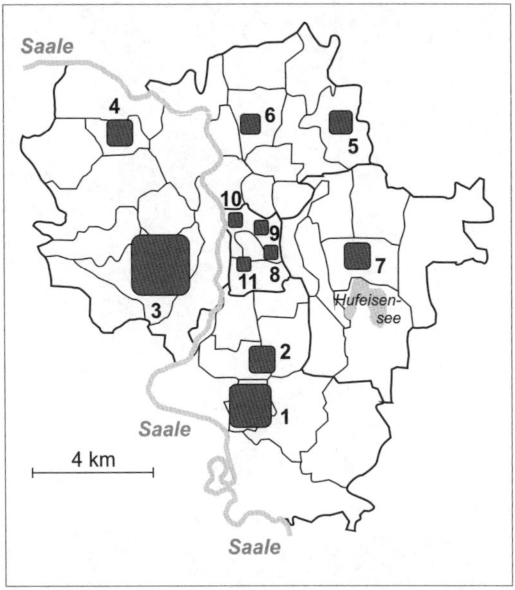

1 Silberhöhe 15 320 WE*
2 Südstadt
3 Neustadt 35 400 WE
4 Heide-Nord 4 600 WE
5 Mötzlich
6 Trotha 2 500 WE
7 Büschdorf
8 Brunoswarte
9 Harz
10 Neumarkt
11 Domplatz

* WE = Wohneinheiten

Anmerkungen:
1 Plattenbauten sind vorwiegend aus Betonfertigteilen hergestellte Gebäude, das heißt, sowohl Deckenplatten als auch Wandscheiben werden als fertige Elemente auf der Baustelle montiert.
2 Die Gebiete 8, 9, 10 und 11 sind nicht in Plattenbauweise gebaut, allerdings finden sich hier einige Blöcke in Plattenbauweise.

Quelle (verändert): Stadt Halle (Hrsg.): Stadtteilkatalog 2006, S. 4

Stadtumbaugebiete

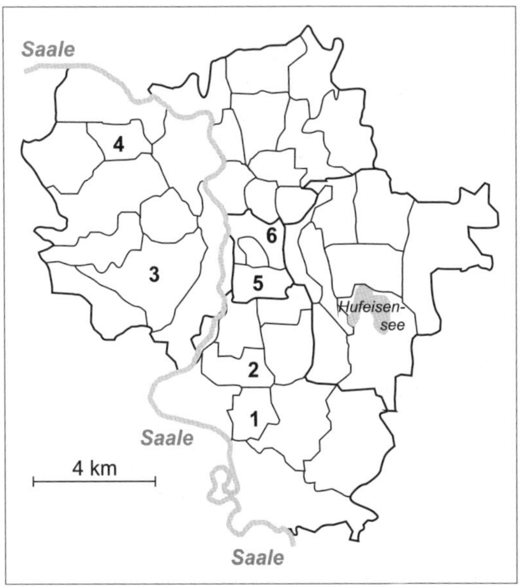

Am 24. April 2002 definierte der Rat der Stadt Halle sechs Stadtteile als „Umstrukturierungsgebiete mit vorrangiger Priorität" und damit als Schwerpunkt- und Fördergebiete für den Stadtumbau.
Seit 2004 bezeichnet man diese „Umstrukturierungsgebiete mit vorrangiger Priorität" als Stadtumbaugebiete.

1 Silberhöhe
2 Südstadt
3 Neustadt
4 Heide-Nord
5 Südliche Innenstadt
6 Nördliche Innenstadt

Quelle (verändert): Stadt Halle (Hrsg.): Stadtteilkatalog 2006, S. 3

M 2 Fortsetzung

Großwohnsiedlung Halle-Silberhöhe – Luftbild Ende der 1980er-Jahre

Strukturdaten

- Fläche: 239 Hektar
- Bauzeit: 1979–1989
- Stadtteil vor 1979 überwiegend landwirtschaftlich genutzt
- Errichtung der Großwohnsiedlung diente der Deckung des Wohnbedarfs der Industriebeschäftigten (insbesondere: Chemiewerke BUNA und LEUNA), Lage der Werke: 8 km bzw. 16 km südlich von Silberhöhe
- Stadtteil durch eine S-Bahn-Trasse von der übrigen Stadt getrennt
- Nahezu keine Verzahnung mit anderen Stadtteilen und der Innenstadt
- Durchschnittsalter Anfang der 1990er-Jahre: 34,7 (Stadtteil mit drittjüngster Bevölkerung in Halle)
- Seit 1982 an das Straßenbahnnetz der Stadt Halle angeschlossen
- Bevölkerungsdichte: 15 128 Einw./km^2 (Halle: 1 984 Einw./km^2; Neustadt: 11 788 Einw./km^2)
- Wohnfläche: 21,7 m^2/Einw. (Halle: 27 m^2/Einw.)
- Arbeitslosigkeit: 28 % (2000). Hauptursache: Abbau von Beschäftigten in der Großchemie nach der Wende

Quelle: eigene Zusammenstellung nach: www.sozialestadt.de (Zugriff 13. 02. 2009); Luftbild 2000 mit Veröffentlichungsgenehmigung der Stadt Halle (Saale), Stadtvermessungsamt

M 3 Halle – Daten zur Demographie

Bevölkerungsentwicklung

Jahr	Einwohner	Geborene	Gestorbene	Zuzug	Wegzug
1991	309 406				
1993	300 536				
1995	289 909	1 574	3 145	8 476	14 434
1997	275 604	1 821	2 785	9 913	16 688
1999	259 925	1 993	2 728	10 198	16 564
2001	246 450	1 923	2 537	10 314	14 361
2003	237 951	1 906	2 687	13 671	12 697
2005	237 093	2 058	2 834	10 144	10 296
2008	232 267	2 125	2 802	10 161	10 883
2010*	215 600				
2015*	205 100				

* Prognose

Altersstruktur

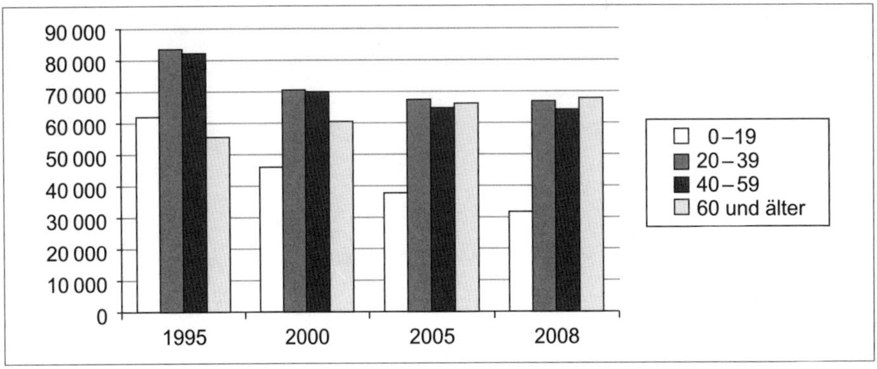

Quelle: eigene Darstellung nach:
Stadtplanungsamt der Stadt Halle: Integriertes Integriertes Stadtentwicklungskonzept (ISEK) Gesamtstädtische Entwicklungstendenzen und Entwicklungsziele 2007;
http://www.halle.de/de/Rathaus-Stadtrat/Digitales-Rathaus/Veroeffentlichungen/index.aspx?RecID=265;
http://www.statistik.sachsen-anhalt.de/bevoelkerung/prognose/index.html

M 4 Halle – Bevölkerungsentwicklung ausgewählter Stadtteile

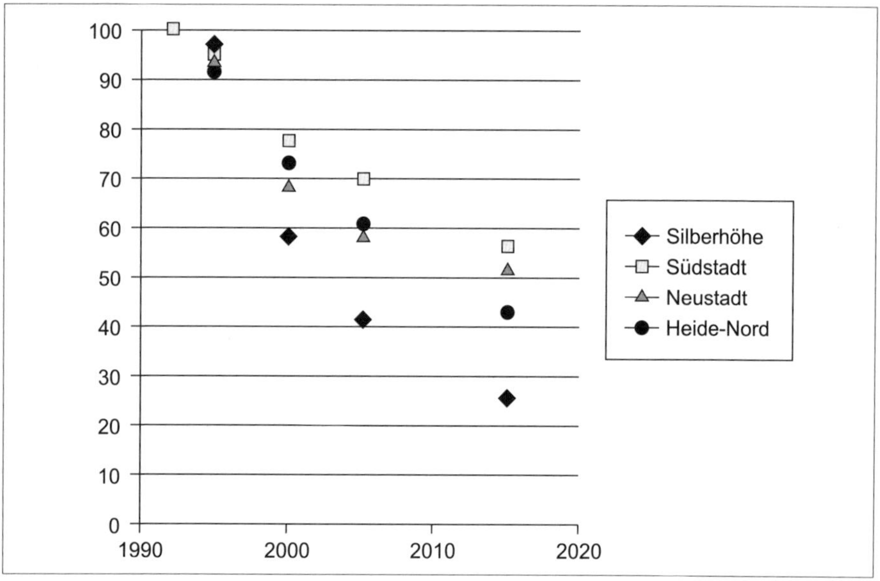

Index 1992 = 100 (alle vier Stadtteile)
2015 = Prognose

Bevölkerung 1992

Silberhöhe	37 800
Südstadt	24 593
Neustadt	84 672
Heide-Nord	11 651

Halle-Silberhöhe – Altersstruktur				
Altersgruppe (in %)	**1993**	**2000**	**2003**	**2006**
0–17	28,7	18,6	15,4	13,1
18–29	13,6	15,3	15,9	17,8
30–44	31,6	23,3	18,8	15,2
45–64	17,1	27,4	31,4	33,0
65 und älter	9,0	15,5	18,3	20,8

Anmerkung: Zahlen gerundet

Quelle: eigene Zusammenstellung nach:
Stadt Halle (Hrsg.): Integriertes Stadtentwicklungskonzept. Halle 2007, S. 19;
Stadt Halle (Hrsg.): Stadtteilkatalog 2006, S. 113

M 5 Wohnsituation in Halle-Silberhöhe und Ergebnisse von Bürgerbefragungen in den 1990er-Jahren

Ausstattung der Wohnungen 1997

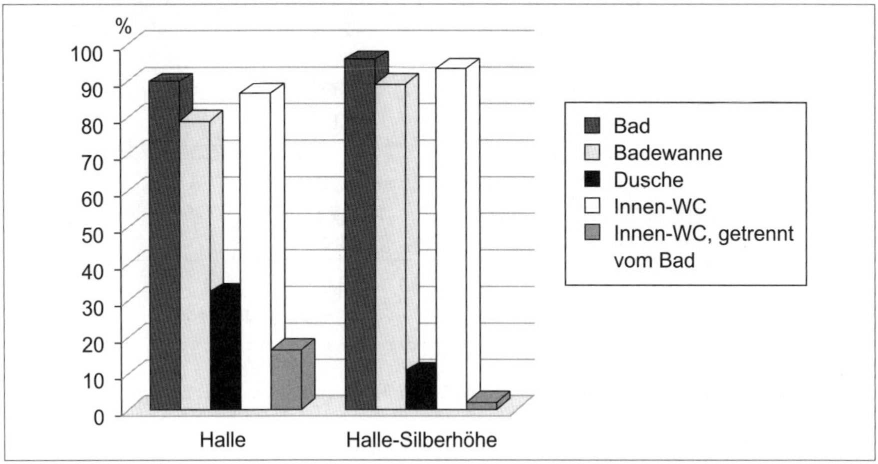

Einschätzung der Wohnung

	Halle			Halle-Silberhöhe		
	zufrieden	nicht zufrieden	k. A.	zufrieden	nicht zufrieden	k. A.
1997	58,1 %	12,2 %	29,7 %	35,3 %	27,8 %	36,9 %

Einschätzung der Wohnumgebung

	Halle			Halle-Silberhöhe		
	zufrieden	nicht zufrieden	k. A.	zufrieden	nicht zufrieden	k. A.
1997	52,4 %	19,1 %	28,5 %	15,3 %	49,1 %	35,6 %

Beeinträchtigung der Wohnumgebung 1997

Belästigung durch	Halle			Halle-Silberhöhe		
	stark	schwach	k. A.	stark	schwach	k. A.
zugeparkte Straßen	59,6 %	20,9 %	19,5 %	74,0 %	11,0 %	15,0 %
zugeparkte Grünanlagen	35,9 %	40,6 %	23,5 %	65,6 %	15,0 %	19,4 %
Abfallbehälter	17,9 %	54,7 %	27,4 %	28,2 %	44,7 %	27,1 %
Wertstoffcontainer	10,0 %	65,6 %	24,4 %	15,3 %	58,7 %	26,0 %

Quelle: Sahner, Heinz: Silberhöhe - Eine Großwohnsiedlung von Halle im Umbruch. Halle: Institut für Soziologie 1999, S. 14

M 6 Halle-Silberhöhe – relative Indikatorenabweichung von Daten der Gesamtstadt 2006

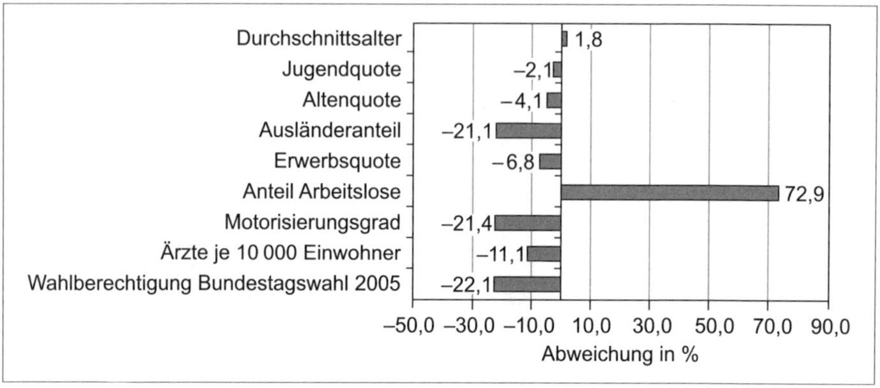

Anmerkung:
Jugendliche = Personen, die jünger als 18 Jahre sind. Alte = Personen, die älter als 65 Jahre sind.

Quelle: Stadt Halle (Hrsg.): Stadtteilkatalog 2006, S. 115

M 7 Anteil leerstehender Wohneinheiten

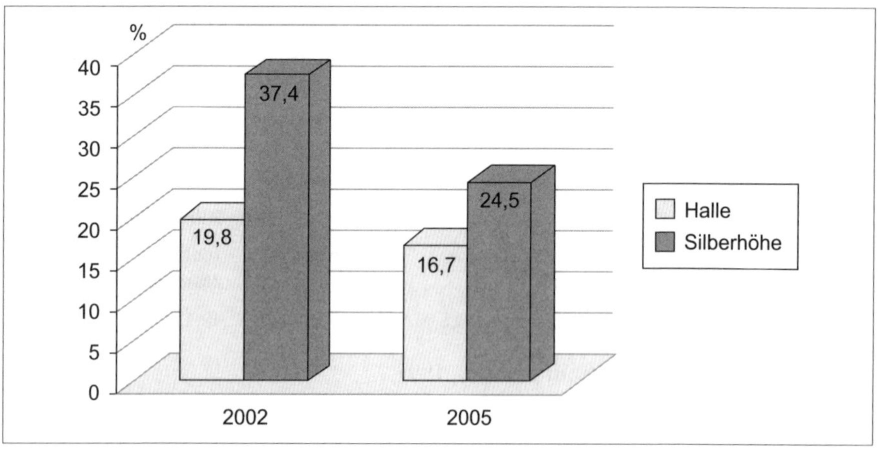

Quelle: Stadtplanungsamt der Stadt Halle: Integriertes Stadtentwicklungskonzept (ISEK) Gesamtstädtische Entwicklungstendenzen und Entwicklungsziele 2007; http://www.halle.de/de/Rathaus-Stadtrat/Digitales-Rathaus/Veroeffentlichungen/index.aspx?RecID=265

M 8 Halle-Silberhöhe – Abriss von Wohneinheiten

	2001	2002–2005	2006–2007	2008–2010	gesamt
Abriss	0	3 638	1 886	1 431	6 955
Bestand Wohneinheiten	15 320	11 682	9 796	8 365	

Quelle: Stadtplanungsamt der Stadt Halle: Integriertes Stadtentwicklungskonzept (ISEK) – Stadtumbaugebiete 2007; http://www.halle.de/de/Rathaus-Stadtrat/Digitales-Rathaus/Veroeffentlichungen/index.aspx?RecID=266

M 9 Fördermittel aus dem Bund-Länder-Programm „Stadtumbau Ost"

Verteilung der Fördermittel in der Stadt Halle

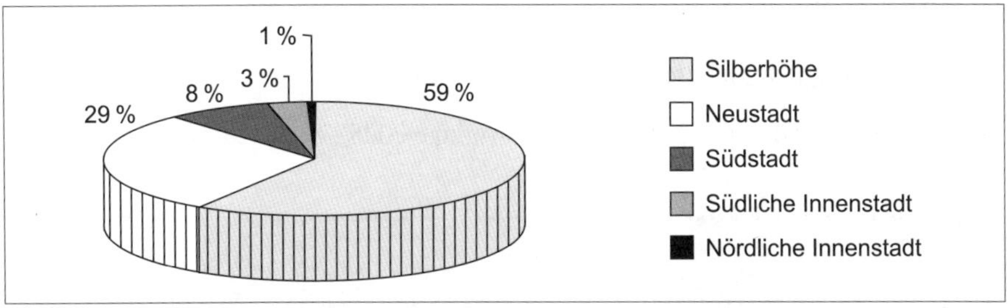

Aufteilung der Fördermittel in Silberhöhe

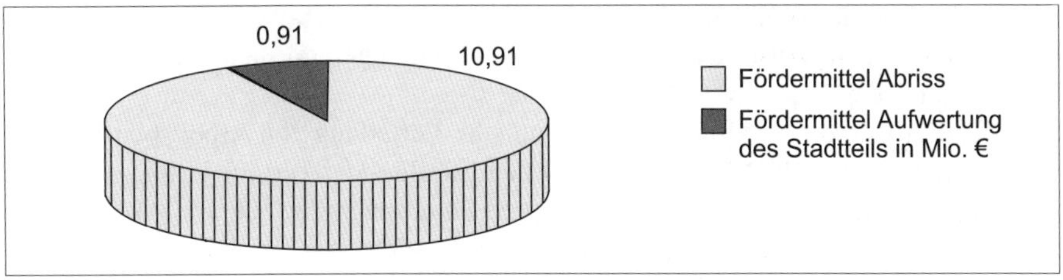

Quelle: eigene Zusammenstellung nach: Stadtplanungsamt der Stadt Halle: Integriertes Stadtentwicklungskonzept (ISEK) Gesamtstädtische Entwicklungstendenzen und Entwicklungsziele 2007; http://www.halle.de/de/Rathaus-Stadtrat/Digitales-Rathaus/Veroeffentlichungen/index.aspx?RecID=265

M 10 Stadtumbaukonzept Halle-Silberhöhe (siehe Farbabbildung F-3 und F-4)

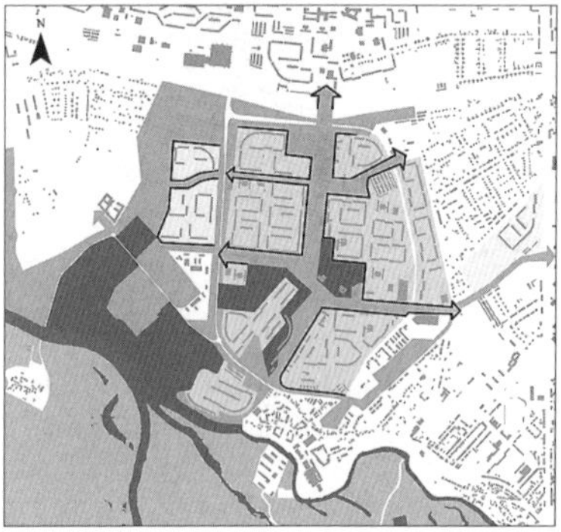

Quelle: Stadt Halle (Saale), Kartengrundlage: Stadtvermessungsamt

M 11 Halle-Silberhöhe – Umbau zur Waldstadt

Siehe Atlaskarte DIERCKE Weltatlas (1. Auflage 2008), S. 39, Karte 4!

Die Aufgabe bezieht sich auf die folgenden **inhaltlichen Schwerpunkte:**

- Raumstrukturen und raumwirksame Prozesse im Spannungsfeld von wirtschaftlichen Disparitäten und Austauschbeziehungen
  - Zentralität als Ausdruck funktionaler Verflechtungen im städtischen und ländlichen Raum
  - Tertiärisierung als Motor für die räumliche Verteilung von Arbeitsplätzen
  - Wandel städtischer Strukturen unter dem Einfluss der Tertiärisierung
- Raumstrukturen und raumwirksame Prozesse im Spannungsfeld von Aktionen und Konflikten sozialer Gruppen, Staaten und Kulturgemeinschaften
  - Ursachen und Folgen von Wanderungsbewegungen für Herkunfts- und Zielgebiete
  - Zusammenwachsen von Räumen aufgrund politischer Vorgaben und kultureller Prägung

Lösungsvorschlag

Teilaufgabe 1

Der Operator „lokalisieren" (Anforderungsbereich I) verlangt, dass Sie Halle nach Ihnen bekannten topographischen Orientierungsrastern einordnen. Der Operator „erläutern" ist dem Anforderungsbereich II zuzuordnen: Sie sollen Sachzusammenhänge mittels ergänzender Informationen verdeutlichen. Dies bedeutet für die Bearbeitung dieser Teilaufgabe, dass Sie die Entwicklung der Großwohnsiedlung – ausgehend von 1990 – darstellen und die sich daraus ergebenden Probleme ableiten.

Lage

Halle liegt im Süden des **Bundeslandes Sachsen-Anhalt** an der Saale, ungefähr 40 Kilometer **nordwestlich von Leipzig**. Die **Großwohnsiedlung** Halle-Silberhöhe ist **im Süden der Stadt Halle** zu lokalisieren (Atlas). Halle-Silberhöhe wurde in den Jahren 1979–1989 erbaut und war zu dieser Zeit die zweitgrößte Großwohnsiedlung in Plattenbau in Halle. Es gab nahezu keine Verzahnung mit anderen Stadtteilen und der Innenstadt (M 2).

Physiognomie und Funktion

Die Errichtung der Großwohnsiedlung diente der **Deckung des Wohnbedarfs der Industriebeschäftigten** der südlich von Halle gelegenen Chemiewerke Buna und Leuna. Es handelte sich um eine **dichte Wohnbebauung** mit einer sehr **einheitlichen Physiognomie**, die durch Wohnhochhäuser mit unterschiedlichen Geschosszahlen geprägt war. Die Wohnsiedlung zeichnete sich durch **bauliche Monotonie** aus (Luftbild M 2). **Handel und Gewerbe** waren nur von untergeordneter Bedeutung (M 11). Die von der Wohnbevölkerung benötigten **öffentlichen und sozialen Einrichtungen** (Kita, Schule, soziokulturelles Zentrum etc.) waren auf mehrere Standorte im Stadtteil Halle-Silberhöhe verteilt (M 11).

Bevölkerungsentwicklung

Die **Bevölkerungsentwicklung** der Stadt Halle ist seit der Wiedervereinigung Ende der Achtziger-/Anfang der Neunzigerjahre **rückläufig** (M 3). In den Jahren 1991–2001 nimmt die Bevölkerung um etwas mehr als 60 000 Einwohner ab, von 2001–2008 noch einmal um ca. 14 000 Einwohner (M 3). Dies stellt einen Rückgang von ungefähr 25 % in den Jahren 1991 bis 2008 dar. Ursachen für die dramatische Bevölkerungsabnahme in den Neunzigerjahren waren der **negative Wanderungssaldo** (es zogen mehr Menschen weg als zu) und die negative natürliche Bevölkerungsentwicklung (Sterberate über Geburtenrate) (M 3). Seit 2001 gestaltet sich der Bevölkerungsrückgang moderater. Der negative Wanderungssaldo ist deutlich geringer geworden, die natürliche Bevölkerungsentwicklung ist aufgrund einer leicht erhöhten Geburtenrate bei einer leicht gesunkenen Sterberate weniger negativ (M 3).

Veränderung der Altersstruktur

Die **Altersstruktur** der Stadt Halle hat sich im gleichen Zeitraum **dramatisch verändert**. Die Zahl der 0- bis 19-jährigen Bewohner Halles hat sich **fast halbiert**, während die Zahl der Sechzigjährigen und Älteren deutlich zugenommen hat (M 3). Diese Entwicklungen lassen sich auch in der Großwohnsiedlung **Halle-Silberhöhe** nachweisen. Die dortige Bevölkerung nimmt **noch dramatischer** ab als in der Gesamtstadt. Im Zeitraum 1992–2005 geht die Bevölkerung um ca. 60 % zurück (M 4). Auch die Altersstruktur in Halle-Silberhöhe unterliegt fast den gleichen Veränderungen wie die der Gesamtstadt (M 4). Die Altersgruppe der 0- bis 17-jährigen nimmt prozentual **um mehr als die Hälfte** ab. Dies gilt auch für die Altersgruppe von 30 bis 44. Hier handelt es sich um junge Familien mit Kindern, die diese Großwohnsiedlung verlassen. Deutliche prozentuale Zuwächse verzeichnen die Altersgruppen von 45 bis 64 bzw. von 65 Jahren und älter (M 4).

Bedeutungsverlust der Großwohnsiedlung

Diese Entwicklungen belegen den **Bedeutungsverlust der Großwohnsiedlung** innerhalb Halles. Die Gründe dafür sind vielfältiger Natur. Junge Familien mit Kindern sind mit der Wohnsituation in Halle-Silberhöhe aus vielen Gründen unzufrieden: Die **Ausstattung** der Wohnungen lässt zu wünschen übrig, z. B. fehlen Duschen und Innen-WCs, getrennt vom Bad (M 5). Auch die **Wohnumgebung** wird negativ gesehen, besonders die Parksituation und die **Abfallbeseitigung** (M 5). Die geringe **Wohnqualität** ergibt sich auch aus der **dichten Bebauung** (M 11) und aus den Standortnachteilen aufgrund der **peripheren Lage** innerhalb Halles (M 2). Auch die **überdurchschnittlich hohe Arbeitslosenzahl** – die Großwohnsiedlung wurde ursprünglich errichtet, um den Wohnbedarf der Industriebeschäftigten der Chemiewerke Buna und Leuna zu decken – mindert die Attraktivität von Halle-Silberhöhe (M 2, M 6).

Probleme der Großwohnsiedlung

Aus diesen bis hier dargestellten Ergebnissen lassen sich die Probleme der Großwohnsiedlung Halle-Silberhöhe ableiten. Es kommt zu einem dramatischen **Leerstand an Wohneinheiten** (M 7). Um dem drohenden **Verfall der Bausubstanz** entgegenzuwirken, werden **Wohneinheiten abgerissen**. Im Zeitraum 2001–2010 wurde die Zahl der Wohneinheiten durch Abriss fast halbiert (M 8). Durch die sich dramatisch verändernde Altersstruktur – Stichwort „Vergreisung“ – kommt es zu einer **Imageverschlechterung** und damit zu einer **Abwertung des Stadtteils**. Die **Überalterung** wird einen weiteren Bevölkerungsrückgang nach sich ziehen, der wiederum zu einer rückläufigen Auslastung bestehender sozialer Einrichtungen wie Kitas und Schulen führt. Diese werden geschlossen und dann abgerissen (M 11).

Suburbanisierungsprozess

Der Wegzug der jungen Familien unterstützt generell den **Trend zur Suburbanisierung**. Zusammen mit der sich ebenfalls negativ auswirkenden **Überalterung** stellt sich der Stadtteil Halle-Silberhöhe zurzeit nicht nur als ein räumlich, sondern auch in sozioökonomischer Hinsicht **benachteiligter Raum** dar.

Teilaufgabe 2

Der Operator „beurteilen" gehört zum Anforderungsbereich III. Von Ihnen wird erwartet, dass Sie auf der Basis von Fachkenntnissen, Materialinformationen und eigenen Schlussfolgerungen zu einer sachlich fundierten, qualifizierten Einschätzung gelangen. Hier müssen Sie sich mit den Maßnahmen und Zielen des Stadtumbaukonzepts im Stadtteil Halle-Silberhöhe im Detail auseinandersetzen.

Stadtumbau und Stadtumbaukonzept

Den in Teilaufgabe 1 erläuterten Problemen und Entwicklungen soll durch **Fördermittel** aus dem Bund-Länder-Programm „Stadtumbau Ost" entgegengewirkt werden. Fast zwei Drittel der der Stadt Halle zur Verfügung stehenden Gelder werden für die Großwohnsiedlung Halle-Silberhöhe verwendet und fließen somit in das „Stadtumbaukonzept Halle-Silberhöhe". Hiervon werden dann ca. 90 % für den **Abriss von Wohneinheiten** verwendet. Die verbleibenden 10 % werden für die **Aufwertung des Stadtteils** benutzt. Somit stellt Halle-Silberhöhe innerhalb Halles das bedeutendste Stadtumbaugebiet dar (M 9).

Verwendung der Fördermittel

Im Detail sollen die Fördermittel für die Bereiche **Versorgung** (z. B. für den Bau eines Einkaufs- und Versorgungszentrums), **Wohnen** (z. B. für den Rückbau der Siedlung von den Rändern her), **Erholung** (z. B. für die Öffnung der Siedlung zur Auenlandschaft im Süden) und **Infrastruktur** (z. B. für den bedarfsgerechten Rückbau von Straßen und Stellplatzanlagen) verwendet werden (M 10).

Maßnahmen des Stadtumbaukonzepts

Das Stadtumbaukonzept Halle-Silberhöhe, dessen Maßnahmen ab 2002 begonnen haben, versucht, auf die in Teilaufgabe 1 erläuterten Probleme angemessen zu reagieren. Dem Bevölkerungsrückgang, vor allen Dingen ausgelöst durch den Wegzug junger Familien mit ihren Kindern, und dem damit verbundenen Leerstand an Wohneinheiten will man mit Maßnahmen der **Wohnumfeldverbesserung** entgegentreten, z. B. mit der Vernetzung der Wohninseln (M 10). Der **Kern der Umbaumaßnahmen** umfasst den geplanten **Abriss** fast der Hälfte der Wohneinheiten. Ein weiterer Schwerpunkt des Umbaus ist die **Anbindung** des Stadtteils **an die Natur** z. B. durch den Punkt „Aufwertung durch Landschaftseinbezug („Waldstadt")" und die „Öffnung zur Auenlandschaft im Süden" (M 10). All diese Stadtumbaumaßnahmen, wie auch die **Sanierung** der Wohnungen, die **Flächenumwidmungen** zum Landschaftspark oder Wald und der eigentliche **Rückbau** (= Abriss der Wohneinheiten) können zu einer Imageverbesserung des Stadtteils führen (M 10 und M 11). Trotz all dieser Maßnahmen im Rahmen des Stadtumbaukonzeptes sind an den vorliegenden Materialien keine Tendenzen erkennbar, die auf eine **stärkere Verzahnung** des Stadtteils Halle-Silberhöhe mit den zentral gelegenen Stadtteilen schließen lassen. So werden nur die Ausdehnungsrichtungen des stadtnahen Landschaftsraums dargestellt, ohne infrastrukturelle Verzahnungen aufzuzeigen (M 10). Weitere mögliche Effekte der Stadtumbaumaßnahmen Halle-Silberhöhe könnten **positive Veränderungen der Sozialstruktur** in der Großwohnsiedlung sein. Das könnte auf der einen Seite bedeuten, dass die Leerstände in den Wohnungen zurückgehen, und zum anderen, dass die ärztliche Versorgung verbessert wird (M 6, M 7).

Fazit

Das Stadtumbaukonzept ist sicherlich sinnvoll, da ohne diese Maßnahmen der Stadtteil Halle-Silberhöhe dem städtebaulichen und sozialen Verfall ausgeliefert ist. Dies belegen eindeutig die vorliegenden Materialien. Ob die erläuterten Maßnahmen allerdings tatsächlich greifen, wird die Zukunft zeigen.

Leistungskurs Geographie (NRW) – Abiturprüfung 2010
Aufgabe 4

Thema
Entwicklung zweier Nachbarinseln – Das Beispiel Lanzarote und La Palma

Aufgabenstellung Punkte

1. Lokalisieren Sie die beiden Inseln und kennzeichnen Sie ihre naturräumliche Ausstattung im Hinblick auf eine landwirtschaftliche und touristische Nutzung. 23
2. Erläutern Sie vergleichend ihre wirtschaftliche Entwicklung seit 1980. 34
3. Beurteilen Sie die Möglichkeiten zum Ausbau des Fremdenverkehrs auf La Palma und Lanzarote. 23

Zugelassene Hilfsmittel
- der an der Schule in der Qualifikationsphase überwiegend verwendete Atlas, in einer für alle Prüflinge gleichen Auflage
- Wörterbuch zur deutschen Rechtschreibung
- Taschenrechner

Materialgrundlage

M 1 Atlaskarten nach Wahl

M 2 Kanarische Inseln: grundlegende Daten 2006

Fläche	7 447 km²
Einwohner	1,996 Mio./268 Einw./km²
Auslandstouristen	2003: 9,84 Mio. 2006: 9,53 Mio. 2007: 9,33 Mio.
Handelsbilanz	Ausfuhrwert unter 25 % der Einfuhren *Export* von Agrarerzeugnissen, im Wesentlichen Bananen (auf La Palma 98 % des Exportwertes) *Import* von 75 % der Lebensmittel sowie aller Konsum- und Investitionsgüter
Industrie	nur auf Gran Canaria und Teneriffa
EU-Förderung, 2000–2006	2,743 Mrd. € (= 1 598 €/Einw.), erheblich reduzierte Steuersätze
BIP/Einwohner	18 670 €/Einw. (davon über 80 % durch den tertiären Sektor) entspricht 84 % des EU-Durchschnitts (1986: 72 %/2000: 78 %)
Arbeitslosigkeit	ca. 10 % (2005: 11,7 %; jeweils rd. 2 % über dem spanischen Durchschnitt)

Quellen: eigene Zusammenstellung nach:
http://www.gobiernodecanarias.org.istac (mit weiterführenden Links; Zugriff 12. 04. 2008);
Breuer, Toni: Iberische Halbinsel: Spanien. Portugal. Darmstadt: Wissenschaftliche Buchgesellschaft 2008, S. 220;
http://www.invertirencanarias.com/aleman/pdfs/indicadores.pdf (Zugriff 09. 12. 2009)

M 3 Naturräumliche Grundlagen

	Lanzarote	**La Palma**
Fläche	795 km²	708 km²
höchste Erhebung	671 m	2 423 m
Küstenlänge davon Sandstrand Kiesstrand	213 km 9,6 km 17,0 km	156 km 1,1 km 8,1 km
Klima, Jahresgang	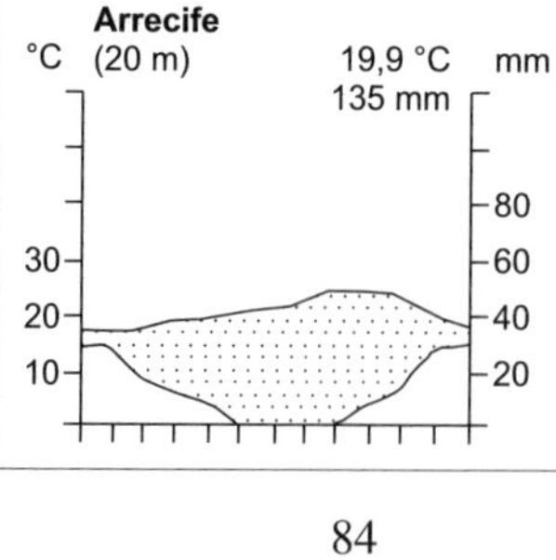	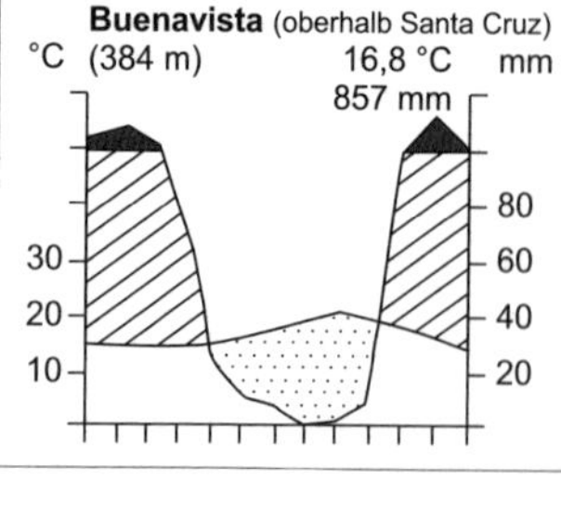

Sonnenstunden	> 3 000/Jahr		etwa 2 350/Jahr an der Ostküste, > 3 000/Jahr an der SW-Küste
Jahresniederschlag	im Mittel 135 mm: • etwas weniger im Inselsüden, • im Norden um Maguez, Haria und östlich La Caleta bis 240 mm		im Mittel 586 mm: • in Meereshöhe: 200 mm im Norden, < 50 mm im Süden, • Hochlagen des Nordens: > 1 000 mm
Vegetationsbedeckung (in % der Inselfläche)	4	vegetationsarme Dünensande in Küstennähe	–
	76	Halbwüste mit Wasser speichernden Pflanzen und Kleinbüschen (bis etwa 600 m NN)	43
	–	Wälder: Lorbeer, Heidekraut, Farnbäume (bis etwa 1 100 m NN)	19
	–	Wälder: Kanarische Kiefern (bis etwa 2 000 m NN)	29
	–	subalpine Gebirgs-Halbwüste (über etwa 2 000 m NN)	6
	20	vegetationslose junge Lavadecken und Schuttflächen	3
Wassergewinnung und Wasserverbrauch*	keine Quellen, daher zahlreiche Regensammelbecken; mehr als 90 % des Süßwassers durch 50 Entsalzungsanlagen (Energiebedarf: 7 l Erdöl/100 l Süßwasser); unter 10 % für den Bedarf der Landwirtschaft; Grundwasser zunehmend salzig		Wassergewinnung aus Felsstollen und Quellen; seit 1980 nachlassende Wasserausschüttung und sinkender Grundwasserspiegel; seit 2000 Anlage weiterer Regensammelbecken; Verbrauch: Landwirtschaft 95,5 %; Tourismus 0,3 %; Haushalte 4,2 %

* Ein Kanaren-Tourist verbraucht pro Tag die 1,7- bzw. bei höherem Hotelstandard (Pool, Gartenanlage, Golfplatz) die bis zu 3,7-fache Wassermenge eines Einheimischen.

Quellen: eigene Zusammenstellung nach:
Lipps, Susanne: La Palma. Köln: DuMont Reiseverlag 2002, S. 2;
Höllermann, Peter: Einleitung und Überblick. In: Ders. (Hrsg.): Studien zur physischen Geographie und zum Landnutzungspotential der östlichen Kanarischen Inseln. Stuttgart: Steiner 1991, S. 7–23, hier: S. 8 (Darstellung verändert)

M 4 Lanzarote und La Palma: Topographie und touristische Zentren (siehe Farbabbildung F-5 und F-6)

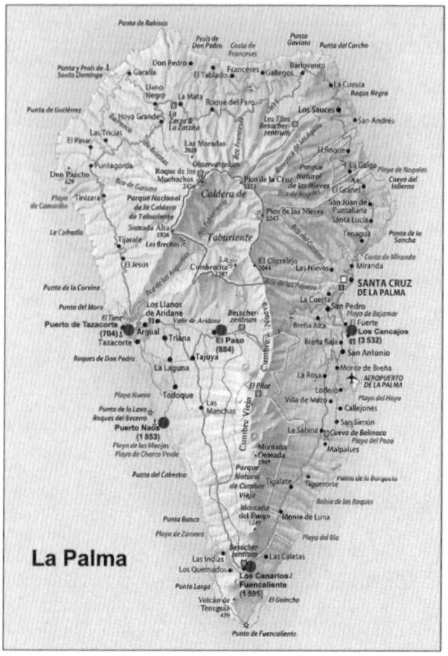

Quellen: © GEO/Stefanie Peters, Geo Special Ausgabe 6/2005 „Kanarische Inseln“, S. 155 und 158; Instituto Canario de Estadistica (Hrsg.): Canarias en cifras 2006/07. o. O. u. o. J., S. 10 und 13, http://www.gobiernodecanarias.org/istac (Zugriff 12. 04. 2008)

M 5 Bevölkerungsentwicklung und Beschäftigungssituation

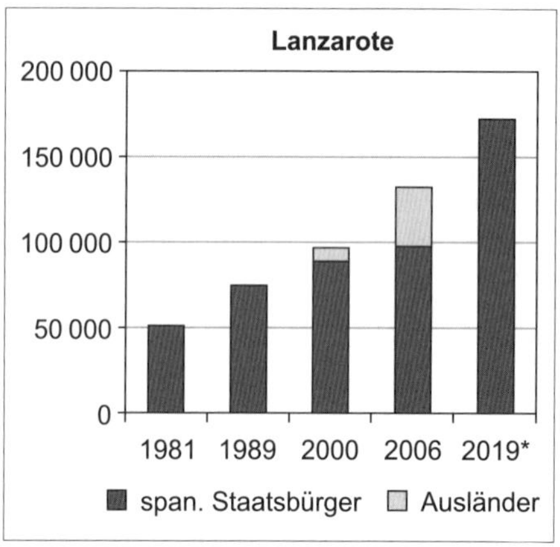

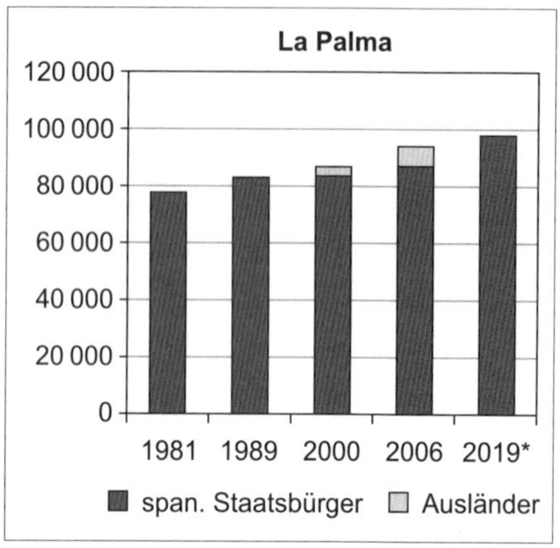

* Prognose des Statistischen Amtes der Kanaren; 1981,1989 und 2019 keine Angaben zu Ausländern

		Lanzarote		La Palma	
		2000	2006	2000	2006
Beschäftigte nach Wirtschaftsbereichen (in %)	primärer Sektor	1,8	1,0	11,4	7,4
	sekundärer Sektor	3,3	3,0	7,7	5,7
	tertiärer Sektor	94,9	96,0	80,9	86,9
	davon Baugewerbe	16,0	17,0	13,9	18,1
	davon Handel	20,0	21,1	21,5	19,4
	davon Hotels/Gaststätten	30,2	24,6	7,9	9,6
Arbeitslosigkeit* (in %)		> 14	> 12	> 11	> 15

* Daten in anderen Quellen leicht abweichend, z. T. (durch das Statistische Amt der Kanaren) geschätzt

Quellen: eigene Zusammenstellung, v. a. nach: http://www.gobiernodecanarias.org (mit weiterführenden Links); http://www.datosdelanzarote.com (mit weiterführenden Links) (jeweils Zugriff 15. 05. 2008)

M 6 Primärer Sektor auf Lanzarote und La Palma

Lanzarote	1980	2006
	Gesamterzeugung	Gesamterzeugung
Wein	2 391 t	4 305 t
Zwiebeln	16 900 t	2 751 t
Süßkartoffeln	8 000 t	2 217 t
Kartoffeln	k. A.	4 059 t
Tomaten	8 000 t	3 280 t
Opuntien*	120 t	–
Sonstiges	k. A.	9 093 t
insgesamt**	k. A.	k. A.
Fischfang	63 908 t (1999)	1 654 t (2004)

La Palma	1965***	2006
	Gesamterzeugung	Gesamterzeugung
Bananen	72 400 t	117 908 t
Wein	46 t	3 688 t
(Süß-) Kartoffeln	26 500 t	7 683 t
Avocado	–	4 355 t
Schnittblumen	–	183 t
Tomaten	2 100 t	881 t
Sonstiges (v. a. Gemüse, Südfrüchte)	9 900 t	13 867 t
insgesamt	k. A.	k. A.
Fischfang	336 t (1999)	115 t (2004)

Lanzarote	um 1980	2006
	Anbau-fläche	**Anbau-fläche**
Wein	1 839 ha	3 074 ha
Zwiebeln	1 300 ha	161 ha
Süß-kartoffeln	385 ha	240 ha
Kartoffeln	k. A.	261 ha
Tomaten	260 ha	47 ha
Opuntien*	251 ha	–
Sonstiges	1 765 ha (Getreide, Melonen, Gemüse, Kartoffeln)	rd. 613 ha (Melonen, Gemüse)
insgesamt**	5 800 ha	4 396 ha

La Palma	um 1980	2006
	Anbau-fläche	**Anbau-fläche**
Bananen	2 729 ha	3 254 ha
Wein	1 782 ha	2 503 ha
(Süß-) Kartoffeln	1 134 ha	444 ha
Avocado	386 ha	416 ha
Schnittblumen	–	34 ha
Tomaten	35 ha	14 ha
Sonstiges (v. a. Gemüse, Südfrüchte)	1 260 ha	1 640 ha
insgesamt	7 326 ha	8 305 ha

* Kakteenart; Wirtspflanze für Läuse, die einen roten Farbstoff liefern – bis zur Durchsetzung synthetischer Farbstoffe um 1985 Haupteinnahmequelle für rd. 50 % der Inselbauern.

** zusätzlich rd. 3 700 ha Brachflächen aus Spekulationsgründen (Bauerwartungsland). Die Bauern nutzen auf den Trockenfeldbau-Parzellen vulkanisches Lockermaterial, das die Bodenfeuchtigkeit speichert. Diese Regionen sind eine bedeutende Touristenattraktion.

*** Zahlen zur Gesamterzeugung für die 1980er-Jahre nicht verfügbar.

Quellen: eigene Zusammenstellung nach: http://www.datosdelanzarote.com (Zugriff 15. 05. 2008); http://www.gobiernodecanarias.org/agricultura/doc/otros/estadistica/resumen/r2006.pdf (Zugriff 16. 05. 2008);
Brundtke, Martin: Entwicklungsstudie La Palma […]. Landwirtschaft auf La Palma. In: Zs. für ausländische Landwirtschaft 9 (1970) H. 3, S. 276–305, v. a. S. 281

M 7 Bananenanbau auf La Palma

1896–1960/1970	Anpflanzung windunempfindlicher Bananensorten in Lagen bis 400 m; Bewässerung mit Wasser aus den Hochlagen (400 l/kg Bananen); Export von 50 % der Produktion
1972–1980	Verbot des Bananenimports aus Mittelamerika nach Spanien – Abnahmegarantie für die subventionierte kanarische Produktion; Verdrängung der kanarischen durch mittelamerikanische Bananen vom übrigen europäischen Markt
1990er-Jahre	Betriebe meist unter 5 ha, für rd. 6 000 Familien der Haupterwerb; etwa ein Drittel der Inselbevölkerung arbeitet in der Bananenproduktion; Durchsetzung weltmarktgerechter Sorten auf La Palma
2003	EU-Pläne, eine Fabrik zur Herstellung von Bananenmus für Milchshakes, Yoghurt u. Ä. zu schaffen (nicht realisiert) und rd. 15 % der Fläche subventioniertem Bio-Bananen-Anbau zu widmen (2006: 5 ha)
2004	Vervierfachung der Bewässerungskosten durch den Bau neuer Wasserstollen und Kanäle; Konferenz zur Festlegung eines Weltmarktpreises: amerikanische Länder schlagen 75 US-$/t, die Kanaren 300 US-$/t Bananen vor
2006	deutlich sinkende EU-Subventionierung; Öffnung des spanischen Marktes für amerikanische Bananen; Verfütterung von 25 % der palmerischen Bananenproduktion
2007	Verfütterung von rd. 20 % der palmerischen Bananenproduktion; Erzeugerpreis für Bananen: 210 €/t

Quellen: eigene Zusammenstellung nach:
http://www.la-palma-aktuell.de (mit weiterführenden Links) (Zugriff 10. 04. 2008);
http://www.bepepa.de/bananen/Wassermenge.html (Zugriff 16. 05. 2008);
http://www.lapalma-meerblick.de/index.php?option=com_content&task=view&31&Itemid=46 (Zugriff 18. 05. 2008)

M 8 Tourismus auf Lanzarote und La Palma

Lanzarote		La Palma
rd. 9 000 Besucher, 100 Gästebetten	**1965**	nahezu kein Tourismus
Ausbau des internationalen Flughafens	**1970**	Flughafenneubau, nur interinsulare Flüge
strenge Bauvorschriften für Häuser und Hotels; weniger als 200 000 Touristen (1980)	**nach 1970**	Zahl der Gästebetten rd. 600
877 100 Touristen, meist Pauschalurlauber; 12 300 Hotelbetten	**um 1990**	3 000 Gästebetten (Bau der Touristenzentren Los Cancajos und Puerto Naos)
Ausweisung Lanzarotes als „Biosphärenreservat"; Hotelauslastung 89,2 %	**1993**	81 000 Touristen, v. a. Individualreisende (Wanderurlauber)
	1998	7 600 Gästebetten
Hotelauslastung 84,3 %	**2000**	La Palma wird „Biosphärenreservat"; Flughafenerweiterung und etwa 25 Charterdirektflüge / Woche
Gründung von Bürgervereinigungen, u. a. *„Ni una cama más"* *(Nicht ein Bett mehr)*	**2002**	Graffiti wie *Fuera Alemanes! (Deutsche raus!):* Abfluss von ca. 30 % der Tourismuseinnahmen an im Tourismussektor tätige Deutsche; etwa 45 Charterflüge / Woche
Pläne für zusätzliche Angebote in den Bereichen ländlicher Tourismus, Kreuzfahrttourismus, Wassersport / Golf sowie für einen Aus- und Neubau hochwertiger Freizeitinfrastruktur für Strandtouristen	**2003**	Anteil der Pauschaltouristen: 50 %; 8 700 Betten: ein Drittel in 30 meist kleinen Drei- / Vier-Sterne-Hotels, die übrigen in 500 Apartmentanlagen und Ferienhäusern (meist zwei Sterne); Auslastungsquote: 30 % (Landhäuser im Hinterland) und 40 – 70 % (Strandhotels)
65 000 Gästebetten, 90 % Apartmentanlagen und Vier- und Fünf-Sterne-Hotels	**2006**	10 000 Betten (neues Vier-Sterne-Hotel in Fuencaliente); weiterer Flughafenausbau begonnen
Hotelauslastung: 74,8 %; Zunahme des All-Inclusive- und Last-Minute-Segments	**2008**	Beschluss der Inselregierung, den Pauschaltourismus weiter auszubauen (Planung 2020: 25 000 Betten, vier Golfplätze)

M 8 Fortsetzung

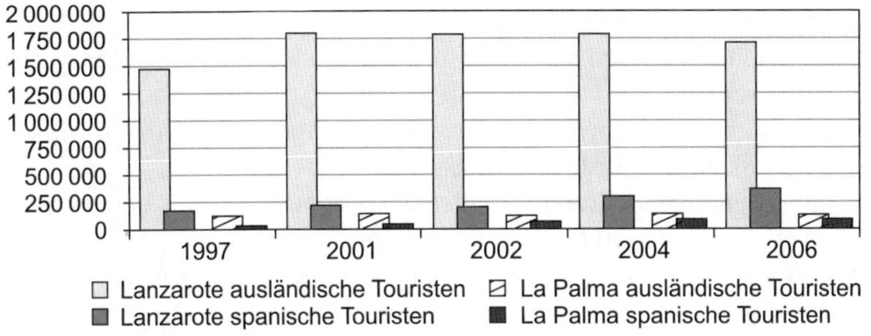

Quellen: eigene Zusammenstellung nach:
http://www.gobiernodecanarias.org/turismo/estad (mit weiterführenden Links) (Zugriff 13. 05. 2008);
http://www.la-palma-aktuell.de (Zugriff 10. 04. 2008);
Kook, Karin; Pfaffenbach, Carmella: Bauboom im Biosphärenreservat – Anspruch und Wirklichkeit nachhaltiger Tourismusentwicklung auf Lanzarote. In: Zöller, Ludwig; Suchodoletz, Hans von: Östliche Kanareninseln. Natur, Mensch, Umweltprobleme. Bayreuth: Naturwiss. Ges. Bayreuth 2006, S. 155–178

M 9 Tourismuspotenzial Lanzarotes und La Palmas

Lanzarote	**La Palma**
• im Süden Nationalpark mit aktivem Vulkanismus („Feuerberge") • Kolonialstadt Teguise • durch den Künstler Manrique gestaltete Landschaftskunstwerke • Fischerdörfer • Klippenlandschaften, grüner Kratersee, weißgoldene Strände, „Tal der tausend Palmen" • archäologische Zeugnisse der Urbevölkerung • Surf-, Segel- und Taucheinrichtungen; Golf-, Tennis-, Reit- und Squashplätze; Möglichkeit zum Gleitschirmfliegen und Mountainbiking	• schwarze Lavastrände • Wälder, Berge, Täler und Schluchten • Steilküsten • in der Südhälfte und im Zentrum erloschene Vulkankegel • Spuren der Ureinwohner • Kolonialstädte (Bürgerhäuser, Kirchen) • Möglichkeit zum Wandern, Radwandern, Reiten, Tennisspielen, Drachenfliegen, Surfen, Segeln und Tauchen

Quellen: eigene Zusammenstellung nach den Einleitungen zu:
Schulze, Dieter: Insel Lanzarote. 3. Aufl. Bielefeld: Peter Rump Verlag 2006;
Goetz, Rolf: La Palma. Aktivurlaub auf der grünsten Kanarischen Insel. 5. Aufl. Frankfurt a. M.: Peter Meyer Reiseführer 2000

Die Aufgabe bezieht sich auf die folgenden **inhaltlichen Schwerpunkte:**
- Raumstrukturen und raumwirksame Prozesse in der Wechselwirkung von natürlichen Systemen und Eingriffen des Menschen
  - Ökologische Prinzipien und zukunftsfähige Maßnahmen in der Industrie und Landwirtschaft
- Raumstrukturen und raumwirksame Prozesse im Spannungsfeld von wirtschaftlichen Disparitäten und Austauschbeziehungen
  - Landwirtschaftlicher Strukturwandel in Abhängigkeit von Naturausstattung, Innovationen und Markt
  - Tertiärisierung als Motor für die räumliche Verteilung von Arbeitsplätzen
  - Wirtschaftsfaktor Fremdenverkehr in seiner Bedeutung für Quell- und Zielregionen

Lösungsvorschlag

Teilaufgabe 1

Der Operator „lokalisieren" (Anforderungsbereich I) fordert Sie hier auf, Lanzarote und La Palma nach Ihnen bekannten topographischen Orientierungsrastern einzuordnen. Der Operator „kennzeichnen" (Anforderungsbereich II) verlangt, dass Sie einen Raum oder einen Sachverhalt auf der Basis bestimmter Kriterien charakterisieren. In dieser Aufgabe sollen Sie dies mit der natürlichen Ausstattung der beiden Inseln im Hinblick auf eine landwirtschaftliche und touristische Nutzung tun.

Lage

Lanzarote und La Palma gehören zu den **Kanarischen Inseln**. Sie liegen vor der **Küste Westafrikas** bzw. **Südmarokkos** zwischen 10° und 20° westlicher Länge und 26° und 30° nördlicher Breite in der **subtropischen Klimazone**. La Palma befindet sich im Westen der Inselgruppe und Lanzarote im Osten (M 1).

Klima und Vegetation Lanzarotes

Lanzarote hat eine **Jahresmitteltemperatur** von ca. 20 °C bei einem **Jahresniederschlag** von im Mittel 135 mm, wobei im Inselsüden etwas weniger Niederschlag fällt als im Norden. Die **Sonnenstunden** belaufen sich auf über 3 000 Stunden pro Jahr. Drei Viertel der Insel sind mit **Halbwüstenvegetation** bedeckt. Die restlichen Flächen werden zu einem großen Teil von vegetationslosen jungen **Lavadecken** und **Schuttflächen** und zu einem kleinen Teil von vegetationsarmen **Dünensanden** in Küstennähe eingenommen (M 3).

Klima und Vegetation La Palmas

La Palma hat eine **Jahresmitteltemperatur** von ca. 17 °C bei einem **Jahresniederschlag** von im Mittel 587 mm, wobei in Meereshöhe im Norden 200 mm fallen und im Süden weniger als 50 mm. In den Hochlagen des Nordens fallen mehr als 1 000 mm

Niederschlag pro Jahr. Die **Sonnenstunden** belaufen sich auf etwa 2 350 Stunden pro Jahr an der Ostküste und über 3 000 Stunden an der Südwestküste. Lanzarote hat ein **ganzjährig arides Klima**, während es auf La Palma eine deutlich aride Jahreszeit (**Trockenzeit**) von Anfang Mai bis Ende September und eine humide Jahreszeit (**Regenzeit**) von Anfang Oktober bis Ende April gibt (M 3).

Vegetation La Palmas

Etwas mehr als 40 % La Palmas ist mit **Halbwüstenvegetation** bedeckt. Fast 50 % der Fläche werden von **Wäldern** eingenommen: Bis in eine Höhe von etwa 1 100 m ü. NN herrschen Lorbeer, Heidekraut und Farnbäume und bis 2 000 m ü. NN die Kanarische Kiefer vor. Die restlichen Flächen werden von subalpiner Gebirgs-Halbwüste (über 2 000 m NN) und vegetationslosen Lavadecken und Schuttflächen gebildet (M 3).

Topographie

Die beiden Inseln sind in etwa gleich groß (zwischen 700 und 800 km^2). Die höchste Erhebung auf Lanzarote liegt bei etwas über 670 m NN, die auf La Palma bei fast 2 500 m ü. NN. Diese Unterschiede in der Topographie begründen die **unterschiedliche Vegetationsbedeckung**. Lanzarote verfügt über die **längeren Küsten** (213 km zu 156 km) und über die **längeren Strände** (M 3).

Landwirtschaftliche Nutzung

Aufgrund des **wüstenhaften Klimas** auf Lanzarote (kaum Niederschlag und hohe Jahresmitteltemperatur) eignet sich die Insel nur bedingt, dass heißt mit **Bewässerung**, für den landwirtschaftlichen Anbau (M 3 und M 6).

La Palma kann aufgrund seines weitaus höheren Jahresniederschlags wesentlich **besser agrarisch genutzt** werden. Dies gilt vor allem für die Lagen bis 400 m ü. NN, die mit Wasser aus den Hochlagen bewässert werden (M 3, M 6, M 7).

Touristisches Potenzial

Beide Inseln eignen sich für eine touristische Nutzung aufgrund der hohen Anzahl von **Sonnenstunden**, wobei auf La Palma zwischen dem feuchteren Norden und dem trockenen Süden unterschieden werden muss (M 3). Beide Inseln verfügen natürlich auch über die klassischen touristischen „Pullfaktoren“ wie **Meer, Strand, warmes Klima** und ein breit gefächertes Angebot an **Wassersportarten** und **Hotelunterkünften** jeder Art. Weiterhin sind beide Inseln innerhalb von **vier bis fünf Flugstunden** von Mitteleuropa aus zu erreichen.

Teilaufgabe 2

Beim „Erläutern" (Anforderungsbereich II) sollen Sie Sachzusammenhänge mittels ergänzender Informationen verdeutlichen. Bei dieser Teilaufgabe ist ein Vergleich der beiden Inseln Lanzarote und La Palma hinsichtlich ihrer wirtschaftlichen Entwicklung seit 1980 gefordert.

Landwirtschaft auf Lanzarote

Die landwirtschaftliche Nutzungsstruktur Lanzarotes war 1980 geprägt durch den **Anbau von Wein, Zwiebeln, Süßkartoffeln, Tomaten und Opuntien**. Die Anbauflächen beliefen sich auf insgesamt 5 800 ha (M 6). In dem wüstenhaften Klima konnten die landwirtschaftlichen Produkte **nicht ohne** künstliche **Bewässerung** angebaut werden. Da keine Quellen vorhanden waren, wurde das spärlich vorhandene Regenwasser in **Sammelbecken** gespeichert (M 3). Die **landwirtschaftliche Nutzungsstruktur** hat sich bis zum Jahr 2006 **deutlich verändert**. Bis auf den Anbau von Wein sind alle anderen landwirtschaftlichen Produkte rückläufig gewesen. Als Beispiel kann der Anbau von Zwiebeln dienen, deren Gesamterzeugung von 16 900 t im Jahre 1980 auf 2 751 t im Jahre 2006 zurückging. Die Anbaufläche reduzierte sich von 1 300 ha auf 161 ha (M 6). Die **landwirtschaftliche Produktion** auf Lanzarote ist **insgesamt rückläufig**. Die 1980 noch florierende Fischindustrie ist kaum noch vorhanden.

Landwirtschaft auf La Palma

Auf La Palma stellen sich die landwirtschaftliche Nutzungsstruktur und ihre Entwicklung differenzierter dar. Der **Süden** kann **landwirtschaftlich kaum genutzt** werden, da die Niederschläge zu gering sind (< 50 mm). Dort, wo auf La Palma **Landwirtschaft betrieben** wird, nämlich **im Norden** der Insel, fallen pro Jahr mehr als 1 000 mm Niederschlag (M 3). Über 95 % des Wassers auf der Insel werden für den Agrarsektor verbraucht (M 3). Vor 1980 war die landwirtschaftliche Produktion auf La Palma durch den Anbau von **Bananen** (fast 65 % der Gesamterzeugung), **Süßkartoffeln** und **Tomaten** sowie **Gemüse** und **Südfrüchte** geprägt (M 6). Da es in Spanien eine Abnahmegarantie für die subventionierten kanarischen Bananen gab, wurden diese Früchte in Lagen bis zu 400 m für den Export angebaut und mit Wasser aus den Hochlagen bewässert. (M 7). Heute werden sogar **überwiegend Bananen** (fast 80 % der Gesamterzeugung) angebaut, des Weiteren **Wein, Gemüse** und **Südfrüchte**. Die **Anbauflächen** für Bananen, Wein, Avocado, Gemüse und Südfrüchte sind **vergrößert** worden (M 6). Der kanarische Bananenanbau hat jedoch mit vielfältigen Problemen zu kämpfen. Der spanische Markt wurde für amerikanische Bananen geöffnet, die EU-Subventionen wurden deutlich verringert und deshalb konnten die **teuren kanarischen Bananen** auf dem Weltmarkt nicht mehr verkauft werden. Dies hat in den letzten Jahren dazu geführt, dass die palmerischen Bananen zu 25 % als **Viehfutter** dienen (M 7).

Wirtschaftliche Entwicklung Lanzarotes

Für Lanzarote lassen sich verschiedene Phasen wirtschaftlicher Nutzung erkennen. Die erste Phase endet mit Beginn der Achtzigerjahre. Bis dahin war die Insel geprägt durch die Herstellung eines roten Farbstoffs aus den **Opuntien**, die für rund 50 % der Bauern die Haupteinnahmequelle darstellte, und den **Fischfang** (M 6). Nach 1980 wurde verstärkt **Wein** angebaut. Die Gesamterzeugung und die Anbaufläche wurden fast verdoppelt (M 6). Gleichzeitig wurde der **Tourismussektor** auf Lanzarote ausgebaut. Im Jahr 2006 gab es 65 000 Gästebetten, die sich zu 90 % in Apartmentanlagen und Vier- bis Fünf-Sterne-Hotels befanden. Diese Entwicklung über den Zeitraum von 30 Jahren führte zu einer **Tertiärisierung** auf Lanzarote (M 8). Mit 96 % der Beschäftigten im Jahr 2006 stellt der tertiäre Sektor den beherrschenden Wirtschaftsbereich dar (M 5).

Wirtschaftliche Entwicklung La Palmas

Auf La Palma hat eine andere Entwicklung stattgefunden. Die Wirtschaft hat am **exportorientierten Bananenanbau** mit dessen hohem Anteil an landwirtschaftlicher Nutzfläche festgehalten (M 6). Der **Tourismus** hat sich auf La Palma gegenüber Lanzarote zeitlich **verzögert entwickelt**: Gab es auf Lanzarote um 1990 schon 12 300 Hotelbetten, so waren es auf La Palma erst 3 000 Gästebetten (M 8). Im Jahr 2006 verfügte Lanzarote über 65 000, La Palma nur über 10 000 Gästebetten (M 8). Der Tourismus auf La Palma ist zudem **anders strukturiert**. Der Anteil der **Pauschaltouristen** an den Gästen beträgt nur 50 % (M 8). Auch die **Unterkünfte** sind anders strukturiert. Es gibt viele kleine Drei-/Vier-Sterne-Hotels und Ferienhäuser, die auch eine **geringere Auslastungsquote** haben als auf Lanzarote (M 8). Trotzdem hat auch hier der Prozess der **Tertiärisierung** stattgefunden, der tertiäre Sektor stellt mit rund 87 % auch auf La Palma den dominierenden Wirtschaftsbereich dar (M 5).

Problem des Wasserverbrauchs

Beide Inseln haben auch mit Problemen zu kämpfen. Lanzarote erreicht die Grenze der **ökologischen Tragfähigkeit** im Bereich Wasser. Hier kommt es aufgrund des **hohen Wasserverbrauchs** durch die Touristen zu einer **Verknappung** dieser Ressource, die nicht durch technische Mittel (**Entsalzungsanlagen**) behoben werden kann. Hinzu kommt, dass durch das Abpumpen von Grundwasser Salzwasser nachfließt und das **Grundwasser** damit zunehmend salziger wird (M 3). Der Tourismus stagniert, nicht zuletzt aufgrund der Gründung von **Bürgervereinen**, die sich gegen den weiteren Ausbau des Tourismussektors wehren (M 8).

Konkurrenzfähigkeit der Bananen

La Palma hat mit **Absatzproblemen** der einheimischen Bananen auf dem Weltmarkt zu kämpfen. Der **Erzeugerpreis** liegt mit 210 €/t (M 7) weit über dem auf dem Weltmarkt zu erzielenden **Verkaufspreis** und ist somit **nicht mehr konkurrenzfähig** – vor allem auch deshalb, weil die EU-Subventionen deutlich verringert wurden. Ein weiteres Problem ist die Überformung der palmerischen Kultur (M 8).

Fazit

Augenscheinlich gibt es auf beiden Inseln Probleme, die das weitere wirtschaftliche Wachstum behindern: auf Lanzarote verbunden mit dem Massentourismus und auf La Palma mit dem Festhalten am exportorientierten Bananenanbau.

Teilaufgabe 3

Der Operator „beurteilen" ist dem Anforderungsbereich III zuzuordnen: Sie müssen auf der Basis von Fachkenntnissen, Materialinformationen und eigenen Schlussfolgerungen zu einer sachlich fundierten, qualifizierten Einschätzung gelangen. Hier bedeutet dies, die Möglichkeiten und Probleme im Zusammenhang mit dem Ausbau des Fremdenverkehrs auf La Palma und Lanzarote zu verdeutlichen.

Auswirkungen der Topographie

Lanzarote und La Palma sind relativ kleine Inseln. Somit ergibt sich eine **räumliche Begrenztheit**, die den weiteren flächenmäßigen Ausbau des Tourismus verhindert. Hinzu kommt, dass La Palma fast ausschließlich aus einem fast 2 500 m hohen **Vulkanberg** besteht (M 3) und somit in weiten Teilen **nicht nutzbar** ist.

Konkurrenz zwischen den kanarischen Inseln

Die **Konkurrenz** gegenüber den benachbarten kanarischen Urlaubsinseln wie Teneriffa und Gran Canaria ist groß – wie schon in Teilaufgabe 2 erläutert, **stagniert die aktuelle Entwicklung** der Touristenzahlen oder ist sogar **rückläufig** (M 8).

Wirtschaftliche Situation

Lanzarote und La Palma sind **auf den Tourismus** und seinen weiteren Ausbau **angewiesen**, da es **keine sinnvollen wirtschaftlichen Alternativen** gibt. Lanzarote hat **keine Industrie** und die Landwirtschaft beruht flächenmäßig fast nur auf dem Weinanbau (M 2, M 6). La Palma hat ebenfalls **keine Industrie** und produziert in der Landwirtschaft **Bananen für den Export**, die aber auf dem Weltmarkt wegen ihres hohen Erzeugerpreises kaum zu verkaufen sind (M 2 und M 7). Beide Inseln müssen ihr **Tourismuspotenzial** erweitern. In diesem Zusammenhang ist auch der Beschluss der Inselregierung von La Palma zu sehen, zum einen den **Pauschaltourismus** weiter auszubauen und zum anderen auf **Qualität** zu setzen, z. B. durch den Bau von weiteren Golfplätzen (M 8 und M 9). Beide Inseln benötigen nämlich **weitere Arbeitsplätze**, da die **Bevölkerungszahl ansteigt**. Die Voraussetzungen hierfür sind nur im tertiären Sektor gegeben, also im **Tourismus** (M 5).

Ökologische Probleme durch den Tourismus

Der weitere Ausbau des Tourismus bringt aber auch ökologische Probleme mit sich. Die Inseln sind flächenmäßig sehr klein und verfügen nicht über ausreichende **natürliche Ressourcen**. La Palma lässt aufgrund seines Reliefs (Vulkanberg) **kaum weitere touristische Bauten** zu. Die **Küsten** mit ihren **wenigen Stränden** sind ein weiterer beschränkender Faktor für den Ausbau des Tourismus. Dies gilt auch für Lanzarote. Auf beiden Inseln gibt es bereits Probleme mit der **Bereitstellung von Trinkwasser**. Bei einer Zunahme der Touristenzahlen wird sich dieses Problem noch verschärfen (M 3).

Positive Auswirkungen des Tourismus

Der Tourismus führt aber nicht nur zu ökologischen Belastungen, sondern er stellt auch sicher, das **Kultur- und Naturschönheiten geschützt** werden. Dazu gehören z. B. die Feuerberge im Süden Lanzarotes und die schwarzen Lavastrände auf La Palma (M 9).

Fazit

Das Fazit zu den Möglichkeiten des Tourismus auf Lanzarote und La Palma fällt daher differenziert aus. Der Fremdenverkehr ist der **wichtigste Arbeitgeber** auf beiden Inseln und dies seit mehr als 20 Jahren. Die Touristen kommen wegen des **warmen Klimas**, aber auch wegen der **Naturschönheit**. Es ist wichtig, mit den Ressourcen, vor allen Dingen mit dem Wasser, verantwortungsbewusst umzugehen. Auf beiden Inseln bietet sich deshalb **nachhaltiger Tourismus** an, der umweltverträglich ist. Beim nachhaltigen Tourismus wird versucht, negative Auswirkungen auf die Umwelt und soziokulturelle Veränderungen zu minimieren. Auf beiden Inseln könnte dies z. B. den Schritt weg von den „**Bettenburgen**" und hin zu einem mehr auf **Ferienhäuser** ausgerichteten Tourismus bedeuten.

Grundkurs Geographie (NRW) – Abiturprüfung 2011
Aufgabe 1

Thema
Jüngere Entwicklungen in Metropolregionen –
Das Beispiel Buenos Aires/Argentinien

Aufgabenstellung Punkte

1. Lokalisieren Sie Buenos Aires und beschreiben Sie die räumliche und demographische Entwicklung sowie die heutige Stellung der Stadt innerhalb Argentiniens. 24
2. Erläutern Sie die sozialräumliche Differenzierung von Buenos Aires unter besonderer Berücksichtigung des Nordwestens der Stadt. 34
3. Nehmen Sie Stellung zu den aktuellen Stadtentwicklungstendenzen in Buenos Aires. 22

Zugelassene Hilfsmittel
- der an der Schule in der Qualifikationsphase überwiegend verwendete Atlas, in einer für alle Prüflinge gleichen Auflage
- Wörterbuch zur deutschen Rechtschreibung
- Taschenrechner

Materialgrundlage

M 1 Atlaskarten nach Wahl

M 2 Agglomeration Buenos Aires – Entwicklung der Siedlungsfläche

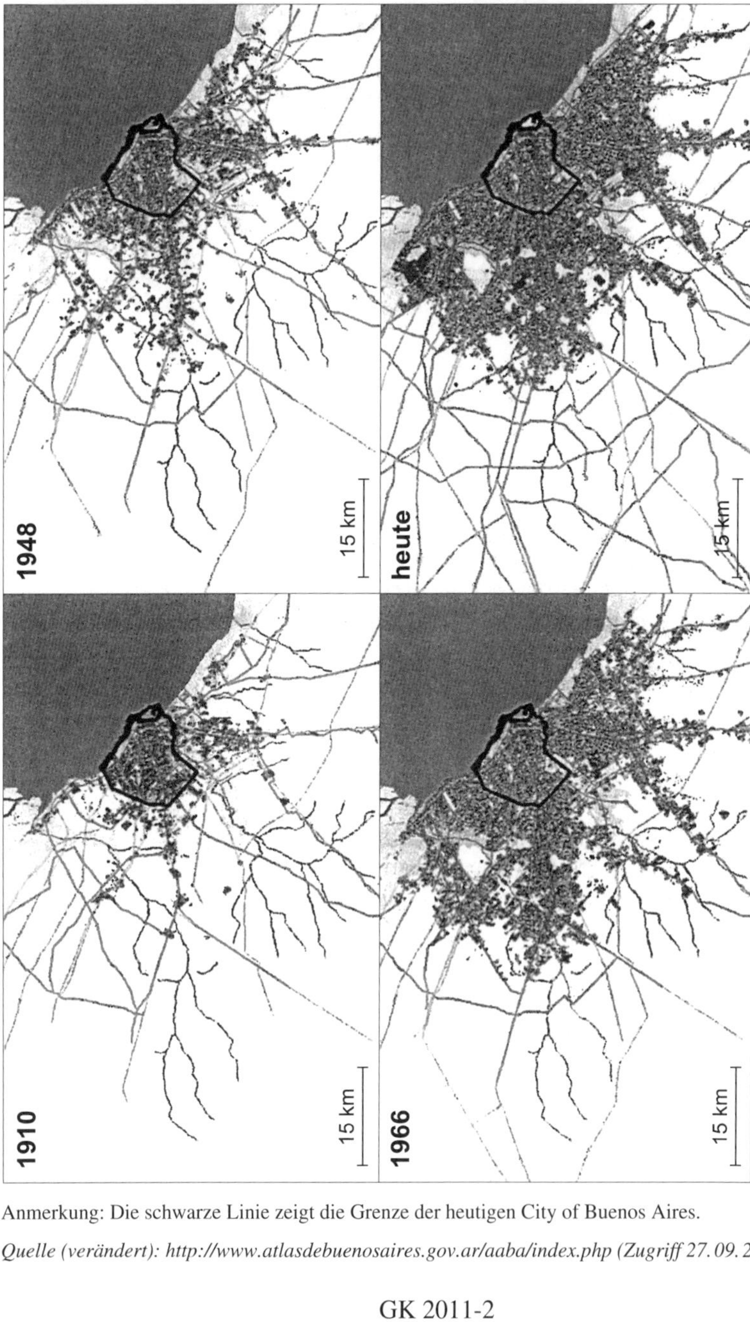

Anmerkung: Die schwarze Linie zeigt die Grenze der heutigen City of Buenos Aires.

Quelle (verändert): http://www.atlasdebuenosaires.gov.ar/aaba/index.php (Zugriff 27. 09. 2010)

M 3 Fakten zu Buenos Aires und Argentinien

- Sitz der Regierung und der größten Börse
- Firmensitze großer internationaler und der größten nationalen Unternehmen
- Abwicklung des größten Teils des Imports und Exports des Landes
- Größter Flughafen und größter Seehafen des Landes
- Anteil der City of Buenos Aires am BIP Argentiniens (2006) ca. 25 %

	Einwohner
Argentinien	39 745 613
Bevölkerungswachstum	1,0 %
Städtische Bevölkerung	89,0 %
Agglomeration Buenos Aires*	13 300 000
Agglomeration Cordoba*	1 420 000
Agglomeration Rosario*	1 280 000
Agglomeration Mendoza*	1 020 000

* Schätzung 2010

Quellen:
http://www.indec.gov.ar/ (Zugriff 27. 09. 2010)
http://www.citypopulation.de/world/Agglomerations.html (Zugriff 20. 10. 2010)

M 4 Buenos Aires – Bevölkerungsentwicklung/-prognose

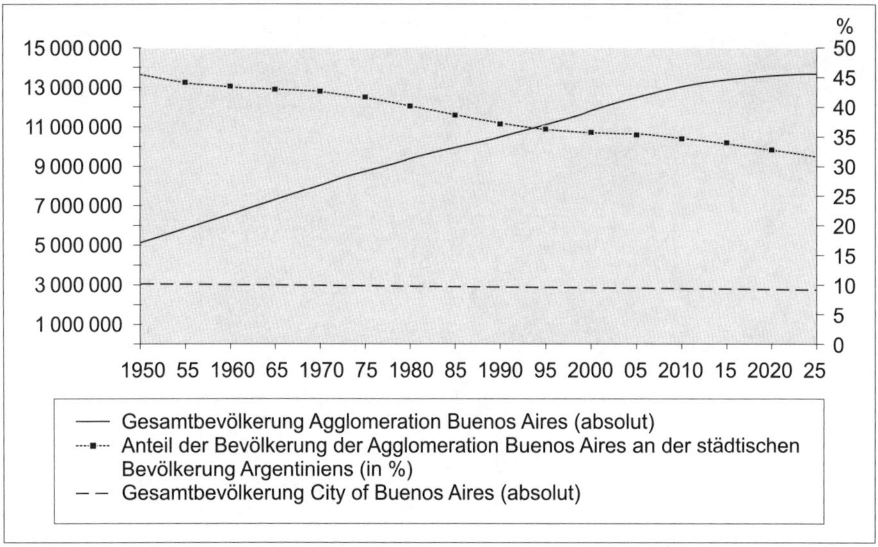

Quelle: UN World Urbanization Prospects 2009

M 5 Agglomeration Buenos Aires – soziale Differenzierung (siehe Farbabbildung F-7)

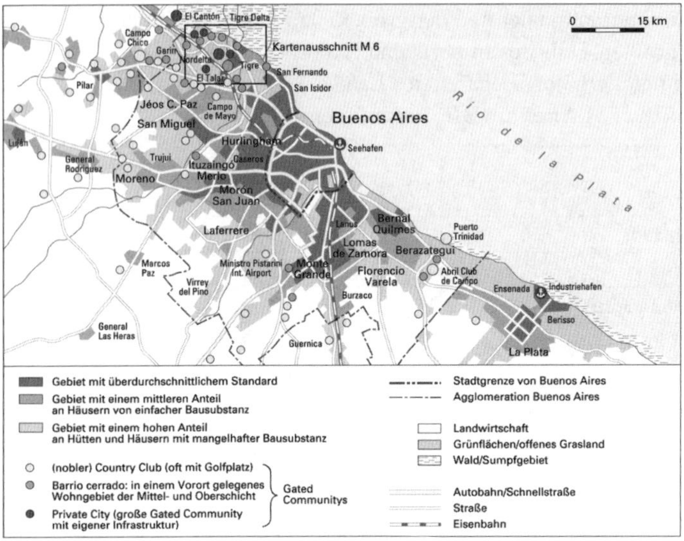

M 6 Flächennutzung und soziale Differenzierung im Nordwesten von Buenos Aires (siehe Farbabbildung F-8)

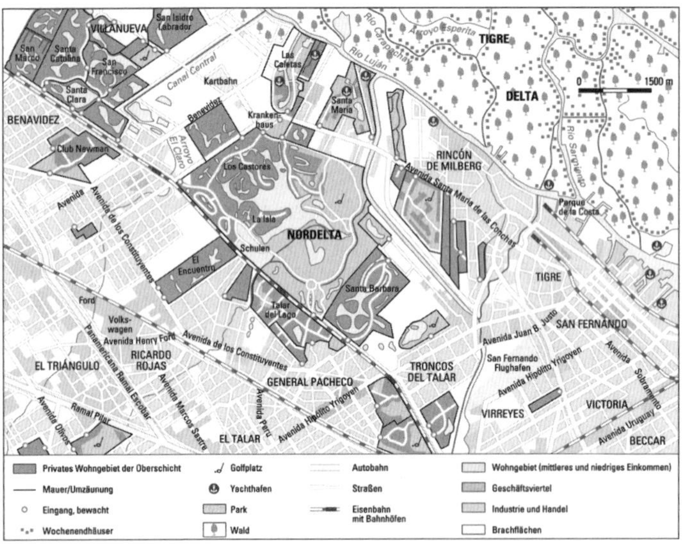

M 7 Agglomeration Buenos Aires – soziale Situation und Kriminalität

Im Jahre 2003 lagen in Folge der beispiellosen Wirtschaftskrise (1998–2002) Armut und Arbeitslosigkeit in Buenos Aires auf einem historischen Höchststand. Obwohl die Armut in Buenos Aires seit diesem Höhepunkt stark zurückgegangen ist, lebten Ende 2005 noch immer knapp 14 Prozent unterhalb der Armutsgrenze und etwa 4 Prozent in extremer Armut.

Zum Ende des Jahres 2005 lag die Arbeitslosenquote bei der Stadtbevölkerung bei 7,7 Prozent. 8,8 Prozent der Einwohner waren unterbeschäftigt. Betrachtet man „Gran Buenos Aires", das Einzugsgebiet der Stadt, steigen die Quoten auf 11,1 beziehungsweise 13 Prozent. Obwohl Arbeitslosigkeit, Unterbeschäftigung und Armut kontinuierlich zurückgehen, ist die schwierige soziale Situation, in der sich viele Bewohner von Buenos Aires befinden, deutlich spürbar.

Argentinien ist eines der sichersten Länder Südamerikas. Die Hauptstadt Buenos Aires galt lange Zeit ebenfalls als sicher. Seit der Wirtschaftskrise zwischen 1998 und 2002 hat die Stadt diesen Ruf jedoch verloren. Die Kriminalität steigt seit der Krise, die eine große Zahl von Menschen in die Armut drängte, kontinuierlich an. Taschendiebstähle sind weit verbreitet und auch Straßenüberfälle nehmen zu.

Quelle: http://www.megacities.uni-koeln.de/documentation (Zugriff 10. 09. 2010)

M 8 Beispiel: Privatstadt Nordelta

- 1999 erster Spatenstich zum Bau der bisher größten Privatstadt
- Projektfläche: 16 km^2
- Bis 2006 ca. 1 500 Häuser für 6 000 Einwohner fertiggestellt
- Planungsstand für 2015: 80 000 Einwohner
- Bau von Privatschulen, einer Berufsakademie und einer eigenen Universität
- Bahnanschluss (40 Minuten Fahrzeit bis zur Innenstadt von Buenos Aires)
- Ausbau einer Autobahn bis vor die Tore Nordeltas
- Mehrstufiges Sicherheitskonzept, u. a. durch doppelte Einzäunung des Geländes, scharfe Zugangskontrollen, vollständige Videoüberwachung mit Übertragung zu einer privaten Sicherheitsstation

Eigene Zusammenstellung nach:
Janoschka, M.: Reich und Arm in Buenos Aires. In: Praxis Geographie 30 (2000) H. 12, S. 59–62;
Diercke International Atlas. Braunschweig: Westermann 2010, S. 151

Die Aufgabe bezieht sich auf die folgenden **inhaltlichen Schwerpunkte:**
- Raumbedarf und Tragfähigkeit im Zusammenhang mit demographischen Prozessen
  - Ursachen und Folgen von Wanderungsbewegungen
- Siedlungsentwicklung in Abhängigkeit von soziokulturellen und politischen Leitbildern
  - Zentralität als Ausdruck funktionaler Verflechtungen: Strukturen und Raumordnungsziele, einschließlich modellhafter Darstellungen

Lösungsvorschlag

Teilaufgabe 1

Der Operator „lokalisieren" (Anforderungsbereich I) fordert Sie zunächst auf, Buenos Aires nach Ihnen bekannten topographischen Orientierungsrastern einzuordnen. Danach verlangt der Operator „beschreiben" (Anforderungsbereich I) eine ausführliche Wiedergabe der Materialaussagen unter umfassender Verwendung der Fachsprache. In dieser Teilaufgabe sollen Sie zunächst die räumliche und demographische Entwicklung von Buenos Aires aufzeigen. Anschließend ist es notwendig, die wirtschaftliche und funktionale Bedeutung der Stadt innerhalb des gesamten Landes zu verdeutlichen (M 2–M 4).

Lage

Buenos Aires, die Hauptstadt Argentiniens, liegt auf 34° s. Br. und 58° w. L. im Südosten Südamerikas am trichterförmigen Rio de la Plata. Hier münden die Flüsse Rio Paraná und Rio Uruguay in den Atlantik (M 1).

Räumliche Entwicklung 1910 – 1950

1910 erstreckte sich die Stadt auf einer in etwa quadratischen Fläche von 15 km^2, dem Bereich der heutigen **Kernstadt, der City of Buenos Aires**. Nur entlang der Küste im NW sowie entlang dreier sternförmig auf die Stadt zulaufender Hauptstraßen fanden sich damals erste Ansätze städtischer Ausdehnung. Kurz nach dem Ende des Zweiten Weltkrieges 1948 hat die Stadt ihre Fläche in etwa vervierfacht. Die früheren **Siedlungsbänder** entlang der **Ausfallstraßen** sind geschlossen und dichter bebaut. Diese **linearen Entwicklungsachsen** reichen bis zu 20 km weit ins **Umland**. Punktuelle Siedlungskerne sind in einer Entfernung von bis zu 20 km hinzugekommen; diese weisen z. T. keine Verbindung durch Hauptstraßen zur Kernstadt auf (M 2). 1950 weist die **Agglomeration Buenos Aires** bereits 5 Mio. Einwohner auf, wovon 3 Mio. in der Kernstadt wohnen (M 4).

In den darauffolgenden Jahren wächst die Stadt im Zuge des **Suburbanisierungsprozesses** deutlich ins Umland hinein; 1966 erstreckt sich der geschlossene Siedlungsbereich über ca. 50 km entlang der Küste des Rio de la Plata sowie auf insgesamt ca. 1 500 km^2. Wie im Jahr 1910 ragen Entwicklungsachsen entlang der Hauptzufahrtsstraßen weiter ins **Hinterland**; die Bevölkerung ist um 2 auf etwa 7 Mio. gestiegen, wobei der Anteil der Kernstadt-Bevölkerung in etwa gleich geblieben ist.

Fortgesetzte Suburbanisierung

Bis zum Jahr 2010 steigt die Bevölkerung rasant um weitere 6 auf 13,3 Mio. an (M 3, M 4) bei einem damaligen jährlichen Wachstum von 1 %. Dabei geht die Kernstadt-Bevölkerung um ca. 7 % auf 2,8 Mio. (M 4) zurück, woraus insgesamt eine deutliche Bevölkerungs- und Dichtezunahme in den **suburbanen Teilräumen** resultieren. Bis 2008 hat sich die städtische Agglomerationsfläche auf 70 km entlang des Rio de la Plata ausgedehnt, sie erstreckt sich nun auf 2 000 km^2 Gesamtfläche. Entlang der **Hauptverkehrsachsen** ragen die Siedlungsbänder im Süden und Südwesten krakenarmartig ins Hinterland (M 2). Laut Prognose wird die Bevölkerung der Agglomeration Buenos Aires bis zum Jahr 2025 im Rahmen des fortgesetzten **Metropolisierungsprozesses** um eine weitere Million auf 14 Mio. Einwohner anwachsen, wobei die Bevölkerungsanzahl im Bereich der Kernstadt knapp unter 3 Millionen stagnieren wird (M 4).

Flächen- und bevölkerungsmäßige Entwicklung bis 2010

Als Sitz der Regierung und der größten nationalen sowie großer internationaler Firmen besitzt Buenos Aires (im Folgenden abgekürzt als B. A.) eine herausragende Bedeutung als **Metropole** und **Global City**. Der größte Teil des Außenhandels wird hier abgewickelt, wozu der größte Seehafen des Landes und der größte Flughafen beitragen. Allein die City of B. A. besitzt 25 % Anteil am **nationalen BIP**, bei einem Bevölkerungsanteil von nur 7 %. Diese herausragende Stellung und der deutliche Bedeutungsüberschuss unterstreichen auch die ca. 33,5 % städtischer Bevölkerungsanteil von B. A. an der städtischen Gesamtbevölkerung Argentiniens als **demographische Primacy**, ebenso der absolute Bevölkerungsunterschied zur nächst größeren argentinischen Agglomeration, derjenigen von Cordoba mit 1,4 Mio. Einwohnern im Jahr 2010 (M 3, M 4). Der rein quantitative Bedeutungsüberschuss von B. A. hat im Laufe des in Argentinien überstarken **Verstädterungsprozesses** (89 % im Jahr 2008) sukzessive nachgelassen, er sank vom Höchstwert 45 % im Jahr 1950 auf 35 % im Jahr 2008 und wird laut Prognose bis 2025 auf ca. 32 % absinken (M 4).

Buenos Aires: Metropole, Global City, demographische Primacy

Unabhängig hiervon bleibt jedoch die politische, wirtschaftliche, kulturelle und insgesamt funktionale Bedeutung der Hauptstadt als unumstrittenes **Megazentrum** erhalten.

Teilaufgabe 2

„Erläutern" (Anforderungsbereich II) als Operator verlangt von Ihnen, dass Sie aus dem Material entnehmbare Zusammenhänge verdeutlichen. In dieser Teilaufgabe sollen Sie eine sozialräumliche Differenzierung der einzelnen Stadtteile/ Stadtbereiche vornehmen und dabei die Strukturen im Nordwesten der Stadt schwerpunktmäßig untersuchen (M 5 – M 8).

Sozialräumliche Struktur

Betrachtet man die **sozialräumliche Struktur** von B. A., so findet man eine deutliche räumliche Trennung der verschiedenen Sozialgruppen voneinander. Grundsätzlich staffeln sich die Gebiete höheren, mittleren und niedrigen Sozialstandards vom städtischen Kerngebiet in alle Richtungen konzentrisch nach außen. Allerdings wird diese systematische Anordnung punktuell unterbrochen. So findet man z. B. in dem Bereich, der an die Kernstadt angrenzt und der einen überdurchschnittlichen Standard aufweist, vor allem im Nordwesten an vielen Stellen **Aushöhlungstendenzen**, nämlich Gebiete mit einem hohen Anteil an Hütten oder Häusern mit (inzwischen) mangelhafter Bausubstanz. Möglicherweise haben hier im Zuge **rural-urbaner Migration** nach und nach Arbeits- und Wohnungssuchende ihren ersten Wohnstandort gefunden, nachdem die ursprünglich hier Wohnenden im Zuge des Suburbanisierungsprozesses weiter in die Randbereiche der Agglomeration gezogen sind. Umgekehrt haben Mitglieder der Mittel- und Oberschicht sogenannte **Gated Communitys** in Stadtteilen/Stadtvierteln errichtet, die zwischenzeitlich oder bis dato eigentlich Bewohner der unteren Mittelschicht aufwiesen, erkennbar an einfachen Häusern und einfacherer Bauweise. Eine weitgehend geschlossene Sozialstruktur weisen nur die Siedlungen entlang der Entwicklungsachsen auf wie z. B. Laferrere oder Moreno im Westen: Hier siedeln sich zunächst die überwiegend aus den ländlichen Gebieten Zuwandernden an, angezogen von der Attraktivität und den besseren Lebenschancen der Primacy. Ihre Behausungen sind gekennzeichnet durch einfache oder mangelhafte Bausubstanz; oft fehlt es an der notwendigen Infrastruktur. Solche Gebiete nehmen inzwischen flächenmäßig fast die Hälfte der Agglomeration von B. A. ein (M 5).

Dieser **Segregationsprozess** setzt sich in der Gegenwart weiter fort, indem an immer mehr Stellen abgeschlossene Wohngebiete der oberen Bevölkerungsschichten entstehen, sogenannte Gated Communitys unterschiedlicher Größe, die teilweise bevölkerungsmäßig die Größenordnung von Kleinstädten angenommen haben oder sich dahingehend entwickeln. Diese findet man vor allem im Nordwesten der Agglomeration, ca. 30 km von der Kernstadt entfernt. Sie sind gekennzeichnet durch eine privilegierte Lage in der Nähe von größeren Grün- und Erholungsflächen, besitzen oft Freizeit- und Sporteinrichtungen des gehobenen Standards wie Golfplätze oder Yachthäfen. Mehrere von ihnen liegen am Rand der geschlossenen Siedlungsfläche in der Nähe des Tigre Deltas, das einen hohen Besatz an Wochenendhäusern aufweist (M 6). Beispiele hierfür sind u. a. Nordelta oder Villanueva. Weitere Merkmale sind Einzäunungen und von Security-Diensten bewachte Einlässe, ferner die verkehrsmäßige Anbindung an die Kernstadt durch mindestens eine der Hauptverkehrsachsen sowie ihr räumlicher Abstand zu Gewerbe- und Industrieflächen. Diese **Abschottung** ist u. a. eine Reaktion auf die nicht zuletzt während der Wirtschaftskrise zu Beginn des 21. Jahrhunderts gestiegene Kriminalität und die gewachsene soziale Unsicherheit; dem sind auch die hohen, z. T. mehrstufigen Sicherheitskonzepte geschuldet (M 7, M 8).

Sozialer Segregationsprozess

Ein besonders deutliches Beispiel für eine solche Gated Community ist Nordelta im Nordwesten der Agglomeration. Diese „**Privatstadt**", die bisher größte, hat Kleinstadtcharakter; für das Jahr 2015 ist eine Bevölkerungszahl von 80 000 Einwohnern vorgesehen. Auf einer ca. $3{,}5 \times 4{,}5\ km^2$ großen, doppelt ummauerten Fläche mit sechs bewachten Eingängen an allen Seiten entspricht Nordelta dem Prototyp einer **Stadt in der Stadt**. Sie besitzt eine deutlich überdurchschnittliche Wohnqualität, nicht zuletzt deshalb, weil die Hälfte des Areals Grün- und Wasserflächen aufweist. Ein Teil der Wohnungen und Häuser ist halbinselartig in die Wasserflächen integriert, die wegefreie Mitte ist somit Pkw-frei (M 6). Eigene Privatschulen, eine Universität sowie eine Berufsakademie unterstreichen den herausgehobenen sozialen Status. Die verkehrsmäßige Anbindung an die Kernstadt erfolgt in der Hauptsache durch eine Eisenbahnlinie sowie den geplanten Autobahnausbau bis unmittelbar vor die nordöstlichen Tore Nordeltas (M 6, M 8).

Gated Community Nordelta

Teilaufgabe 3

Der Operator „Stellung nehmen" gehört zum Anforderungsbereich III; er verlangt von Ihnen eine kritische Auseinandersetzung mit den aufgezeigten Sachverhalten. In dieser Teilaufgabe wird von Ihnen erwartet, dass Sie die aktuellen Tendenzen der Stadtentwicklung in Buenos Aires auf der Grundlage Ihrer bisherigen Ergebnisse kritisch beurteilen (M 3, M 5–M 8).

Zwei gegenläufige Stadtentwicklungstendenzen

Entstehung und Ausbau von Gated Communitys in Wohnvierteln aller Sozialschichten sind das auffälligste Merkmal der gegenwärtigen Stadtentwicklung neben dem zu vermutenden stetigen Hinzukommen von Gebieten mit schlechter Bausubstanz und mangelhafter Infrastruktur an der Peripherie der Agglomeration. Grund für Letzteres sind die zwar schwächer gewordenen, gleichwohl aber anhaltenden Zuwanderungen und damit die jährlich um 1 % steigende Bevölkerungszahl (M 3).

Prozess der sozialen Segregation und seine Gefahren

Die **soziale Segregation** muss unter dem Aspekt eines funktionierenden Gemeinwesens wie dem einer Kommune kritisch gesehen werden: Die infrastrukturellen Vorzüge, z. B. in verkehrsmäßiger Hinsicht, werden von den Bewohnern der Gated Communitys in Anspruch genommen; eine Partizipation im Hinblick auf Ausbau oder Weiterentwicklung des Gemeinwesens ist nicht zu erkennen. Fraglich bleibt, wie die verwaltungsmäßige Zuordnung und Verteilung von Steuergeldern erfolgt. Die sozial schwachen Bevölkerungsgruppen tragen finanziell aufgrund fehlenden oder nur geringen Einkommens kaum oder gar nicht zum BIP bei, nehmen gleichwohl städtische Infrastruktur und öffentliche Leistungen in Anspruch. Im Zuge der Wirtschaftskrise hat sich besonders ihre ökonomische Lage weiter verschlechtert, woraus die Zunahme von Kriminalität und sozialer Unsicherheit resultiert. Dies verschlechtert die Chancen eines friedlichen sozialen Miteinanders und gefährdet die soziale Einheit der Stadt. Das räumlich enge Bei- und Nebeneinander extrem unterschiedlicher Sozialgruppen, wie z. B. im Nordwesten von einigen Country Clubs inmitten der **Marginalsiedlungen** von Jeos C. Paz oder San Miguel, birgt sozialen und politischen Zündstoff; die äußerliche Absicherung durch Sicherheitskonzepte hält dem auf Dauer eventuell nicht Stand. Die übergroßen Flächenansprüche der sich ausbreitenden Gated Communitys mit deutlich geringerer Bevölkerungsdichte stehen dabei im krassen Gegensatz zu den Dichtevierteln der sozial Schwachen.

In verkehrsmäßiger Hinsicht führt der anhaltende Suburbanisierungs- und Fragmentierungsprozess im Zusammenhang mit dem anhaltenden Bevölkerungswachstum zu einer weiteren Belastung in der Agglomeration: Das **Pendleraufkommen** zwischen Kernstadt und Randgebieten wird weiter steigen, die sternförmig auf die City of Buenos Aires ausgerichteten Eisen- und Autobahnen sowie Hauptstraßen verdeutlichen diese Zentrumsausrichtung (M 5).

Steigendes Pendleraufkommen

Eine zunehmende **städtische Fragmentierung** kann Funktionieren und Bestand der gesamten Agglomeration gefährden und erschwert zudem eine einheitliche Stadtplanung und -entwicklung. Der Fortbestand sowie die Weiterentwicklung einer Agglomeration wie der von B. A. sind darauf angewiesen, dass sich alle Bewohner im Rahmen ihrer je unterschiedlichen Möglichkeiten gedanklich, kulturell, finanziell und politisch einbringen. Ist dies nicht der Fall, und viele Stadtentwicklungstendenzen in B. A. lassen befürchten, dass es zu einer Zunahme **sozialräumlicher** und **sozioökonomischer Disparitäten** kommen wird, ist eine nachhaltige und soziale Stadtentwicklung stark gefährdet.

Fazit

Grundkurs Geographie (NRW) – Abiturprüfung 2011
Aufgabe 2

Thema
Nachhaltige Wirtschaftsentwicklung durch Ausbau von Verkehrsinfrastruktur? – Das Beispiel Jade-Weser-Port in Wilhelmshaven

Aufgabenstellung Punkte

1. Lokalisieren Sie Wilhelmshaven und kennzeichnen Sie die sozioökonomische und demographische Entwicklung der Stadt seit Anfang der 1990er-Jahre. 19
2. Erläutern Sie die gegenwärtige Nutzungsstruktur im Hafen und die standörtlichen Voraussetzungen für den im Bau befindlichen Jade-Weser-Port. 31
3. Erörtern Sie Chancen und Probleme des Jade-Weser-Ports für Wilhelmshaven und das Umland. 30

Zugelassene Hilfsmittel
- der an der Schule in der Qualifikationsphase überwiegend verwendete Atlas, in einer für alle Prüflinge gleichen Auflage
- Wörterbuch zur deutschen Rechtschreibung
- Taschenrechner

Materialgrundlage

M 1 Atlaskarten nach Wahl

M 2 Arbeitsmarktentwicklung

Arbeitslosenquote (in %)

Jahr	Wilhelmshaven	Niedersachsen
1992	12,9	8,1
1996	18,7	12,1
2000	14,2	9,3
2004	14,3	9,6
2008	14,3	8,1

Sozialversicherungspflichtig Beschäftigte

Jahr	Wilhelmshaven	Niedersachsen
1985	29 696	2 067 027
1990	34 136	2 285 238
1995	27 604	2 396 996
2000	27 412	2 436 007
2005	25 199	2 305 451
2007	25 119	2 356 527

Anmerkung:
Wichtige Arbeitgeber in Wilhelmshaven

- Der Büromaschinenhersteller OLYMPIA beschäftigte in den 1970er-Jahren ca. 12 000 Angestellte; vollständige Werksschließung 1993
- Aktuell 8 000 Soldaten und zivile Mitarbeiter am Marinestützpunkt Wilhelmshaven und ca. 6 200 direkte und indirekte Beschäftigte in der Hafenwirtschaft

Eigene Zusammenstellung nach:
http://www.wilhelmshaven.de/portal/statistik/media/5411-Z.pdf (Zugriff 22. 02. 2009); http://www.ihk-oldenburg.de/download/ths_soz_besch_ihk.pdf (Zugriff 23. 02. 2009); http://www.wzonline.de/index.php?id=1014&tx_ttnews[tt_news]=15534&tx_ttnews [backPid]=1007& cHash=5c94736167 (Zugriff 23. 02. 2009); http://hafenwirtschaft-whv.de/cms/index.php?option=com_content&task=view&id =116&Itemid= 57&lang=de (Zugriff 23. 02. 2009); http://www.lexikon-der-politik.de/stichwort/arbeitslosigkeit.html (Zugriff 14. 04. 2009)

M 3 Demographische Daten Stadt Wilhelmshaven

Jahr	Einwohner
1975	103 417
1980	99 230
1985	95 570
1995	90 667
2000	85 287
2005	83 552
2008	81 556

Einwohner nach ausgewählten Altersgruppen 2007 (in %)

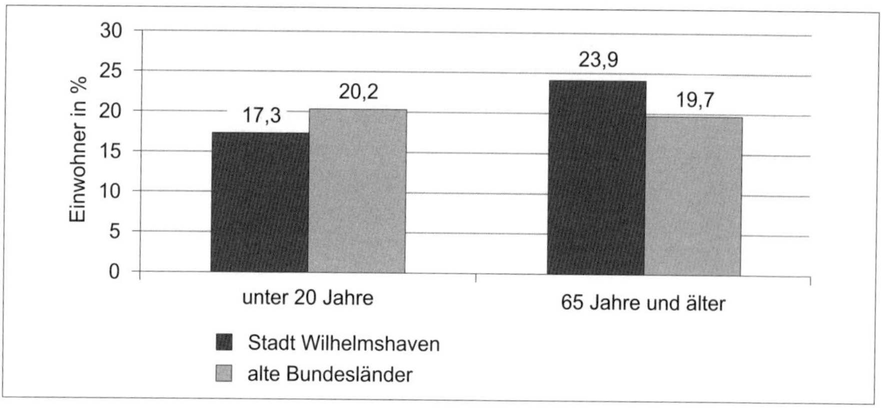

Eigene Zusammenstellung nach:
http://www.wilhelmshaven.de/portal/statistik/media/1111-Z.pdf (Zugriff 22. 02. 2009);
http://www.wilhelmshaven.de/portal/statistik/daten-und-fakten.htm (Zugriff 22. 02. 2009);
http://www.regis-online.de/daten-fakten/xml-data/df-profil-de.html?r=0034050000 (Zugriff 22. 02. 2009)

M 4 Wilhelmshaven
(siehe Farbabbildung F-9)

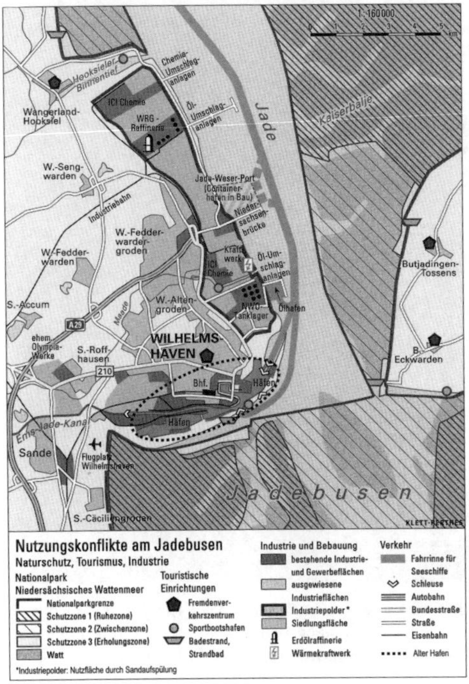

Quelle: Haack Weltatlas. Stuttgart: Klett 2008, S. 25 (verändert)

M 5 Güterumschlag Wilhelmshaven

Jahr	Gesamteingang Seeschifffahrt (in 1 000 t)	davon Mineralölerzeugnisse (in 1 000 t)	Ein- und Ausgang Seeschifffahrt (in 1 000 t)	Anzahl der Seeschiffe
2001	32 284	29 120	40 927	1 559
2003	31 036	28 515	39 530	1 429
2005	35 438	32 772	45 982	1 303
2007	33 371	30 930	42 738	1 313
2008	32 944	28 787	40 309	1 378

Quelle: http://www.wilhelmshaven-port.de/download/statistiken/rep200813.pdf (Zugriff 19. 03. 2009)

M 6 Projekt Containerhafen Jade-Weser-Port

Anmerkung: Unternehmen der hafennahen Logistik bieten Dienstleistungen von der Lagerung über die Veredelung, das Sortieren, Kommissionieren, Verpacken, die Nachbearbeitung witterungsempfindlicher Produkte, Qualitätskontrolle, Frachtmanagement, alle Abfertigungsaufgaben bis hin zur Verzollung an.

gezeitenunabhängige Wassertiefe (tiefster Seehafen Deutschlands)	18,50 m
Baubeginn	2008
Inbetriebnahme	2011
geschätzte Arbeitsplätze	1 100 – 1 900
Kosten für allgemeine Infrastruktur (Kaianlagen, Ufereinfassungen, Geländeaufspülung, Anschluss der Verkehrsträger etc.)	ca. 600 Mio. Euro*
Kosten für spezifische Infrastruktur (Containerbrücken, Flächenbefestigung, Immobilien etc.)	ca. 350 Mio. Euro durch Terminalbetreiber Eurogate
Containerumschlag-Kapazität pro Jahr	2,7 Mio. TEU**

* 510 Mio. Euro Land Niedersachsen, 90 Mio. Euro Hansestadt Bremen
** TEU = Twenty-foot Equivalent Unit, Einheit für einen Standardcontainer

Foto: © JadeWeserPort Realisierungs GmbH & Co. KG;
Eigene Zusammenstellung nach:
http://www.jadeweserport.de/cms/upload/downloads/JWPdeutsch1206.pdf (Zugriff 23. 02. 2009 Grafik);
http://www.jadeweserport.de/cms/index.php?idcat=28 (Zugriff 23. 02. 2009);
http://www.hafen-hamburg.de/content/view/345/81/lang.de/ (Zugriff 20. 03. 2009)

M 7 Größenentwicklung in der Containerschifffahrt

Baujahr	Länge in m	Breite in m	Tiefgang in m	Kapazität in TEU*
ab 1980	bis 295	bis 32,20	bis 13,50	bis 5 000
ab 1992	bis 318	bis 42,00	bis 14,50	bis 6 000
ab 1997	bis 350	bis 46,00	bis 14,50	bis 9 000
heute	bis 400	bis 56,00	bis 15,50	bis 12 000

* TEU = Twenty-foot Equivalent Unit, Einheit für einen Standardcontainer

Eigene Zusammenstellung nach: http://zukunftelbe.de/downloads/2009-04-16-tiefgangsskript.pdf (Zugriff 14. 08. 2009)

M 8 Containerumschlag der Nordrange*

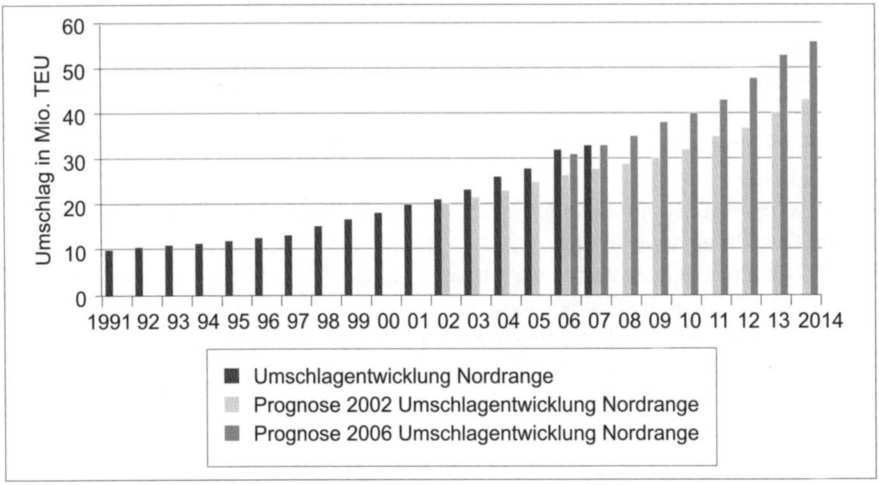

* Nordrange: Häfen von Antwerpen, Rotterdam, Jade-Weser-Port, Bremen/Bremerhaven und Hamburg

Max. Schiffstiefen	
Antwerpen	13,50 m
Rotterdam	16,65 m
Jade-Weser-Port	18,50 m
Bremerhaven	12,80 m
Hamburg	13,00 m

Eigene Zusammenstellung nach Daten von:
http://www.hypovereinsbank.de/firmenkunden/media/pdf/HVB_Ship_Container_deutsch_Druck_neu.pdf (Zugriff 23. 02. 2009);
http://www.portofantwerp.com/portal/page/portal/POA_EN/Nautical%20Acceess_EN.pdf (Zugriff 19. 03. 2009);
http://www.bremen-ports.de/664_1 (Zugriff 19. 03. 2009)

M 9 Pressemitteilung

„Der Jade-Weser-Port ist im Bau, das steht außer Zweifel. Noch nicht endgültig klar ist dagegen, wie die Warenströme beispielsweise ins Ruhrgebiet oder andernorts abfließen werden. Es ist geplant, dass täglich über die Strecke Oldenburg – Osnabrück bis zu 58 Güterzüge vorwiegend nachts rollen sollen, was ein erhebliches Plus an Verkehrsaufkommen auf der einspurigen Strecke bedeuten würde."

Quelle (gekürzt): http://www.nwzonline.de/index_regionalausgaben_kreis_oldenburg_artikel.php?id=1866166& (Zugriff 20. 03. 2009)

Die Aufgabe bezieht sich auf die folgenden **inhaltlichen Schwerpunkte:**

- Ökologische Prinzipien und zukunftsfähige Maßnahmen in der Industrie, Land-, Forst- oder Fischereiwirtschaft im globalen ökonomischen Zusammenhang
  - Dreieck der Nachhaltigkeit
- Wandel von Standortfaktoren in seiner Wirkung auf industrieräumliche Strukturen
  - Standortentscheidungen im Zusammenhang mit harten und weichen Standortfaktoren
- Verkehrs- und Kommunikationsnetze in ihrer Bedeutung für die Verflechtung und Gestaltung von Räumen
  - Zusammenhang zwischen der Modernisierung der Verkehrs- und Kommunikationsnetze und der Globalisierung
  - Prinzipien der Standortverlagerung und der Beschaffungslogistik

Lösungsvorschlag

Teilaufgabe 1

Der Operator „kennzeichnen" (Anforderungsbereich II) verlangt, dass Sie einen Raum oder einen Sachverhalt auf der Grundlage bestimmter Kriterien begründet charakterisieren. In dieser Teilaufgabe sollen Sie im Anschluss an die räumliche Einordnung (Operator „lokalisieren"/Anforderungsbereich I) darlegen, welche Entwicklung in demographischer und sozioökonomischer Hinsicht Wilhelmshaven seit Anfang der 1990er-Jahre durchlaufen hat (M 1–M 4).

Lage Wilhelmshavens

Die niedersächsische Küstenstadt Wilhelmshaven liegt im Nordwesten des Jadebusens, einer großen Meeresbucht der Nordsee, ca. 40 km westlich von Bremerhaven. Stadt und Hafen sind über die A 29, eine Personen- und eine Industriebahn sowie über den Ems-Jade-Kanal ans **Hinterland** angebunden (M 1, M 4).

Demographische Entwicklung

Die Einwohnerzahl der Stadt ist nicht erst seit den 1990er-Jahren zurückgegangen, der Rückgang begann bereits 1975, als die Stadt noch 103 417 Einwohner aufwies, und setzte sich über 90 667 Einwohner (1995) auf nur noch 81 556 Einwohner im Jahr 2008 fort (M 3, Tabelle). Im Hinblick auf die Leistungsfähigkeit der Bevölkerung und das ökonomische Potenzial sind als weitere **Ungunstfaktoren** der im Vergleich zum Bund niedrige Anteil junger Menschen unter 20 Jahren (17,3 % zu 20,2 %) sowie der höhere Anteil nicht mehr Erwerbstätiger mit 23,9 % gegenüber 19,7 % zu beachten (M 3, Diagramm).

Arbeitslosenquote

Diese ungünstigen **demographischen Strukturen** verwundern nicht vor dem Hintergrund der seit 1992 durchgängig deutlich höheren Arbeitslosenzahlen im Vergleich mit Niedersachsen; der negative Spitzenwert lag 1996 bei 18,7 %, die **Arbeitslosenquote** betrug 2008 immer noch 14,3 %. Sie erklären sich auch beim Vergleich der Anzahl der sozialversicherungspflichtig Beschäftigten: Nach einem Zwischenhoch 1990 mit 34 136 fiel der Wert in Wilhelmshaven kontinuierlich auf nur noch 25 119 (2007) und damit um ca. 15 % unter den Ausgangswert von 1985. Im selben Zeitraum stieg der niedersächsische Vergleichswert bis zum Jahr 2000 um 18 % an, sank danach bis 2007 nur geringfügig um 3 % und lag damit ca. 14 % höher als der Wert von 1985 (M 2).

Negative wirtschaftliche Entwicklung

Eine der Ursachen für diese **negative wirtschaftliche Entwicklung** in Wilhelmshaven liegt im Verlust von 12 000 Arbeitsplätzen durch Werksschließung des Büromaschinenherstellers Olympia 1993 (M 2). Eine andere könnte die deutlich zu einseitige und damit krisenanfällige Ausrichtung der **Beschäftigungsstruktur** auf hafenbezogene Bereiche sein, in denen ca. 25 % arbeiten, sowie auf die Marine, die ihrerseits ca. 32 % beschäftigt (M 2, M 4).

Insgesamt muss Wilhelmshaven als **strukturschwach** bezeichnet werden, da es deutlich hinter der regionalen und bundesweiten demographischen und ökonomischen Entwicklung zurückgeblieben ist.

Wilhelmshaven strukturschwach

Teilaufgabe 2

Der Operator „erläutern" (Anforderungsbereich II) verlangt, dass Sachzusammenhänge anhand des Materials verdeutlicht werden. In dieser Teilaufgabe müssen Sie zunächst die aktuelle Nutzungsstruktur im Hafenbereich Wilhelmshavens aufzeigen und anschließend verdeutlichen, auf welche Standortvoraussetzungen der Ausbau des Gesamthafens im Bereich Jade-Weser-Port zurückzuführen ist (M 4–M 8).

Hafen Wilhelmshaven

Die gegenwärtigen Hafenareale lassen sich untergliedern in den Alten Hafen, die nördlich davon gelegene Hafenerweiterungsfläche des Industriepolders, die durch Sandaufspülung gewonnen worden ist, sowie den in etwa in deren Mitte vorgelagerten, im Bau befindlichen Jade-Weser-Port (M 4).

Nutzung des Hafens

Der Alte Hafen grenzt unmittelbar an die Innenstadt am Endpunkt des Ems-Jade-Kanals an. Sowohl zu dieser Seite als auch zur Nordsee hin wird er durch Schleusen geschützt, die ihn vom **Tidenhub** unabhängig machen. Er untergliedert sich in verschiedene Hafenbecken, die überwiegend eine industrielle bzw. gewerbliche Nutzung aufweisen. Auf der gegenüberliegenden Landzunge, die den Alten Hafen vom Jadebusen trennt, befinden sich ein Strandbad und ein Sportboothafen (M 4).

Verkehrsanschluss

Verkehrsmäßig angebunden ist der Alte Hafen durch die Eisenbahn – der Endpunkt und Bahnhof befindet sich unmittelbar am mittleren Hafenbecken – sowie durch die B 210, die in ca. 7 km Entfernung in nördlicher und in westlicher Richtung zwei Auffahrten zur A 29 aufweist. Der Flugplatz Wilhelmshaven befindet sich ca. 2 km westlich des Alten Hafens nahe dem Ort Sande. Im Westen sind entlang dem Ems-Jade-Kanal zwei ca. 4 km^2 bzw. 2 km^2 große **Industrieerweiterungsflächen** ausgewiesen.

Lage und Verkehrsanschluss des Industriepolders

Der Industriepolder erstreckt sich nördlich der Innenstadt in Nord-Süd-Richtung über eine Fläche von ca. 2 x 10 km, wovon etwa ein Drittel im Jahr 2008 industriell bzw. gewerblich genutzt wird. Die gezeitenunabhängige Fahrrinne der Jade, ausgelegt für

Seeschiffe mit dem aktuell größten Tiefgang (M 7, M 8), ist durch drei Umschlaganlagen mit dem Polder fest verbunden. Dieser ist durch eine Industriebahn, die sich auf dem Polder mehrfach verzweigt, an die Bahnlinie angebunden, durch die A 29, die hier beginnt, ans überregionale Straßennetz sowie durch mehrere Straßen und die B 210 an die Stadt und das Umland (M 4). Von hier gehen zudem zwei Erdölpipelines aus nach Hamburg bzw. nach Duisburg (M 1).

Nutzung des Industriepolders

Der Industriepolder wird dominiert von den auf Öl- und anderen **Rohstoffimporten** basierenden Nutzungen und Weiterverarbeitungen. Hier befinden sich die WRG-Raffinerie, das NWO-Tanklager sowie mehrere Standorte der ICI Chemie. Ein Wärmekraftwerk versorgt die im Hafengebiet ansässigen energieintensiven Betriebe (M 4).

Güterumschlagsentwicklung

Trotz der **Hafenerweiterung** und der damit geschaffenen **flächenmäßigen, infrastrukturellen und standortbezogenen Verbesserungen** weist die Güterumschlagsentwicklung seit 2001 nach einem kurzen Zwischenhoch 2005 im weiteren Verlauf bis 2008 einen Rückgang in etwa auf die Ausgangswerte auf. Der Gütereingang dominiert hierbei deutlich gegenüber dem Güterausgang, deren Verhältnis zueinander betrug 2008 ungefähr 4 : 1. Der Großteil der Seeschiffe verlässt demnach ohne Fracht den Industriepolder. Der Anteil der Mineralölerzeugnisse am Gütereingang lag 2008 bei 87 %, er ist in der letzten Dekade in etwa stabil geblieben. Verändert hat sich die Anzahl der den Hafen anlaufenden Seeschiffe seit 2001: Bei fast identischem **Güterumschlag** liegt deren Zahl verglichen mit 2001 im Jahr 2008 bei 88 %, was auf die größer gewordenen Schiffseinheiten hinweist (M 5).

Containerhafen Jade-Weser-Port

Der Baubeginn des **Containerhafens** Jade-Weser-Port (CJWP) im Jahr 2008 stellt somit einen Versuch dar, den wirtschaftlichen und hafenbezogenen Rückgang zu stoppen und durch Nutzung der **Standortgunst** Attraktivität, Umsatz und Beschäftigung zu steigern. Hierbei ist die gezeitenunabhängige und für den größten Containerschifftyp ausreichende Wassertiefe mit 18,5 m, der größten in der Nordrange (M 8), das Hauptargument, die gleichzeitige Anlegemöglichkeit für drei der größten Containerschiffe an dem 1 725 m langen Kai ein weiteres, die intensive **Verkehrsanbindung** über eine 16-gleisige Bahn-Vorstellgruppe sowie deren 6-gleisige Verladeanlage neben den Straßenanschlüssen ein drittes (M 6). Schließlich gibt es erhebliche **Flächenreserven** für einen etwaigen Expansionsbedarf sowie in unmittelbarer Nähe auf dem

dem Festland zugewandten Teil des Polders eine hafennahe Logistikzone (M 6). Letztendlich bildet Wilhelmshaven mit den anderen Häfen der Nordrange – Antwerpen, Rotterdam, Bremen/ Bremerhaven und Hamburg – aufgrund der **Fühlungsvorteile** und Kooperationsmöglichkeiten ein konkurrenzfähiges Hafenband auch in globaler Hinsicht (M 1, M 8).

Teilaufgabe 3

Der Operator „erörtern" gehört zum Anforderungsbereich III. Er verlangt von Ihnen das begründete Abwägen zwischen Pro und Contra mit dem Ziel einer eigenen Urteilsbildung am Schluss. In dieser Teilaufgabe wird von Ihnen erwartet, dass Sie beurteilen, welche Vor- und Nachteile der Bau des Jade-Weser-Ports für die Stadt Wilhelmshaven und ihr Umland mit sich bringt (M 6–M 9).

Entwicklung der globalen Containerschifffahrt

Seit 1980 weist die allgemeine Entwicklung der globalen Containerschifffahrt in jeder Hinsicht gewachsene Schiffsparameter auf; vor diesem Hintergrund kommt das Angebot des für die größten Containerschiffseinheiten geeigneten **Tiefseehafens** Wilhelmshaven zum richtigen Zeitpunkt (M 7). Und zieht man die beiden Prognosen bis 2014 hinsichtlich des deutlich steigenden Güterumschlages in der Nordrange hinzu, so lässt sich die gegenüber 2002 optimistischere Prognose im Jahr 2006 vermutlich in einen ursächlichen Zusammenhang mit dem CJWP bringen (M 8).

Für und wider den Bau des Jade-Weser-Ports

Die kurze Bauzeit von nur drei Jahren ist in diesem Zusammenhang sicherlich ein Plus, die fast eine Milliarde Euro Entwicklungskosten stellen hingegen eine starke finanzielle Belastung des Steuerzahlers dar (M 6). Zwar sind 1 100–1 900 geschätzte neue Arbeitsplätze grundsätzlich positiv zu werten, die diesbezügliche Schwankung der Prognose um 40 % und der geringe absolute Wert im Vergleich z. B. mit den verloren gegangenen 12 000 Arbeitsplätzen des Olympia-Werkes stehen allerdings in einem eher ungünstigen Verhältnis zu der hohen **Investitionssumme**. Zwar besteht die Möglichkeit einer **Branchendiversifizierung** im Bereich der hafennahen Logistik; letztendlich bedeutet dies jedoch eine weitere Verstärkung dieser hafenbezogenen Ausrichtung und damit eine Verstärkung der grundsätzlich zu starken Einseitigkeit (M 6).

Möglicherweise verbessern sich Beschäftigtenanteil und Bevölkerungsbilanz, vielleicht gewinnt der Standort Wilhelmshaven grundsätzlich an Attraktivität; doch sind neben den angeführten ökonomischen Unwägbarkeiten weitere Probleme und Schwierigkeiten in die Gesamtbewertung mit einzubeziehen.

Nutzungskonflikt mit dem Tourismus

Die Expansion der Hafenindustrie und des Öl- und Gütertransportes bei zunehmendem Schiffsverkehr steht in **Flächennutzungskonkurrenz** zu den an mehreren Stellen im Jadebusen ansässigen Fremdenverkehrs- und Naherholungseinrichtungen. Es ist nicht ausgeschlossen, dass es z. B. zu einer Verschlechterung der Wasserqualität in dieser Region kommt infolge von Verschmutzung durch die Riesentanker und großen Containerschiffe.

Ökologische Bedenken

In ökologischer Hinsicht sind weitere Bedenken berechtigt: Der unmittelbar angrenzende **Nationalpark** Niedersächsisches Wattenmeer könnte durch Schiffshavarien, Tankerunglücke etc. in seiner Existenz gefährdet werden, das **marine Ökosystem** könnte durch die bereits erfolgten und noch anstehenden Aufspülungen bedroht werden. Ein so enges Beieinander von Hochseeschifffahrt und **labilem Ökosystem** verträgt sich eigentlich nicht (M 1, M 4).

Zuwachs an Güterzugverkehr

Der prognostizierte Zuwachs an Güterzugverkehr – das dürfte analog für den Transport über die Straße auch gelten – bringt eine deutliche **Emissionszunahme** im Hinblick auf Lärmbelästigung und Schadstoffbelastung mit sich, von der im Großraum Wilhelmshaven vor allem die Anwohner im Norden und Westen betroffen sein werden (M 4, M 9).

Fazit

Der CJWP wird in ökonomischer Hinsicht voraussichtlich einige Vorteile für die Region Wilhelmshaven mit sich bringen, nicht zuletzt ein höheres Steueraufkommen. Möglicherweise stellen sich auch sogenannte **Sekundäreffekte** ein, falls auch die demographische Entwicklung positiver verläuft als in den letzten 20 Jahren. Durch sorgfältige Planung, **Umweltschutzauflagen** und entsprechende Kontrollen wird es notwendig sein sicherzustellen, dass der Preis für ein wirtschaftliches Wachstum nicht durch ökologische Beeinträchtigungen gezahlt werden muss.

Grundkurs Geographie (NRW) – Abiturprüfung 2011
Aufgabe 3

Thema

Veränderungsprozesse in der landwirtschaftlichen Produktion im globalen ökonomischen Zusammenhang – Das Beispiel des Zuckerrohranbaus in Guyana

Aufgabenstellung

	Punkte
1. Lokalisieren Sie Guyana und kennzeichnen Sie die naturräumlichen Voraussetzungen sowie die Verbreitung des dortigen Zuckerrohranbaus.	19
2. Erläutern Sie die Entwicklung des Zuckersektors sowie dessen wirtschaftliche Bedeutung für das Land seit den 1990er-Jahren.	33
3. Nehmen Sie kritisch Stellung zu den Zielen der Guyana Sugar Corporation bis 2016.	28

Zugelassene Hilfsmittel

- der an der Schule in der Qualifikationsphase überwiegend verwendete Atlas, in einer für alle Prüflinge gleichen Auflage
- Wörterbuch zur deutschen Rechtschreibung
- Taschenrechner

Materialgrundlage

M 1 Atlaskarten nach Wahl

M 2 Guyana: naturräumliche Gliederung

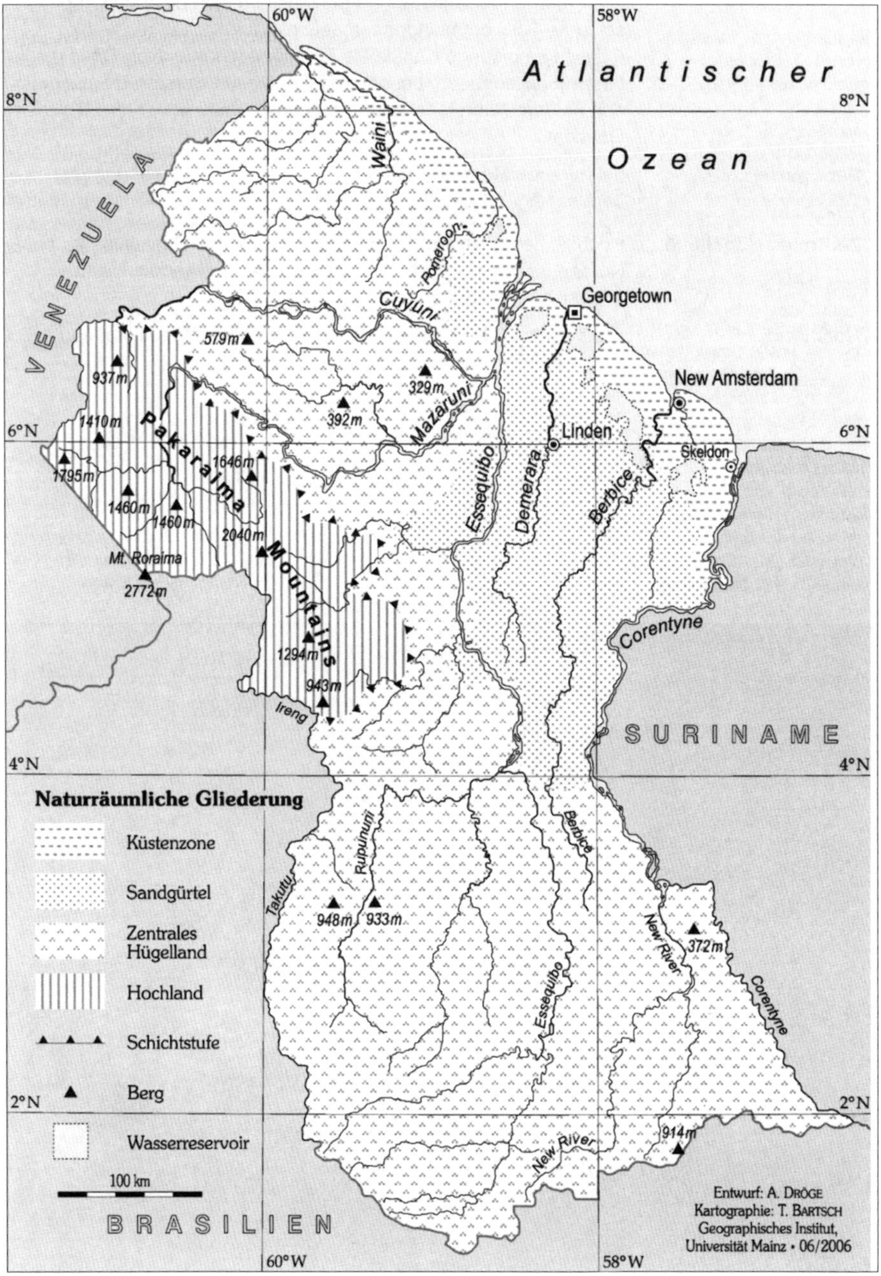

Küstenzone	v. a. in Flussnähe fruchtbare, z. T. unter Meeresniveau liegende und daher durch Dämme und Schleusen gegen das Meer abgeschirmte Schwemmlandebene; feucht-sumpfig, zahlreiche die Flüsse verbindende Kanäle als Transportadern und zur Drainage, deren Wasser zudem bei den regelmäßigen Überschwemmungen den Feldern Nährstoffe zuführt; Lebensraum für mehr als 90 % der Guyaner
Sandgürtel	bei früheren Meeresvorstößen entstandene und daher unfruchtbare sandige Ebene
Zentrales Hügelland	Hochfläche aus (alten) Sand- und vulkanischen Gesteinen, im Norden bewaldet, hier bedeutende Bauxit- und andere Lagerstätten; im Süden Savannen mit Viehzucht
Hochland	kaum über 1 300 m hohes, durch eine deutliche Stufe von den zentralen Hügelländern getrenntes Bergland

Quellen:
Dröge, Annika B.: Süße Verlockung, bittere Erkenntnis. Zur Umstrukturierung der karibischen Zuckerwirtschaft: Das Beispiel Guyana. In: Ratter, Beate M. W. (Hrsg.): Hombre y naturaleza – Mensch-Natur-Beziehungen in Lateinamerika. Mainz: Geographisches Institut 2006, S. 62 f.;
Geographisch-Kartographisches Institut Meyer (Hrsg.): Mittel- und Südamerika […]. Mannheim; Wien; Zürich: Bibliogr. Institut 1969, S. 196

M 3 Klimadiagramm Georgetown

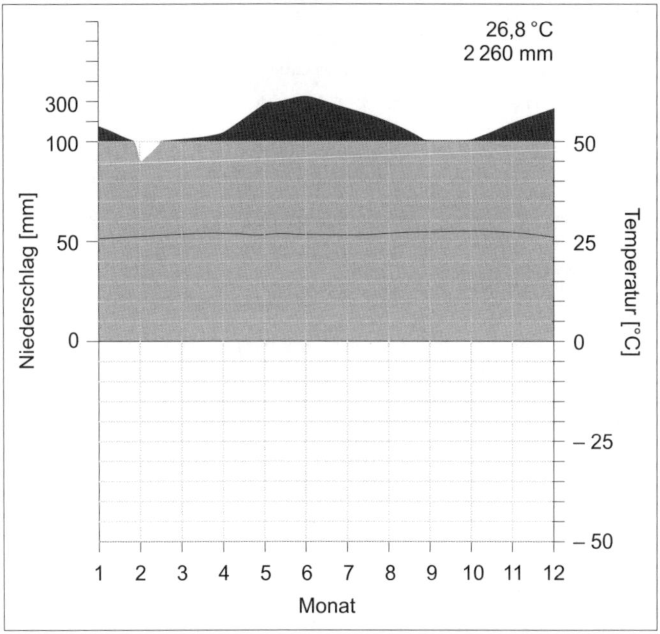

Quelle: http://www.klimadiagramme.de/Samerika/georgetown.html (Zugriff 23. 11. 2010)

M 4 Steckbrief Zuckerrohr: ökologische Ansprüche

schilfähnliches, bis zu 6 m hohes Gras mit zuckerhaltiger Sprossachse	
Temperatur	konstant 25 – 28 °C, bei Temperaturen unter 20 °C verlangsamtes Wachstum
Niederschlag	über 1 200 mm/Jahr ohne Trockenzeiten
Bodenart	eher unwichtig, am besten Alluvialböden (Schwemmland) ohne Staunässe
Nährstoffe	gute Stickstoffversorgung, ansonsten mittlere Ansprüche
ökologische Stabilität	hohe Anfälligkeit gegen Schädlinge und Pflanzenkrankheiten
Ernte und Weiterverarbeitung	erste Ernte nach 12 – 18 Monaten; bis zu 2 Ernten pro Jahr; umgehendes Auspressen in Fabriken notwendig, da bereits nach 24 Std. Reduzierung des Zuckergehaltes im Saft auf nicht rentable Werte

Eigene Zusammenstellung nach:
Klohn, Werner; Windhorst, Hans-Wilhelm: Weltagrarwirtschaft und Weltagrarhandel. Vechta: Vechtaer Druck und Verlag 2001, S. 68 f.;
Barthel, Fritz; Eder, Max u. a.: Diercke-Weltwirtschaftsatlas. Bd. 1. München; Braunschweig: dtv 1981, S. 144 f.; Andreae, Bernd: Agrargeographie. Berlin; New York: de Gruyter 1983, S. 192 f.

M 5 Hauptanbaugebiete für Zuckerrohr und Zuckerfabriken in Guyana

Quelle: Dröge, Annika B.: Süße Verlockung, bittere Erkenntnis. Zur Umstrukturierung der karibischen Zuckerwirtschaft: Das Beispiel Guyana. In: Ratter, Beate M. W. (Hrsg.): Hombre y naturaleza – Mensch-Natur-Beziehungen in Lateinamerika. Mainz: Geographisches Institut 2006, S. 62 f.

M 6 Geschichte Guyanas und des dortigen Zuckerrohranbaus

1658	Anlage erster Zuckerrohrplantagen durch die Niederländer; im Hinblick auf den Export des Zuckers Begrenzung der Raumerschließung auf die Küste
1667	Guyana wird niederländische Kolonie
1831	Guyana wird britische Kolonie: Übernahme der über 380 Zuckerrohrplantagen mit inzwischen rd. 100 000 afrikanischen Sklaven
1834/38	Abschaffung der Sklaverei: Abwanderung der Schwarzafrikaner von den Plantagen, Anwerbung von rd. 240 000 Arbeitern (bis 1917) aus der britischen Kronkolonie Indien
1966	endgültige Entlassung Guyanas in die Unabhängigkeit
1975	Guyana unterzeichnet das AKP-Abkommen, das ehemaligen Kolonien des **a**frikanischen, **k**aribischen und **p**azifischen Raumes den Zugang zum EU-Markt erleichtert, u. a. durch subventionierte Abnahmegarantien für landwirtschaftliche Güter
1976	Enteignung der bestehenden Zuckerunternehmen und Gründung der staatlichen *Guyana Sugar Corporation* GuySuCo, in deren Händen bis heute über 90 % des Anbaus und 100 % der Zuckerindustrie liegen

Eigene Zusammenstellung nach:
Dröge, Annika B.: Süße Verlockung, bittere Erkenntnis. Zur Umstrukturierung der karibischen Zuckerwirtschaft: Das Beispiel Guyana. In: Ratter, Beate M. W. (Hrsg.): Hombre y naturaleza – Mensch-Natur-Beziehungen in Lateinamerika. Mainz: Geographisches Institut 2006, S. 59–70; Intemann, Gabriele (Hrsg.): Diercke Länderlexikon. Braunschweig: Westermann 1999, S. 295 f.

M 7 Daten zu Guyana und dem Zuckersektor

		1997	2007
Guyana	Fläche (km^2)	214 969	
	Einwohnerzahl	778 800	761 500
	BSP/Einw. (US-$)	800	1 150
	BIP (Mio. US-$)	677	896
	davon (in %)		
	prim. Sektor	39	31
	sek. Sektor	34	25
	tert. Sektor	27	44
	Erwerbstätige (abs. / %)	**(1991)**	**(2002)**
	prim. Sektor	61 845 / 27,8	50 911 / 22,2
	sek. Sektor	57 265 / 25,7	55 957 / 24,4
	tert. Sektor	103 356 / 46,5	122 497 / 53,4
Zuckerrohranbau	Erntefläche (ha)	46 400	39 700
	Produktion (Mio. t)	3,07	3,10
	t/ha	66,2	78,1
Rohzuckerproduktion	Menge (1 000 t)	276,4	266,5
	Beitrag zum BSP (%)	16,2	9,2
Zuckerexport*	Menge (1 000 t)	247,6	244,9
Anteil wichtiger Güter am Gesamtexport (%)		**(1994)**	**(2006)**
		Zucker 27	Zucker 22
		Gold 19	Gold 21
		Reis 17	Bauxit 12
		Bauxit 16	Shrimps 12
Anzahl der Beschäftigten im Zuckersektor		**(1992)** 28 000	**(2007)** 19 000**

* Durch das Fehlen von eigenen Raffineriekapazitäten ist Guyana gezwungen, raffinierten Zucker im Wert von 2–3 Mio. €/Jahr zu (re-)importieren.

** Unter Berücksichtigung der Familienmitglieder ist jeder 6. Guyaner vom Zucker abhängig; größter Arbeitgeber und Steuerzahler (14 %) Guyanas; Versorgung der Dörfer um die Anbaugebiete mit Bildungs-, Gesundheits- und Freizeiteinrichtungen, Unterhaltung der Infrastruktur

Eigene Zusammenstellung nach:
http://www.statisticsguyana.gov.gy [mit weiterführenden Links] (Zugriff 18. 03. 2009);
Der Fischer Weltalmanach 2009. Frankfurt a. M.: Fischer 2008, S. 662 [und frühere Jahrgänge];
http://globalis.gvu.unu.edu/indicator.cfm?IndicatorID (Zugriff 19. 03. 2009)

M 8 Zucker aus Guyana für den Weltmarkt

	€/t Rohzucker (2005)	Erläuterung
Produktionskosten für Rohzucker in Guyana	380	43 % der Ernte manuell; 4 % der Ernte voll-, 53 % teilmechanisiert

Exportziel	Preis 2005 (€/t Rohzucker)	Exportanteil (%)	Erläuterung
USA	355	4,0	aufgrund langfristiger Lieferverträge aus den 1970er-Jahren, seit 2005 Importbeschränkungen wegen hoher Überschüsse in den USA
EU (Sonderpreis)	445	10,2	spezieller Preis (85 % des AKP-Preises) für 150 000 t AKP-Zuckerimporte aus der Karibik seit 1995, schon seit 2001 allmähliche Absenkung dieser Einfuhrmenge durch die EU mit dem Ziel eines endgültigen Wegfalls
EU (AKP-Preis)	524	51,1	Vorzugspreis für den zollfreien Import von etwa 1,3 Mio. t Zucker aus ehemaligen **a**frikanischen, **k**aribischen (darunter Guyana) und **p**azifischen Kolonien, seit 2008 schrittweiser Abbau der Begünstigung der AKP-Staaten: Preissenkung für Zuckerimporte bis 2010 um 36 % aufgrund EU-eigener Überschüsse
Sonstiger Weltmarkt	165	34,7	

Anmerkung: Der Weltmarktpreis für raffinierten Zucker liegt im Durchschnitt 10 – 20 % über dem Weltmarktpreis für Rohzucker.

Tabelle eigene Zusammenstellung nach:
Der Fischer Weltalmanach 2009. Frankfurt a. M.: Fischer 2008, S. 662 [und frühere Jahrgänge]; Dröge, Annika B.: Süße Verlockung, bittere Erkenntnis. Zur Umstrukturierung der karibischen Zuckerwirtschaft: Das Beispiel Guyana. In: Ratter, Beate M. W. (Hrsg.): Hombre y naturaleza – Mensch-Natur-Beziehungen in Lateinamerika. Mainz: Geographisches Institut 2006, S. 59–70;
Grafik: http://www.vsz.de/contenido/cms/upload/DZZ/beilagen/BR-DZM_40_Internet.pdf (Zugriff 10. 01. 2011)

M 9 Ziele der Guyana Sugar Corporation bis 2016

a) Veränderung des Produktionsprozesses durch
- Optimierung der Ernteabläufe auf den Feldern (47 % Voll-, 53 % Teilmechanisierung)
  → Steigerung der aus dem Rohr zu gewinnenden Zuckermenge und Senkung der Produktionskosten um bis zu 37 % (angestrebte Beschäftigtenzahl: 4 000)
- Erhöhung der Verarbeitungsgeschwindigkeit durch Modernisierung der bestehenden Fabriken
- Ausbau der Zuckerfabrik in Skeldon auf eine Leistung von jährlich 111 000 t Rohzucker

b) Umstrukturierung des Absatzes durch
- Erhöhung der Rohzucker-Exporte in die USA und nach Kanada
- Erschließung neuer Märkte für Rohzucker
- Deckung des karibischen Bedarfs an raffiniertem Zucker durch Bau einer Raffinerie (Skeldon) und zweier Verpackungsanlagen (Blairmont, Enmore), auch für den nordamerikanischen Markt

c) Beibehaltung des AKP-Systems für Exporte nach Europa durch
- Verhandlungen mit der EU

Eigene Zusammenstellung nach:
http://www.stabroeknews.com/2008/news/local/07/13/refinde-... (Zugriff 19. 03. 2009);
Dröge, Annika B.: Süße Verlockung, bittere Erkenntnis. Zur Umstrukturierung der karibischen Zuckerwirtschaft: Das Beispiel Guyana. In: Ratter, Beate M. W. (Hrsg.): Hombre y naturaleza – Mensch-Natur-Beziehungen in Lateinamerika. Mainz: Geographisches Institut 2006, S. 59–70

Die Aufgabe bezieht sich auf die folgenden **inhaltlichen Schwerpunkte:**
- Klima- und Vegetationszonen in ihrer unterschiedlichen Bedeutung für die Entwicklung von Räumen
  - Mechanisierung, Intensivierung und Spezialisierung als Kennzeichen einer industrialisierten Landwirtschaft in der gemäßigten Zone und den Tropen
- Ernährungspotenzial für eine wachsende Weltbevölkerung zwischen Subsistenzwirtschaft und Agrobusiness
  - Subsistenzwirtschaft versus Marktorientierung

Lösungsvorschlag

Teilaufgabe 1

Der Operator „kennzeichnen“ (Anforderungsbereich II) verlangt, dass Sie einen Raum oder einen Sachverhalt auf der Grundlage bestimmter Kriterien begründet charakterisieren. In dieser Teilaufgabe sollen Sie im Anschluss an die räumliche Verortung („lokalisieren“/AFB I) zunächst aufzeigen, welche natürlichen Voraussetzungen für den Zuckerrohranbau in Guyana vorliegen. Anschließend wird von Ihnen gefordert, dass Sie die standörtliche/räumliche Verbreitung des Zuckerrohranbaus vor diesem Hintergrund aufzeigen (M 1–M 5).

Lage

Guyana liegt im Norden des südamerikanischen Kontinents zwischen 2 und 8 Grad nördl. Breite sowie 57 und 61 Grad westl. Länge. Es grenzt im Norden an den Atlantik, im Nordwesten an Venezuela, im Osten an Suriname sowie im Südwesten und Süden an Brasilien (M 1, M 2).

Naturräumliche Gliederung

Das Land lässt sich in vier **Naturraumtypen** untergliedern, die sich vom Atlantischen Ozean wie folgt anordnen: Eine ca. 20 km breite Küstenzone (Zone 1), z. T. unter Meeresspiegelniveau liegend, eine fruchtbare **Schwemmlandebene**, in der 90 % der Einwohner leben. Die westliche Landeshälfte prägt bis ca. 6 Grad nördl. Breite das **zentrale Hügelland** (Zone 2) mit Höhen bis 500 m. Zwischen 2 und 4 Grad nördl. Breite überdeckt es das gesamte Land. Im äußersten Westen erstrecken sich die Pakaraima Mountains (Zone 3), „durch eine deutliche Stufe von den zentralen Hügelländern getrennt“ (M 2), eine **Hochlandregion** um 1 300 m Höhe mit der höchsten Erhebung von 2 810 m (M 1). Ein unfruchtbarer **Sandgürtel** (Zone 4) erstreckt sich vom Essequibo-Delta mehr als 300 km weit und über eine Breite von in Küstennähe 200 km in Höhe des 4. nördl. Breitengrades noch 60 km als Folge früherer Meeresvorstöße trichterförmig ins Landesinnere (M 2).

Räumliche Verbreitung des Zuckerrohranbaus

Der Großteil des Landes – annähernd 90 % – ist von **tropischem Regenwald** bedeckt (M 1). Zuckerrohranbau findet man in der Hauptsiedlungszone (Zone 1) (M 5): Hier herrschen konstante Temperaturen von 25 Grad C, hier fallen in allen Monaten mindestens 100 mm Niederschlag und hier gibt es die fruchtbaren **Alluvialböden** (M 2, M 3), ideale Voraussetzungen im Hinblick auf die Anbaubedingungen des Zuckerrohrs (M 4). Zwei Zentren des Zuckerrohranbaus haben sich herausgebildet: bei Georgetown, der Hauptstadt, wo sich auch der Hauptsitz der GuySuCo befindet, und bei Rosehall im Osten des Landes; in beiden Anbauregionen finden sich jeweils mehrere Zuckerfabriken. Weitere kleine Anbaugebiete mit je einer Zuckerfabrik findet man im Westen in Uitvlugt sowie bei Skeldon ganz im Osten (M 5). Da es sich bei Zucker um eine **Cashcrop** handelt, deren **Absatz weltmarktorientiert** stattfindet, verwundert es nicht, dass alle Aufbereitungsstandorte/Zuckerfabriken küstenorientiert zu finden sind und sie einen direkten Meereszugang haben (M 5). Ein Verkehrsnetz ist nur partiell vorhanden: Es gibt eine küstenparallele Straße sowie von den regionalen Zentren ausgehende Stichstraßen ins Hinterland, Querverbindungen und diagonale Achsen fehlen.

Teilaufgabe 2

Der Operator „erläutern“ (Anforderungsbereich II) verlangt von Ihnen, dass Sie aus dem Material entnehmbare Zusammenhänge verdeutlichen. In dieser Teilaufgabe sollen Sie zum einen die quantitative Entwicklung des Zuckerrohranbaus in Guyana aufzeigen, zum anderen darlegen, welche wirtschaftliche Bedeutung der Zuckerrohranbau seit den 1990er-Jahren in dem Land hat. (M 5 – M 8).

Entwicklung des Zuckerrohranbaus

Der in **Monokultur** erfolgende Zuckerrohranbau hat in Guyana eine lange Tradition. Bereits 1658 zur Zeit der niederländischen **Kolonialherrschaft** wurden erste Zuckerrohrplantagen angelegt, die später von den zweiten Kolonialherren, den Briten, übernommen und erweitert wurden. 100 000 afrikanische Sklaven bildeten bis 1834/38, dem Zeitpunkt der Abschaffung der Sklaverei, das benötigte Arbeitskräftepotenzial. Ihnen folgten ca. 240 000 Arbeitskräfte aus der britischen Kronkolonie Indien bis 1917, nachdem die Schwarzafrikaner die **Plantagen** verlassen hatten. Zehn Jahre nach Guyanas Unabhängigkeitserklärung wurden alle ausländischen Zuckerunternehmen enteignet und die GuySuCo gegründet, die **staatliche Zuckergesellschaft**, in deren Besitz sich bis zur Gegenwart fast der gesamte Anbau von Zuckerrohr und die komplette Zuckerindustrie befinden. Nicht zuletzt die Umsetzung des **AKP-Abkommens**, das karibischen Staaten u. a. durch subventionierte Absatzgarantien für landwirtschaftliche Güter Erleichterungen für den Zugang zum EU-Absatzmarkt bietet, hat zur Fortsetzung des Zuckerrohranbaus bis in die Gegenwart geführt (M 6).

Wirtschaftliche Bedeutung

Wenngleich die wirtschaftliche Bedeutung des Zuckerrohranbaus und der Zuckerproduktion von 1994 bis 2006 zurückgegangen ist, hat Zucker für Guyana weiterhin eine hohe Bedeutung (M 7): Jeder sechste Guyaner ist direkt oder indirekt vom Zucker abhängig, ca. 40 % der in der Landwirtschaft Beschäftigten arbeiteten 2002 im Zuckersektor, mit 22 % am Export hatte Zucker vor Gold 2006 immer noch die Spitzenposition inne (M 7). Insbesondere in der Küstenzone (Städte und Infrastruktur) hat der Zuckerrohranbau eine hohe Bedeutung (M 5). Der Beitrag der Landwirtschaft zum Bruttoinlandsprodukt war 2007 mit 31 % nach wie vor hoch, Zucker dürfte hieran einen erheblichen Anteil gehabt haben.

Strukturelle Defizite und hohe Produktionskosten

Guyanas Zuckerproduktion leidet unter **strukturellen Defiziten:** So wurden 2005 immer noch 43 % der Ernte manuell eingeholt, lediglich 4 % erfolgten vollautomatisch. Diese ungünstigen Produktionsbedingungen verursachen zwangsläufig im globalen Vergleich ungünstige, d. h. zu hohe **Produktionskosten:** Diese lagen 2005 bei 380 €/t Rohzucker und damit bis auf das erste Halbjahr 2006 durchgängig, z. T. deutlich über dem Weltmarktpreis zwischen 2003 und 2008 (M 8).

Bedeutungsverlust der Zuckerproduktion trotz struktureller Fortschritte

Seit 1997 lassen sich einige strukturelle Fortschritte erkennen: So stieg die Produktion bis 2007 trotz eines Rückgangs der Erntefläche um ca. 13 % auf 39 700 ha geringfügig an. Dies war nur aufgrund der Ertragssteigerung von 66,2 auf 78,1 t/ha möglich. Andererseits führten **Rationalisierungsmaßnahmen** zur Freisetzung von 9 000 Arbeitskräften, einem Drittel der Beschäftigten im Zuckersektor. Der Beitrag der Zuckerproduktion zum BSP sank deutlich von 16,2 auf nur noch 9,2 % und die jährliche Produktionsmenge an Rohzucker sowie der Zuckerexport gingen geringfügig zurück (M 7).

Mangelnde Konkurrenzfähigkeit auf dem Weltmarkt

Ohne **Subventionen** und mittelfristig eingeräumte Sonderabnahmebedingungen durch die USA und die EU wäre der guyanische Zucker nicht wettbewerbsfähig gewesen (M 8/Tabelle). Doch nicht nur beim Zuckerrohranbau, sondern auch bei der Aufbereitung zeigte sich die guyanische Zuckerindustrie rückständig. Da es zudem an den notwendigen Raffineriekapazitäten fehlte, musste Guyana jährlich „raffinierten Zucker im Wert von 2 – 3 Millionen Euro (re-)importieren“ (M 7). So stellte sich Guyanas Zuckerindustrie im Jahr 2007 als stark gefährdet und auf dem Weltmarkt kaum noch konkurrenzfähig dar. Seit 2001 hat die EU die Einfuhr von AKP-Zucker zu Sonderkonditionen reduziert mit dem Ziel des völligen Wegfalls. Außerdem hat die EU von 2008 – 2010 die Abnahmepreise für bis dahin 1,3 Millionen Tonnen zollfreien AKP-Zuckers um 36 % aufgrund eigener Überschüsse gesenkt (M 8/Tabelle).

Guyana produziert Zucker für den Weltmarkt: 92 % des Zuckers müssen auf dem Weltmarkt abgesetzt werden (M 7). Starke Schwankungen des **Weltmarktpreises** für raffinierten Zucker (M 8) sowie die Verringerung oder der Wegfall der genannten Handelsvergünstigungen machen sich in Guyana volkswirtschaftlich deutlich bemerkbar.

Abhängigkeit vom Weltmarktpreis

Teilaufgabe 3

Der Operator „kritisch Stellung nehmen" (Anforderungsbereich III) verlangt von Ihnen das begründete Beurteilen von Vor- und Nachteilen mit dem Ziel einer abschließenden eigenen Urteilsbildung. In dieser Teilaufgabe wird von Ihnen erwartet, dass Sie begründet darlegen, wie Sie die Zukunftsaussichten für den Zuckerrohranbau in Guyana im Zusammenhang mit den Zielen der Guyana Sugar Corporation bewerten. (M 7 – M 9).

Die staatliche Guyana Sugar Corporation hat vor dem Hintergrund der **globalen Absatzsituation** von Zucker ein Zielpaket geschnürt, das bis 2016 realisiert werden soll. Dessen drei Säulen bestehen aus (1) der Optimierung des Produktionsprozesses einschließlich der Ausweitung der Raffineriekapazitäten, (2) der Umorientierung des Zuckerabsatzes durch stärkere Ausrichtung auf Nord- und Südamerika sowie (3) in dem Versuch, die bisherigen AKP-Vergünstigungen der EU auch künftig gewährt zu bekommen (M 9).

Ziele der Guyana Sugar Corporation

Der bisher geringe **Mechanisierungsgrad** beim Ernteprozess lässt eine deutliche Kostensenkung durch Steigerung der Voll- und Teilmechanisierung auf 47 bzw. 53 % zu; durch den hierdurch möglichen Wegfall von 15 000 Arbeitsplätzen ergibt sich eine deutliche Kostenersparnis. Allerdings trifft dies die vor allem in der Küstenzone vom Zucker abhängige Bevölkerung hart, fehlen bisher doch echte Arbeitsplatzalternativen. Hingegen steigern Modernisierung und Ausbau von Zuckerfabriken die Effektivität, lassen sich durch kürzere Transportwege im **Binnenmarkt** Kosten sparen.

Arbeitsplatzverluste durch Mechanisierung

In jedem Fall wird die bisher lückenhafte **Wertschöpfungskette** geschlossen, die eine vollständige Aufbereitung des geernteten Zuckers zu raffiniertem Zucker im eigenen Land erlaubt und damit dessen umfangreichen und kostspieligen Reimport überflüssig macht. Bei einem Weltmarktpreis für raffinierten Zucker, der 10 – 20 % über dem von Rohzucker liegt, ergibt sich auch hier eine Produktionskostensenkung bzw. ein höherer Gewinn (M 8).

Schließung der Wertschöpfungskette

Ohne diese vielfältigen Kostensenkungsmaßnahmen hätte der guyanische Zucker auf dem Weltmarkt keine Absatzchancen mehr, zumal die USA als gewünschter starker Handels- und Absatzpartner bereits 2005 mit 355 €/t weniger bezahlten als der guyanische Zucker damals mit 380 €/t kostete. Auch die EU hat angekündigt, ab 2010 nur noch 336 €/t zahlen zu wollen (M 8).

Erschließung neuer Absatzmärkte problematisch

Die zweite Zielsetzung muss folglich kritisch gesehen werden: Beide Handelspartner wiesen 2005 selbst eine deutliche Zuckerrübenproduktion auf, und so dürfte es für Guyana kaum möglich sein, trotz denkbarer Produktionskostenersparnis einen für die USA oder die EU attraktiven Einfuhrpreis anzubieten. Die Perspektive Südamerika kann anhand der Materialien nicht bewertet werden.

Diversifizierungsprozess notwendig

Hinsichtlich des dritten Ziels, weiterhin Sonderkonditionen aushandeln zu wollen, ist ebenfalls kein Optimismus angebracht, befindet sich doch der eigene **Agrarmarkt** dieser Staaten und Staatengruppen unter enormem Konkurrenz- und Preisdruck. Ohne ein überstaatliches Eingreifen, z. B. der WTO, dürfte die guyanische Zuckersituation sehr schwierig bleiben. Folglich ist das Land gut beraten, seinen **Diversifizierungsprozess** hinsichtlich seiner Exportstruktur weiter fortzusetzen, was seit 1994 in Teilen bereits geschehen ist (M 7).

Leistungskurs Geographie (NRW) – Abiturprüfung 2011
Aufgabe 1

Thema
Raumentwicklung durch interregionalen Wassertransfer? –
Das Beispiel des geplanten Ebro-Projekts in Ost-Spanien

Aufgabenstellung Punkte

1. Beschreiben Sie die klimatischen und hydrologischen Verhältnisse in der Osthälfte Spaniens. 19
2. Erläutern Sie vor diesem Hintergrund sowie den Schätzungen zum zukünftigen Wasserbedarf das geplante Ebro-Projekt und dessen wirtschaftliche Zielsetzungen. 30
3. Nehmen Sie kritisch zum Ebro-Projekt Stellung. 31

Zugelassene Hilfsmittel
- der an der Schule in der Qualifikationsphase überwiegend verwendete Atlas, in einer für alle Prüflinge gleichen Auflage
- Wörterbuch zur deutschen Rechtschreibung
- Taschenrechner

Materialgrundlage

M 1 Atlaskarten nach Wahl

M 2 Jahresniederschlag in Spanien (siehe Farbabbildung F-10)

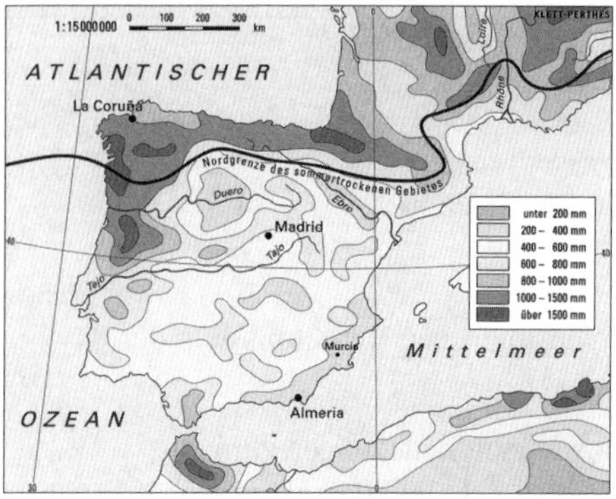

	J	F	M	A	M	J	J	A	S	O	N	D	Jahr
Santander	**68 m NN**												
T °C	9	9	12	12	14	17	19	19	18	15	12	10	14
N mm	119	89	74	82	88	66	59	84	114	134	134	155	1 198
Tortosa	**44 m NN**												
T °C	9	11	13	15	18	22	25	25	23	18	13	10	17
N mm	29	26	40	45	68	47	20	38	84	72	43	53	565
Murcia	**44 m NN**												
T °C	10	11	14	16	19	24	26	26	24	19	14	11	18
N mm	24	18	23	43	39	10	1	8	30	45	26	37	304
Almeria	**7 m NN**												
T °C	12	12	14	16	18	22	25	25	23	19	16	13	18
N mm	31	21	20	28	17	4	< 1	5	16	26	27	36	232

Quellen:
Haak Weltatlas 2008, Klett-Perthes Stuttgart, Seite 103;
Müller, Manfred J.: Handbuch ausgewählter Klimastationen der Erde. 2., verb. Auflage. Trier: Forschungsstelle Bodenerosion der Universität Trier 1979, S. 78 – 84

M 3 Wasserbilanz der Iberischen Halbinsel (siehe Farbabbildung F-11)

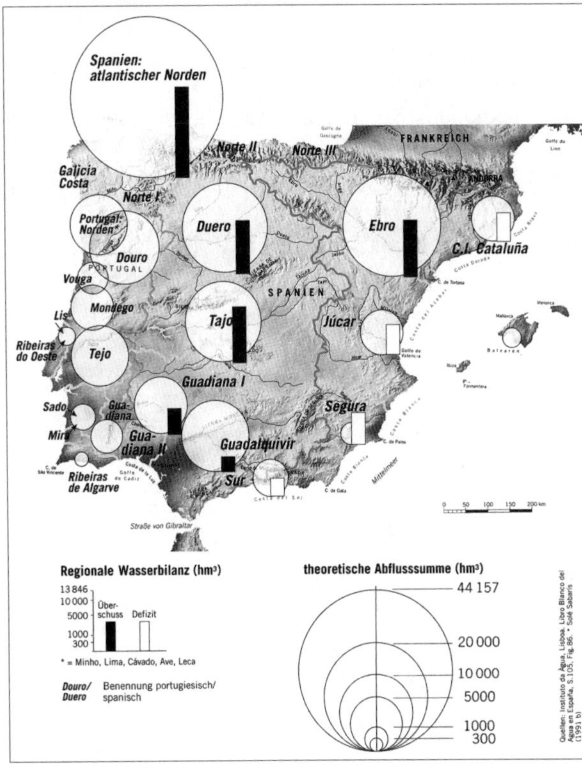

Anmerkung: 1 hm^3 = 1 Kubikhektometer = 1 Mrd. Liter (entsprechend dem Rauminhalt eines Würfels mit einer Kantenlänge von 100 m)

Quelle: Breuer, Toni: Iberische Halbinsel, WBG Darmstadt 2008, S. 62

M 4 Wasserwirtschaftliche Daten Spaniens (2000)

- rechnerischer Wasserverbrauch: 1 037 m^3/Person/Jahr (Italien: 975, Griechenland: 826, Portugal: 735)
- Wasserverluste durch schadhafte Leitungen: 20–50 %
- Wasserzähler in Haushalten: häufig fehlend
- vorherrschende Bewässerungsmethoden: Sprenkler- und Überflutungsbewässerung
- künstliche Bewässerung auf 3 Mio. ha Land (= 13,4 % der landwirtschaftlichen Nutzfläche)
- Beitrag der Bewässerungslandwirtschaft zum spanischen BIP: 1,25 %

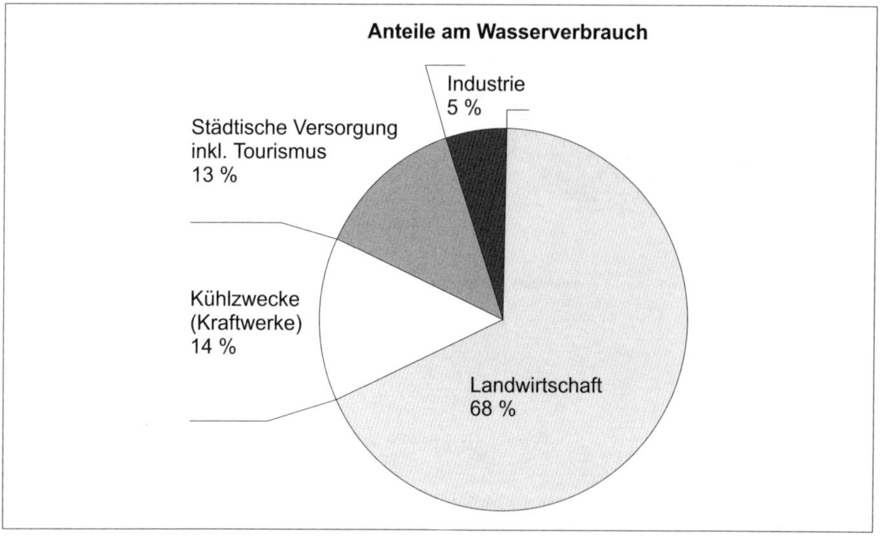

Quellen: Ministerio del Medio Ambiente: Libro blanco del agua en Espana 200b; S. 332
Braun, Vera: Europäische und spanische Tourismuspolitik – dargestellt am Beispiel Andalusien. München: GRIN-Verlag 2006, S. 32
Eurostat; UN World Water Day

M 5 Das Ebro-Projekt (Planung)

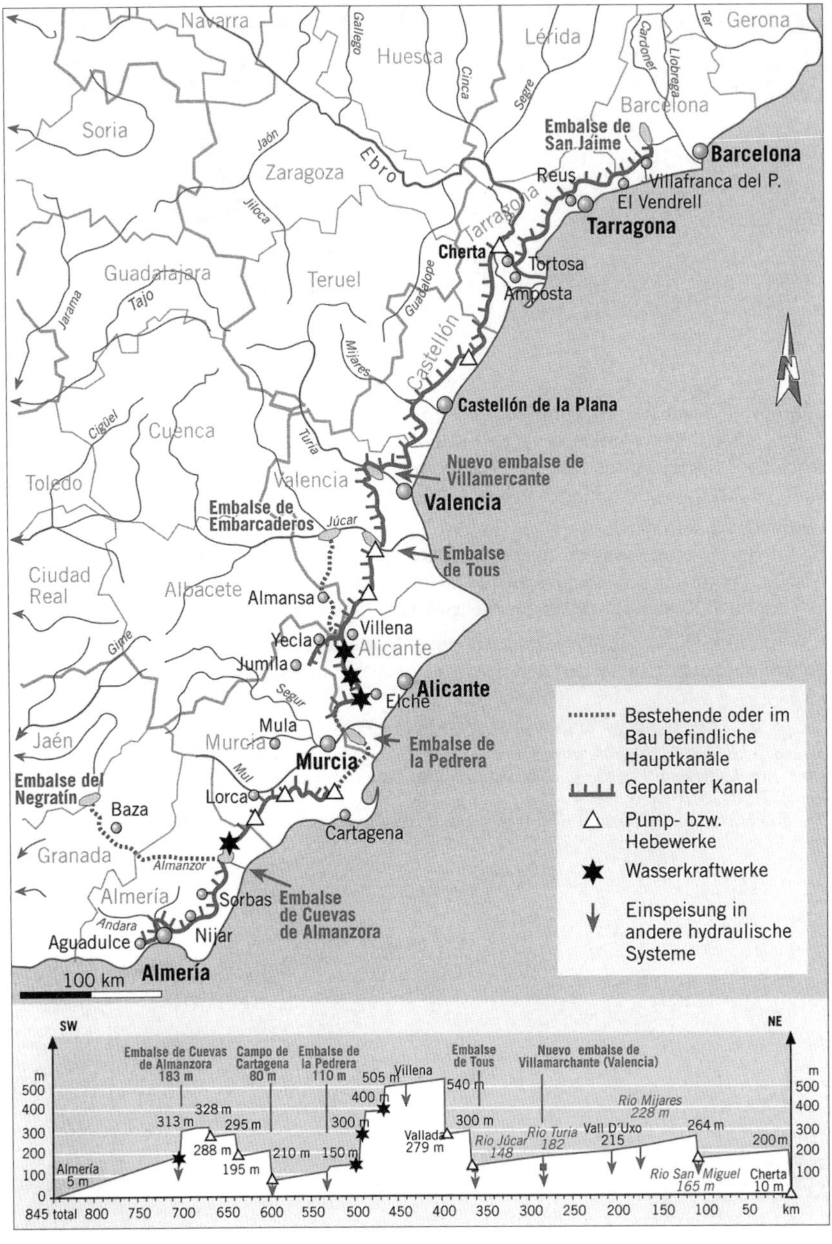

Anmerkung:

Embalse = Stausee;
insgesamt 889 Einzelprojekte (Stauseen, offene Kanäle, Pipelines, Pumpstationen);
5 % Verdunstungsverluste

- Das Ebroprojekt wurde 2001 vom spanischen Parlament verabschiedet. Es sieht ein jährliches Umleitungsvolumen von 1 050 Kubikhektometern Wasser vor. Offiziell veranschlagte Gesamtkosten 5 Mrd. € (über ein Drittel EU-Fördergelder). Inoffizielle Kostenschätzungen veranschlagen bis zu 24 Mrd. €.
- Preise für Bewässerungswasser lagen um das Jahr 2000 bei 0,12–0,30 €/m³; künftige Preise für Bewässerungswasser: lt. offizieller Regierungsprognose höchstens 0,48 €/m³, inoffizielle Prognosen schätzen bis zu 1,04 €/m³ in Murcia und bis 1,46 €/m³ in Almeria (zum Vergleich: Kosten für entsalztes Meerwasser um 0,60 €/m³).
- 2004: vorläufiger Stopp des Projekts nach einem Regierungswechsel; stattdessen Modernisierung der bestehenden und Errichtung neuer Entsalzungsanlagen.

Quellen:
Breuer, Toni: Iberische Halbinsel, WBG Darmstadt 2008, S. 72
http://www.br-online.de/bildung/databrd/lab06.htm/lab6fl.htm (Zugriff 04. 05. 2008);
http://www.3sat.de/dynamic/sitegen/bin/sitegen.php?tab=2&source=/boerse/hintergrund/126543/index.html (Zugriff 20. 04. 2010);
WWF Position Paper: Seven reasons why WWF opposes the Spanish National Hydrological Plan […], o. O. 2002, S. 4 u. ö.

M 6 Der Ebro: grundlegende Informationen

Länge	928 km
Einzugsgebiet	86 000 km^2 (Gesamtfläche Spaniens: 504 788 km^2)
Abflussmenge und Abflussmerkmale	Bei Tortosa 19 340 hm^3/Jahr, an der Mündung 16 241 hm^3/Jahr; im Oberlauf vom Niederschlag, im Unterlauf auch von der Schneeschmelze in den Pyrenäen abhängig; in dieser Zeit bis zur 17-fachen Wassermenge im Vergleich mit der mittleren Wasserführung
Nutzung	• Elektrizitätsgewinnung im Oberlauf • künstliche Bewässerung von rd. 13 000 ha im Mittellauf • rd. 175 Stauseen mit insgesamt etwa 6 572 hm^3 Fassungsvermögen • im 325 km^2 großen Delta Nassreisanbau auf rd. 230 km^2; Ökotourismus, v. a. Angeln und Vogelbeobachtung: 300 Wasservogel-, seltene Amphibien- und Fischarten; 80 km^2 großer Naturpark
Brauchwasserverwendung	Landwirtschaft 91,6 % Industrie 4,4 % private Haushalte 4,0 %
Zukunftsperspektiven	seit 1980 als Folge des Klimawandels und des steigenden Bedarfs der regionalen Landwirtschaft nur in jedem vierten Jahr die zum Erhalt des Deltas notwendige Wasserführung; bei Fortschreibung des Trends im Klimawandel bis 2040: Rückgang der Wasserführung um weitere 19 %

Quellen: eigene Zusammenstellung, v. a. nach:
Jopp, Werner; Hanle, Adolf: Europa. Bd. 1. Mannheim; Zürich: Bibliographisches Institut Meyer 1971, S. 289 f.;
Matuschak, Bernhard: Ein Strom wird zum Rinnsal. In: Wiener Zeitung vom 28. 03. 2003 (online unter: http://www.wienerzeitung.at/Desktopdefault.aspx?TabID=3946&Alias=wzolexikon=.../ (Zugriff 12. 03. 2010)

M 7 Provinz Murcia: Entwicklung der Bewässerungsflächen und landwirtschaftliche Produktion

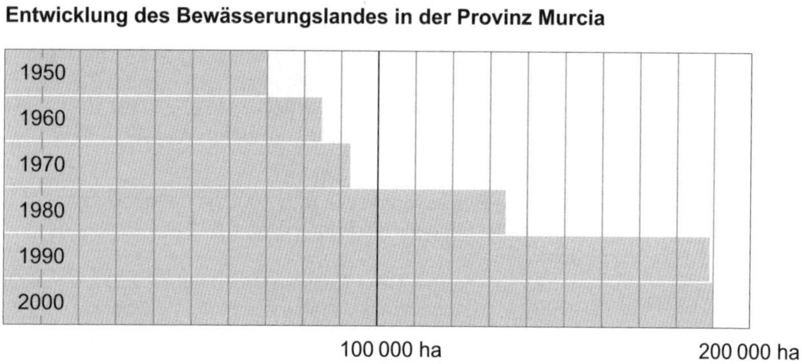

Aktuell: offiziell unter 180 000 ha, nach Schätzungen tatsächlich wohl über 200 000 ha: in einigen Gemeinden bis zu 70 % illegal, da die bewässerte Fläche der Provinz seit 1985 nicht mehr ausgeweitet werden darf; Halbierung des Wasserbedarfs durch verbesserte Bewässerungsmethoden seit 1960 auf heute 7 000 m^3/ha/ Jahr; in etwa einem Viertel der Provinz und auch in Küstennähe flächenhafte Absenkung des Grundwasserspiegels

Produktion: Auf 2,2 % der Landwirtschaftsfläche werden fast 20 % der spanischen Exportmenge an Obst und Gemüse unter Verwendung der zweieinhalbfachen Wassermenge produziert, über die die Provinz verfügt – dank eines Kanals, der seit 1978 Wasser aus dem Tajo dem Sugura zuführt; wirtschaftlicher Ertrag: größer als der Gesamterlös des Trockenfeldbaus der Provinz; 5,5-facher Ertrag eines Hektars unter Bewässerung im Vergleich mit Trockenfeldbau (meist Anbau von Oliven und Mandeln)

Quellen:
Haack Weltatlas, Gotha: Klett-Perthes Verlag 2007, S. 103;
http://www2.tu-berlin.de/fb7/ile/fg_wasserkult/Fachgebiet/PJ/Spanien/22/... (Zugriff 09. 07. 2008);
http://www.carm.des/econet/anuario/actual/anuario_tomoI_5.html (Zugriff 26. 04. 2010)

M 8 Entwicklung der Anbauflächen in der Region Andalusien

2000		2005		2009	
nicht bewässert (ha)	bewässert (ha)	nicht bewässert (ha)	bewässert (ha)	nicht bewässert (ha)	bewässert (ha)
2 653 824	872 114	2 377 104	926 389	2 671 215	935 248*

* Schwerpunkte der Bewässerungslandwirtschaft liegen in den Provinzen:
- Jaen: Produktion rd. eines Fünftels der Welt-Olivenerzeugung in überwiegend bewässerten Monokulturen: Wasserverbrauch ca. 300 Mio. m^3/Jahr
- Huelva: zweitgrößte Anbauregion der Welt für Erdbeeren; Wasserverbrauch: rd. 3 500 m^3/ha/Jahr
- Almeria: Produktion von etwa 75 % der spanischen Gemüseexporte; Anbau überwiegend in Foliengewächshäusern; hier Wasserverbrauch bis zu 5 000 m^3/ha/Jahr

Quellen:
Breuer, Toni: Iberische Halbinsel. Darmstadt: Wissenschaftliche Buchgesellschaft 2008, S. 90
http://www.juntadeandalucia.es/agriculturaypesca [mit weiterführenden Links] (Zugriff 20. 04. 2010);
http://assets.panda.org/downloads/olivefarmingde.pdf;
http://www.sueddeutsche.de/wissen/andalusien-erdbeeren-aus-der-wueste-1.911034;
http://www.tagesspiegel.de/zeitung/suendenfall-im-erdbeerparadies/812534.html;
http://www.mapa.es/estadistica/pags/encuestacultivos/boletin2009.pdf (Zugriff 14. 02. 2011)

M 9 Barcelona: Trinkwasserversorgung

Herkunft	93,5 % aus den Stauseen der Pyrenäen-Flüsse Ter und Llobregat; 6,5 % aus Grundwasser	
Durchschnittsverbrauch	130 l/Person/Tag im Haushalt (BRD: 128 l)	
Verbraucherpreise	etwa die Hälfte des in mitteleuropäischen Städten üblichen Preises	
Versorgungssicherheit	fünf Wassernotstände seit 1990; „Jahrhundertdürre" im Frühjahr 2008: Trinkwasserversorgung der Einwohner durch Tankschiffe	
Grundlagen einer Bedarfsprognose für den Raum Barcelona (für 2025)	• Bevölkerungswachstum	+11 %
	• Anstieg des täglichen Durchschnittsverbrauchs je Person	+17 %
	• Häuser mit Gärten und Pools	Zunahme
	• industrielle Produktion*	Wachstum
	• Verringerung der bisherigen Ressourcen durch Verschmutzung	–35 %

* Katalonien mit der Hauptstadt Barcelona ist bereits heute mit einem Anteil von über 20 % aller spanischen Industriebeschäftigten **das** Industriezentrum des Landes.

Eigene Zusammenstellung nach: Machold, Petra: Verbrauchsorientierte Abrechnung von Wasser als Water-Demand-Management-Strategie. Eine Analyse anhand eines Vergleichs zwischen Wien und Barcelona. Wien: Institut für interdisziplinäre Studien an Österreichischen Universitäten 2005, passim

M 10 Touristische Eckdaten

Spanien 2008	Touristen	Einnahmen	BIP-Anteil	Beschäftigungsanteil
	57,2 Mio.	41,9 Mrd. €	3,8 % direkt, ca. 6 % Sekundäreffekte	ca. 10 %

Regionale Differenzierung des Hoteltourismus auf dem spanischen Festland 2002*:

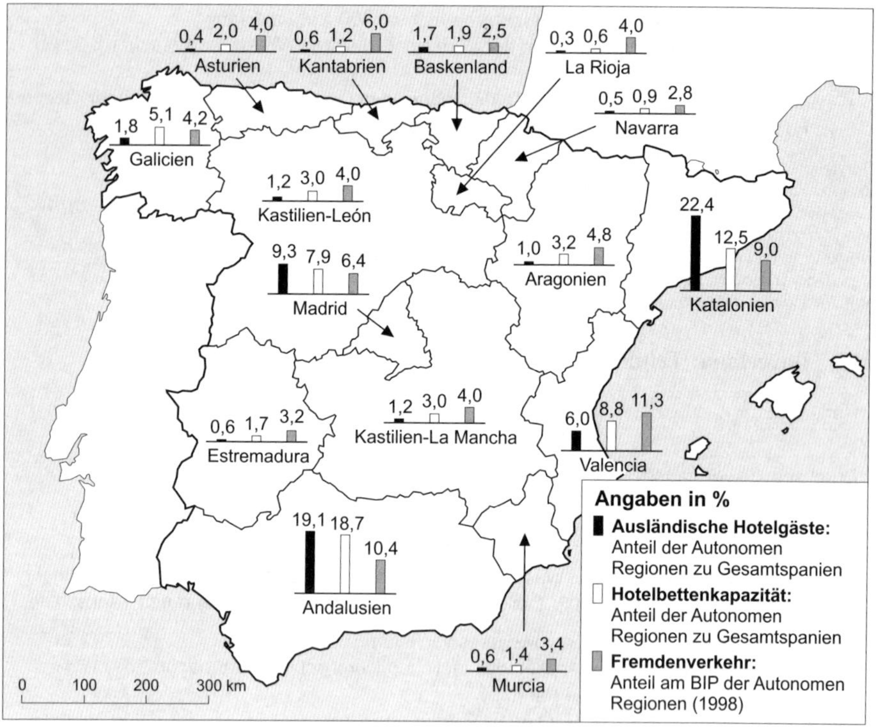

* zzgl. Übernachtungen auf Campingplätzen und in Zweitwohnsitzen; in beiden Fällen hohe Kapazitäten an der gesamten Mittelmeerküste; Wasserverbrauch in Zweitwohnsitzanlagen bis zu 100 % über dem gewachsener Orte – als Folge von Pools, Grünanlagen etc. sowie von Golfplätzen: Golfplätze in Spanien: zurzeit fast 300, weitere 300 geplant oder im Bau, v. a. im Süden des Landes; Wasserbedarf eines Golfplatzes in Südspanien: 1 hm^3/Jahr (das entspricht dem Verbrauch einer 15 000- bis 20 000-Einwohner-Stadt); Golftouristen in Spanien/Jahr: rd. 800 000; durchschnittlicher täglicher Wasserverbrauch eines Gastes auf einem Campingplatz 145 l, bis zu 600 l/Gast in einem Luxushotel

Entwicklung der Fremdenübernachtungen in Hotels bis 2008 (2001 = 100)	
Spanien insgesamt	121,9
Andalusien	118,0
Murcia	116,2
Region Valencia/Alicante	123,3
Katalonien	130,8

Quellen: eigene Zusammenstellung, v. a. nach:
Breuer, Toni: Iberische Halbinsel, WBG Darmstadt 2008, S. 137ff. und S. 159 (Alle Grafiken der Karte basieren auf einer Statistik der „Übernachtungen in Hotelunterkünften", berücksichtigen also z. B. weder individuelle Ferienappartements noch Camping- oder Jugendherbergsübernachtungen. Übernachtungen in sog. Apart-Hotels sind hingegen erfasst);
http://kups.ub.uni-koeln.de/volltexte/2004/1309/pdf/D.pdf (Zugriff 20. 12. 2009);
http://www.idescat.cat [mit weiterführenden Links] (Zugriff 20. 04. 2010);
http://www.ine.de.es [mit weiterführenden Links] (Zugriff 20 .04. 2010);
http://www.ine.es/prodyser/pubweb/anuarios_mnu.htm (Zugriff 08. 07. 2008);
http://www.traduc.ch/spanien/spanieninfo/zweitwohnsitz-andalusien-zahlen-von-2004 (Zugriff 20. 04. 2010);
http://www.forum.marokko.net/ubbthreads.php?ubb=showflat&Number=82258 (Zugriff 20. 04. 2010)

Die Aufgabe bezieht sich auf die folgenden **inhaltlichen Schwerpunkte:**

- Ursachen und Folgen von Eingriffen in geoökologische Kreisläufe
  - Landwirtschaftliche Intensivierung durch unterschiedliche Bewässerungssysteme in ariden und semiariden Räumen
- Ökologische Prinzipien und zukunftsfähige Maßnahmen in der Industrie, Land-, Forst- oder Fischereiwirtschaft im globalen ökonomischen Zusammenhang
  - Ressourcenproblematik und Alternativen/Grenzen der Tragfähigkeit
- Klima- und Vegetationszonen in ihrer unterschiedlichen Bedeutung für die Entwicklung von Räumen
  - Mechanisierung, Intensivierung und Spezialisierung als Kennzeichen einer industrialisierten Landwirtschaft in der gemäßigten Zone und den Tropen sowie den Subtropen

Lösungsvorschlag

Teilaufgabe 1

Der Operator „beschreiben" ist hier aufgrund der Formulierung der Teilaufgabe dem Anforderungsbereich I zuzuordnen. Sie sollen die Materialaussagen/ Sachverhalte zum Klima und zur Hydrologie Spaniens mit eigenen Worten geordnet und fachsprachlich angemessen wiedergeben (M 1 bis M 3, M 5, M 6).

Klimatische Verhältnisse in Spanien

Die **Jahresniederschläge** in Spanien weisen deutliche Unterschiede auf bezüglich der Lage im Gradnetz und der jeweiligen Topographie. Was die **Lage im Gradnetz** angeht, nehmen die Niederschläge von Norden nach Süden ab. Im Norden und Nordwesten Spaniens können sie über 1 500 mm im Jahr betragen, im Südosten liegen sie zwischen 200 und 400 mm (M 2). Die **Topographie**, das heißt die Lage der Gebirge auf der Iberischen Halbinsel, beeinflusst ebenfalls die Höhe der jeweiligen Jahresniederschläge. So fällt die Niederschlagsmenge hinter dem Küstengebirge im Norden deutlich ab. Der Niederschlag in der Nordmeseta beträgt 200 bis 400 mm, genauso wenig wie in der La Mancha südlich von Madrid sowie im Südosten an der Costa Blanca und der Costa del Sol (M 2, Atlas).

Zunehmende Aridität von Norden nach Süden

Die **Niederschlagsverhältnisse** in Santander im Baskenland an der Nordküste, Tortosa an der Mündung des Ebros ins Mittelmeer, Murcia unweit der Costa Blanca und Almeria an der Costa del Sol unterscheiden sich deutlich (M 1, M 2). In Santander beträgt der Jahresniederschlag fast 1 200 mm, in Tortosa nur noch die Hälfte (565 mm) und in Murcia bzw. in Almeria ein Viertel (304 mm) bzw. ein Fünftel (232 mm) (M 2). Spanien ist somit **im Norden und Nordwesten humid**; **nach Süden und Osten** hin nimmt die **Aridität** deutlich zu.

Südostküste: Winterregengebiet

In den Sommermonaten Juni, Juli und August liegt die Niederschlagsmenge in Murcia bei knapp 20 mm und in Almeria unter 10 mm (M 2). Diese Niederschlagsverteilung im Laufe eines Jahres kennzeichnet die Südostküste um Murcia und Almeria als **Winterregengebiet**.

Hydrologische Verhältnisse in Spanien

Die hydrologischen Verhältnisse werden durch die oben beschriebenen klimatischen Verhältnisse zum großen Teil hervorgerufen. Die **regionale Wasserbilanz** aller nach Osten ins Mittelmeer entwässernden Flüsse ist – bis auf den Ebro – **defizitär**. Der Ebro entspringt im Kantabrischen Gebirge, durchfließt das Ebrobecken in seiner ganzen Länge und mündet in der Nähe von Tortosa ins Mittelmeer (M 3). Die Nordgrenze des sommertrockenen Gebietes unterteilt das Flusseinzugsgebiet des Ebros in zwei hydrologisch unterschiedliche Regionen (M 2). Die Abflussmenge und -merkmale des Ebros sind geprägt durch die das Ebrobecken umrahmenden Gebirge, im Südwesten das Iberische Randgebirge, im Nordwesten das Kantabrische Gebirge und im Norden die Pyrenäen (Atlas). Die Abflussmenge ist im Oberlauf abhängig vom Niederschlag, besonders im Kantabrischen Gebirge, und im Unterlauf auch von der Schneeschmelze in den Pyrenäen. Durch hohe Niederschläge oder Schneeschmelze kommt es zu einem hohen Wasserüberschuss im Vergleich zur mittleren Wasserführung; die Wasserführung schwankt somit im Jahresverlauf. Aufgrund des Klimawandels und des steigenden Wasserbedarfs der Landwirtschaft erhält das Ebro-Delta nur in jedem vierten Jahr die zum Erhalt des Deltas nötige Wassermenge (M 6).

Teilaufgabe 2

Der Operator „erläutern" ist dem Anforderungsbereich II zuzuordnen: Sie sollen Sachzusammenhänge mittels ergänzender Informationen verdeutlichen. In dieser Aufgabe sollen Sie v. a. anhand der Materialien M 5 bis M 10 das Ebro-Projekt und dessen wirtschaftliche Zielsetzungen darstellen.

Das geplante Ebro-Projekt

Der **geplante Kanal des Ebro-Projektes** soll an der Südost- und Ostküste Spaniens von Almeria bis fast nach Barcelona verlaufen und u. a. die Flüsse Segura, Jucar und Ebro hydrologisch verbinden (M 5). Die Maßnahme umfasst rund 900 Einzelprojekte, z. B. den Bau von Stauseen, offenen Kanälen, Pipelines, Pumpstationen und Wasserkraftwerken. Dabei gilt es, Höhenunterschiede von mehr als 500 m zu überwinden (M 5, Atlas).

Hoher Wasserverbrauch pro Kopf

Die Wasserwirtschaft Spaniens ist gekennzeichnet durch einen hohen rechnerischen **Wasserverbrauch pro Kopf der Bevölkerung** im Vergleich zu anderen Staaten in Südeuropa. Dieser hohe Wasserverbrauch wird u. a. durch schadhafte **Leitungen** hervorgerufen. Hinzu kommt, dass die vorherrschenden **Bewässerungsmethoden**, die Sprenkler- und die Überflutungsbewässerung, hohe Verdunstungsraten zur Folge haben (M 4).

Wasserverbrauch überwiegend durch die Landwirtschaft

Mehr als zwei Drittel des verfügbaren Wassers wird von der **Landwirtschaft** Spaniens verbraucht (M 4). Dabei bestehen starke regionale Unterschiede. So wird z. B. das Brauchwasser des Ebros zu mehr als 90 % der Landwirtschaft zugeführt (M 6). Generell wird der überwiegende Teil des Wassers in den ariden Gebieten an der Südost- und Ostküste für die Landwirtschaft verwendet. Dies führt dazu, dass das **Wasser über Hunderte von Kilometern** vom etwas feuchteren und wesentlich dünner besiedelten Inneren des Landes an die Mittelmeerküste – besonders in den Südosten – **transportiert** wird.

Situation in Murcia

Beispielhaft kann der hohe Wasserverbrauch an der Entwicklung der Bewässerungsflächen und der landwirtschaftlichen Produktion in den Provinzen Murcia, Jaen, Huelva und Almeria herausgestellt werden (M 7, M 8). In der **Provinz Murcia** hat sich das **Bewässerungsland** innerhalb von 50 Jahren – von 1950 bis 2000 – von 70 000 ha auf 190 000 ha **fast verdreifacht** (M 7). Schätzungen gehen davon aus, dass zusätzliche Flächen illegal bewässert werden und die tatsächliche Fläche über 200 000 ha beträgt. Durch verbesserte Bewässerungsmethoden – z. B. drip irrigation – hat sich der Wasserbedarf pro Hektar halbiert. In Murcia werden auf 2,2 % der Landwirtschaftsfläche fast 20 % der spanischen Exportmenge an Obst und Gemüse unter Verwendung der 2,5-fachen Wassermenge produziert. Das Wasser wird vom Tajo im Innern Spaniens durch einen Kanal dem Seguro an der Südostküste zugeführt. Die Bewässerung ermöglicht einen 5,5-fach **höheren Ertrag pro Hektar** im Vergleich zum Trockenfeldbau (M 7).

Situation in Jaen, Huelva und Almeria

Ähnlich stellt sich die Situation in den Provinzen **Jaen, Huelva und Almeria** dar, in denen die Bewässerungsflächen ebenfalls zugenommen haben. In Jaen wird ein Fünftel der Welt-Olivenerzeugung in überwiegend bewässerten Monokulturen produziert. In Huelva liegt die zweitgrößte Anbauregion der Welt für Erdbeeren. 75 % des spanischen Gemüseexports stammen aus Almeria (M 8). Der Wasserverbrauch schwankt in den einzelnen Provinzen zwischen 3 500 m^3/ha/Jahr in Huelva, bis zu 5 000 m^3/ha/Jahr in Almeria, bis zu 7 000 m^3/ha/Jahr in Murcia und ca. 300 Mio. m^3/Jahr in Jaen (M 7 und M 8).

Steigender Wasserverbrauch

Der Wasserverbrauch Spaniens wird aber nicht nur wegen der Entwicklung der landwirtschaftlichen Bewässerungsflächen steigen, sondern auch wegen des **Bevölkerungs- und Wirtschaftswachstums** und des Wachstums der spanischen **Tourismusindustrie** (M 9 und M 10).

Auswirkungen auf die Trinkwasserversorgung

Die Auswirkungen auf die **Trinkwasserversorgung** lassen sich am Beispiel **Barcelonas** erklären. Zu mehr als 90 % stammt das Wasser aus den Stauseen der Pyrenäenflüsse. Der Durchschnittsverbrauch liegt bei 130 l/Person/Tag im Haushalt (zum

Vergleich: in Deutschland liegt der Verbrauch bei 128 l). Allerdings liegt der Verbraucherpreis etwa bei der Hälfte des in mitteleuropäischen Städten üblichen Preises. Die Versorgungssicherheit schwankt seit 1990. Seitdem gab es fünf Wassernotstände inklusive der „Jahrhundertdürre" im Jahr 2008, als die Trinkwasserversorgung der Einwohner durch Tankschiffe sichergestellt werden musste.

Verschärfung der Wasserproblematik

Der tägliche „Kampf ums Wasser" wird bis zum Jahr 2025 aufgrund des **Bevölkerungswachstums** (+11 %), des **Anstiegs des täglichen Durchschnittsverbrauchs** je Person (+17 %), der Zunahme der Anzahl der Häuser und Pools, des Wachstums der **industriellen Produktion** und der Verringerung der bisherigen Ressourcen durch **Verschmutzung** (–35 %) deutlich zunehmen (M 9).

Wasserverbrauch durch den Tourismus

Eine weitere Ressourcenverknappung wird das **Wachstum der spanischen Tourismusindustrie** mit sich bringen. Die Entwicklung der Fremdenübernachtungen in Hotels stieg an der Südost- und Ostküste von 2001 bis 2008 um durchschnittlich 20 Punkte. An der Mittelmeerküste liegt der regionale Schwerpunkt des Fremdenverkehrs und der damit verbundenen Hotelbettenkapazität. Diese Entwicklung an sich hat schon einen höheren Wasserverbrauch verursacht, der allerdings durch den tourismusspezifischen Sonderbedarf noch verstärkt wird. So liegt der Wasserverbrauch in Zweitwohnsitzanlagen bis zu 100 % über demjenigen gewachsener Orte, als Folge der Anlage von **Pools und Grünanlagen** sowie von **Golfplätzen**. Der Wasserverbrauch eines Golfplatzes in Südspanien entspricht dem Verbrauch einer 15 000- bis 20 000-Einwohner-Stadt. Der durchschnittliche tägliche Wasserverbrauch eines Gastes auf einem Campingplatz beträgt nur 145 l/ Gast, hingegen derjenige in einem Luxushotel bis zu 600 l/ Gast (M 10).

Ebro-Projekt soll Wasserversorgung sicherstellen

Das Ebro-Projekt soll dazu beitragen, den steigenden Wasserbedarf an der spanischen Südostküste zu decken und die wirtschaftliche Entwicklung in den Bereichen Landwirtschaft, Industrie und Tourismus sicherzustellen.

Teilaufgabe 3

Der Operator „(kritisch) Stellung nehmen" (AFB III) verlangt unter Abwägung unterschiedlicher Argumente zu einer begründeten Einschätzung eines Sachverhalts/einer Behauptung zu gelangen. In der vorliegenden Aufgabe bedeutet dies, dass Sie die Vor- und Nachteile der möglichen Raumentwicklung durch das geplante Ebro-Projekt vorstellen und gegeneinander abwägen sollen (M 4 bis M 10).

Argumente für die Durchführung des Ebro-Projektes liefern die Bewässerungslandwirtschaft, die Bevölkerungskonzentration im Raum Barcelona und die Tourismusindustrie Spaniens. Die Bewässerung hat es der spanischen **Landwirtschaft** ermöglicht, im großen Maße für den Export zu produzieren. Dazu gehören u. a. Obst (vor allem Erdbeeren), Gemüse und Oliven (M 8). Die **Tourismusindustrie** an der ariden Südost- und Ostküste bedingt einen hohen und potenziell steigenden Wasserverbrauch. Mit Wasser werden Pools gefüllt, Grünanlagen bewässert und Golfplätze beregnet (M 10). Die touristischen Anlagen ziehen nur dann Urlauber an, wenn sie nicht staubig und vertrocknet aussehen.

Wasserbedarf der Bewässerungslandwirtschaft und der Tourismusindustrie

Die spanische Regierung hatte bereits 2004 kritisch zum Ebro-Projekt Stellung genommen, indem sie den **vorläufigen Stopp des Projektes** nach einem Regierungswechsel anordnete und stattdessen auf die Modernisierung bestehender und die Errichtung neuer **Meerwasserentsalzungsanlagen** setzte (M 5). Der Grund hierfür liegt zum einen in den inoffiziellen Prognosen zur Höhe der Preise für Bewässerungswasser. In Murcia sollen die Preise bis zu 1,04 €/m^3 und in Almeria bis 1,46 €/m^3 betragen bei Kosten für entsalztes Meerwasser von nur ca. 0,60 €/m^3 (M 5). Zum anderen liegen die inoffiziellen Kostenschätzungen für das Gesamtprogramm bei bis zu 24 Mrd €. Daraus wird deutlich, wie schwierig die Finanzierung des gesamten Projektes war und ist (M 5).

Entsalzungsanlagen als Alternative

Der erhöhte Wasserverbrauch aus dem Ebro führt zu ökologischen Veränderungen im **Ebrodelta**. Heute ist das Delta Ziel von **Ökotouristen**, die v. a. angeln und Vögel beobachten. Es gibt über 300 verschiedene Wasservogel- sowie seltene Amphibien- und Fischarten in einem 80 km^2 großen Naturpark zu sehen. Im Delta wird auf großen Flächen **Nassreisanbau** betrieben: Hier besteht die Gefahr von Verdunstungsverlusten und Versalzung. Durch eine Vielzahl von Stauseen zur Elektrizitätsgewinnung wurde bereits großräumig in die Natur eingegriffen (M 5, M 6).

Nutzung und Gefährdung des Ebrodeltas

Die Zukunftsperspektiven im Deltabereich sind wenig erfreulich. Seit 1980 enthält das Delta als Folge des Klimawandels und des steigenden Bedarfs der regionalen Landwirtschaft nur in jedem vierten Jahr die zum Erhalt notwendige Wassermenge. Hält der Trend des Klimawandels bis 2040 an, geht die **Wasserführung** um weitere 19 % zurück (M 6).

Zukunftsperspektiven

Der Steigerung der benötigten Wassermengen könnte man allerdings auch durch Maßnahmen zur Senkung des Wasserverbrauchs entgegenwirken. So könnte durch **modernere Bewässe-**

Maßnahmen zur Senkung des Wasserverbrauchs

rungsverfahren, die nicht auf der vorherrschenden Bewässerungsmethode der Sprenkler- und Überflutungsbewässerung beruhen, Wasser eingespart werden (M 4). Dies gilt auch für die **Modernisierung des Wassernetzes**, da 20 – 50 % der Leitungen schadhaft sind (M 4). **Fehlende Wasserzähler** in Haushalten führen zu einem unkontrollierten Verbrauch von Wasser. Hier könnte die Nachfrage durch neue Abrechnungsverfahren gesteuert werden (M 4). Die **Neuausrichtung des Tourismus** weg vom Massentourismus mit seinen negativen Folgen hin zu einem ökologisch ausgerichteten Tourismus würde auch zu einer deutlichen Reduzierung des Wasserverbrauchs führen. Eine Abkehr vom geplanten massiven Ausbau des Golftourismus würde zumindest einem massiven Anstieg des Wasserverbrauchs entgegenwirken (M 10).

Fazit

Ein **Fazit** für oder gegen die Durchführung des Ebro-Projektes lässt sich nicht eindeutig formulieren. Je nach Sichtweise überwiegen die Vorzüge oder Nachteile. Die Vorteile lägen in einer gesicherten Bereitstellung von Wasser für die Industrie, den Tourismus, die Landwirtschaft und die Siedlungen. Gegen das Projekt sprechen die kaum vorauszusehenden ökologischen Schäden, z. B. die Zerstörung des Ebrodeltas.

Leistungskurs Geographie (NRW) – Abiturprüfung 2011
Aufgabe 2

Thema
Transformationsprozesse im Osten Europas – Das Beispiel Györ (Ungarn)

Aufgabenstellung Punkte

1. Lokalisieren Sie Györ und kennzeichnen Sie die Eignung der Stadt als Standort für das zu Beginn der 1990er-Jahre neu angesiedelte Automobilwerk. 24
2. Erläutern Sie die wirtschaftliche Entwicklung der Stadt Györ und des Kreises Györ-Moson-Sopron seit 1980. 32
3. Erörtern Sie die Zukunftsperspektiven des Wirtschaftsstandortes Györ. 24

Zugelassene Hilfsmittel

- der an der Schule in der Qualifikationsphase überwiegend verwendete Atlas, in einer für alle Prüflinge gleichen Auflage
- Wörterbuch zur deutschen Rechtschreibung
- Taschenrechner

Materialgrundlage

M 1 Atlaskarten nach Wahl

M 2 Lage des Kreises Györ-Moson-Sopron

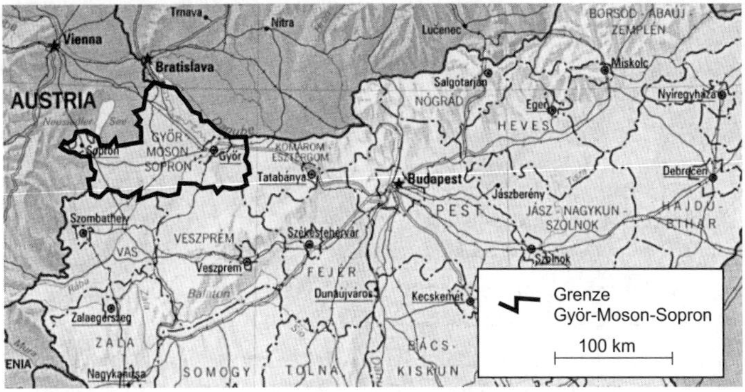

Quelle: http://www.weltkarte.com/europa/ungarn/landkarte-ungarn-reliefkarte.htm (verändert)

M 3 Eckdaten der ungarischen Wirtschaft

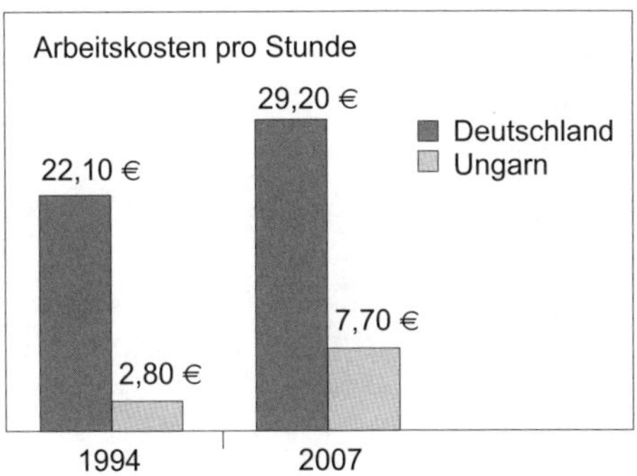

Arbeitsbedingungen

- Einfluss der Gewerkschaften gering
- Arbeitszeit pro Woche: 40 – 48 Std.
- Arbeitstage pro Woche: 7
- Arbeitsstunden/Jahr im verarbeitenden Gewerbe 2006: 2 100 (Deutschland: 1 880)
- An- und Absetzen von Arbeitsschichten kurzfristig möglich (ohne Einwilligung des Betriebsrates)
- Berufsbildungssystem ist mit dem in Deutschland vergleichbar

Eigene Zusammenstellung nach: Daten von Destatis 2008 und Schmid, S.; Grosche, P.: Vom Montagewerk zum Kompetenzzentrum – Der Aufstieg von Audis Tochtergesellschaft im ungarischen Györ. Berlin: Europäische Wirtschaftshochschule 2008, S. 3

M 4 Entwicklungen in Györ 1980/2007

Diercke Weltatlas, 1. Auflage. Braunschweig: Westermann 2008, S. 123.1 (Erläuterungen zu Industrie/Gewerbe S. 104)

Anmerkung:
Bevölkerungszahl 1980: 124 130
Bevölkerungszahl 2007: 126 107

Quelle: Angaben der Referentin für internationale Beziehungen Stadt Györ

M 5 Entwicklung des Automobilstandortes Győr

bis 1989	Produktion von Nutzfahrzeugen durch das Industriekonglomerat Rába
1990 – 1992	Freisetzung von ca. 20 000 Rába-Mitarbeitern nach der Öffnung des ehemaligen Ostblocks
1992	Strategische Neuausrichtung bei Audi (Erweiterung und Erneuerung der Modellpalette): Prüfung von 180 möglichen Standorten für die Errichtung eines neuen Motorenwerks, Entscheidung für Győr: Gesamtinvestitionskosten 30 – 40 % und Produktionskosten 60 % niedriger als in Deutschland
1993	Audi kauft Rába den Rohbau einer 100 000 m² großen Produktionshalle ab. Bekanntgabe der Gründung der Audi Hungaria Motor Kft.
1994	Ungarn befreit Audi Hungaria für fünf Jahre von der Ertrags- und Gewerbesteuer. Das Werksgelände von Audi Hungaria wird zur zollfreien Zone erklärt. Audi beginnt mit der Motorenproduktion, ausschließlich Vierzylinder-Motoren für den Audi A4, Motorenteile werden aus Deutschland geliefert.
1996	Produktionsstart von Zylindergehäusen, Audi beschließt die Produktion der gesamten Motorenpalette in Győr anzusiedeln.
1997	Audi Hungaria übernimmt die Herstellung aller Motorenkomponenten, die das Unternehmen nicht von Zulieferern bezieht.
1998	Start der Fahrzeugmontage mit dem Sportwagen Audi TT
1999	Verlängerung der Steuerbegünstigungen um weitere 5 Jahre
2001	Start der Motorenentwicklung
2004	Audi eröffnet den Győrer Werkzeugbau.
2006	Montage der neuen Modelle Audi TT Coupé und Audi TT Roadster
2007	Montage des Mittelklassewagens Audi A3 Cabriolet, 6 % der Audi-Fahrzeugproduktion finden in Győr statt.
2008	Fertigung von Karosserieteilen für verschiedene Audi-Fahrzeugtypen, Werksgelände von Audi Hungaria auf 1,6 Mio. m² erweitert, Ausfuhren der Audi Hungaria: 9 % des ungarischen Exports; größter Exporteur Ungarns, Audi Hungaria ist zweitgrößtes ungarisches Unternehmen.
1993 – 2008	Audi-Gesamtinvestitionen in Győr: 3,3 Mrd. €, Schaffung von 12 000 Arbeitsplätzen bei Zulieferbetrieben

Eigene Zusammenstellung nach: Schmid, S.; Grosche, P.: Vom Montagewerk zum Kompetenzzentrum – Der Aufstieg von Audis Tochtergesellschaft im ungarischen Győr. Berlin: Europäische Wirtschaftshochschule 2008, S. 10

M 6 Beschäftigte bei Audi

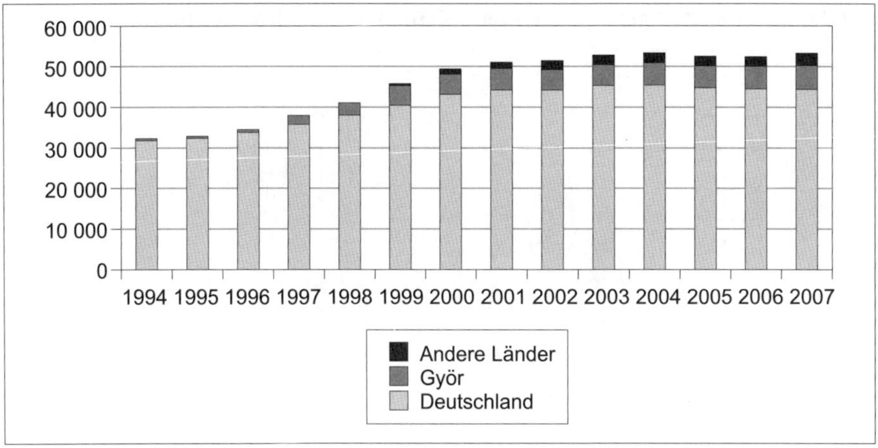

Anmerkung: Audi-Produktionsstandorte in Europa: Ingolstadt (Unternehmenszentrale); Neckarsulm, Brüssel, Györ

Darstellung nach Geschäftsberichten der Audi AG und einer Grafik der Bertelsmann Stiftung; Fundstelle: Schmid, S.; Grosche, P.: Vom Montagewerk zum Kompetenzzentrum – Der Aufstieg von Audis Tochtergesellschaft im ungarischen Györ. Berlin: Europäische Wirtschaftshochschule 2008, S. 22

M 7 Motorenproduktion von Audi Hungaria und Abnehmer (in 1 000)

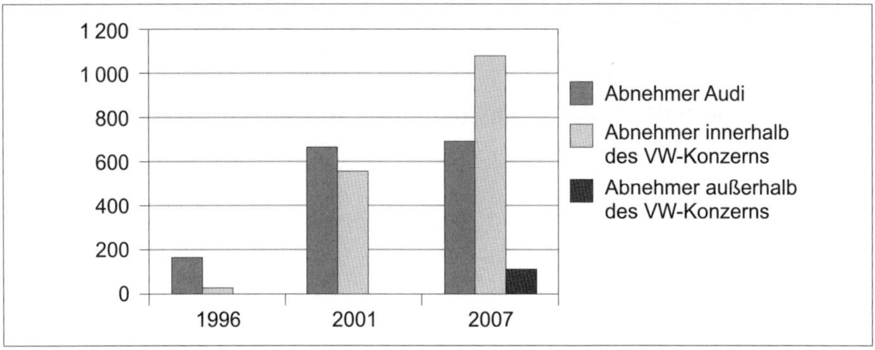

Darstellung nach Geschäftsberichten der Audi AG und einer Grafik der Bertelsmann Stiftung; Fundstelle: Schmid, S.; Grosche, P.: Vom Montagewerk zum Kompetenzzentrum – Der Aufstieg von Audis Tochtergesellschaft im ungarischen Györ. Berlin: Europäische Wirtschaftshochschule 2008, S. 14

M 8 Ökonomische und demographische Daten

BIP/Kopf in KKS 2005 – prozentualer Anteil des EU-Durchschnitts

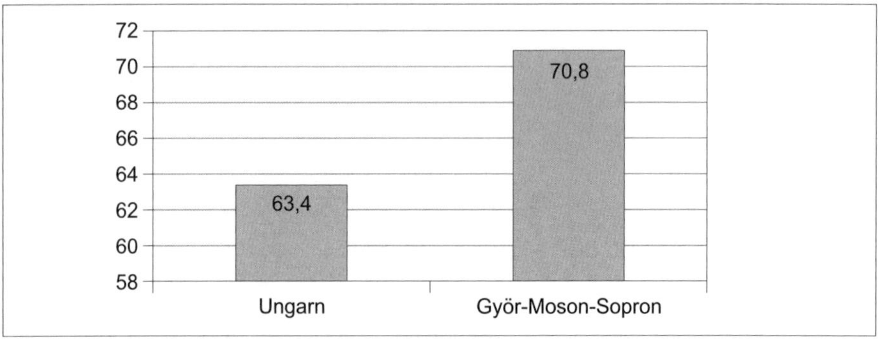

Arbeitslosenquote 2005 in %

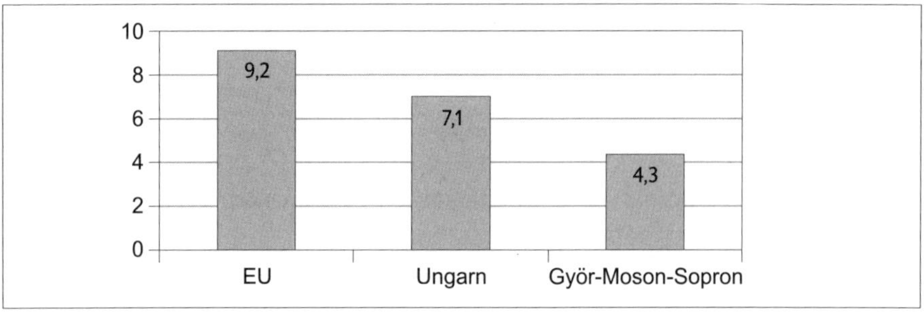

BIP-Wachstum 1995/2004 – durchschnittliche jährliche Veränderung in %

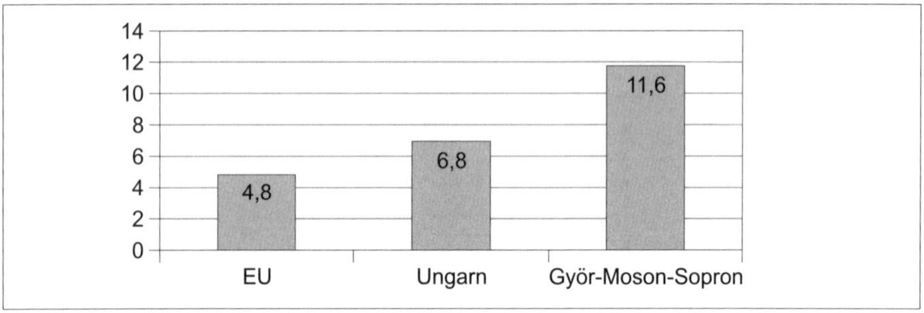

Anmerkung: Der Kaufkraftstandard (KKS) ist eine fiktive Geldeinheit, die Verzerrungen aufgrund von Unterschieden im Preisniveau verschiedener Länder ausschaltet.

Quellen: Darstellung nach Daten von Eurostat

BIP pro Kopf ausgewählter ungarischer Kreise 2006

Indexwerte	
Ungarn	100
Győr-Moson-Sopron	115
Vas	99
Zala	80
Komárom-Esztergom	103
Veszprém	73
Fejér	97

Anmerkung: Die Karte zeigt alle ungarischen Kreise.

Quelle: Ungarisches Zentralamt für Statistik, Budapest. www.ksh.hu

Bevölkerungsentwicklung (Indexwerte)

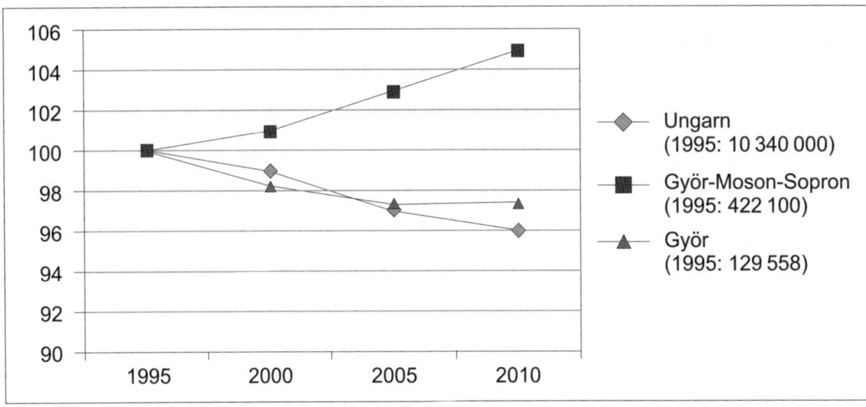

Anmerkung: Zahlen für 2010 sind Prognosen.

Quellen: eigene Zusammenstellung nach:
http://www.citypopulation.de/php/hungary-gyormosonsopron.php (Zugriff 22. 02. 2009);
Orsolya Gyarmathy, Referentin für internationale Beziehungen, Bürgermeisteramt Győr (E-Mail Februar 2009)
http://epp.eurostat.ec.europa.eu/tgm/table.do?tab=table&init=1&language=de&pcode=tps00001&plugin=0

M 9 „Magistrale für Europa“

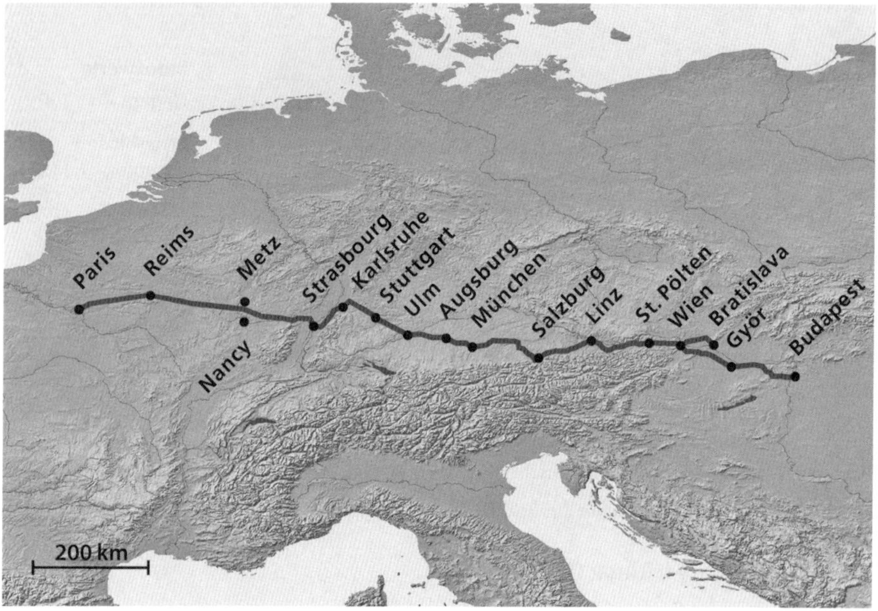

- Transeuropäisches Projekt zur Schaffung einer Eisenbahn-Hochgeschwindigkeitsstrecke
- 2005: Einsatz eines EU-Koordinators zur Projektrealisierung
- 2015: geplante Fertigstellung
- Einzugsgebiet: 34 Mio. Menschen
- Auswirkungen auf Fahrzeiten Györ – München
  ohne Magistrale: 6 Stunden
  mit Magistrale: 4,5 Stunden

Quelle: Initiative Magistrale für Europa (c) 2011

M 10 Centrope – Europa Region Mitte

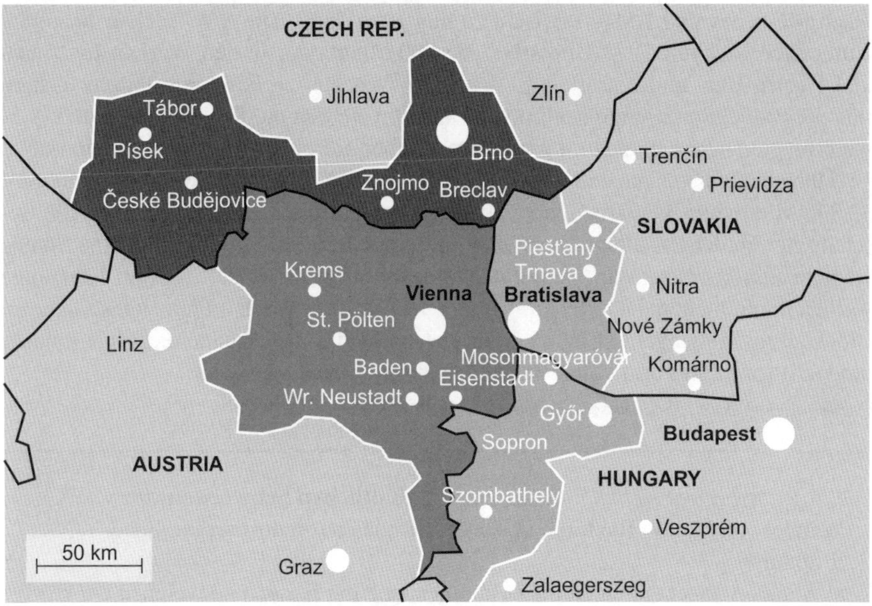

Das 2003 ins Leben gerufene Projekt Centrope verfolgt das Ziel, einen multilateralen, verbindlichen und nachhaltigen Kooperationsrahmen für die Zusammenarbeit von Gebietskörperschaften, Wirtschaft und gesellschaftlichen Einrichtungen zu schaffen. Weiter soll es die zukünftigen grenzüberschreitenden Aktivitäten koordinieren, vernetzen und zusätzlich neue Impulse für die Region Centrope setzen.

Anmerkung: Die einzelnen städtischen Zentren unterscheiden sich hinsichtlich ihrer Bedeutung für das Umland, dies wird durch die Größe der weißen Kreise dargestellt.

Eigene Zusammenstellung nach: www.centrope.info (Zugriff 22. 02. 2009)

M 11 „Die Krise kommt bei Audi an“

Nach Mercedes und BMW erwischt es nun auch Audi: Die VW-Tochter beantragt zum ersten Mal seit 1993 Kurzarbeit. 25 000 Mitarbeiter in den Werken Ingolstadt und Neckarsulm sind betroffen. […] In zwei Wochen zu Fasching und vor Ostern ruht die Produktion in Ingolstadt. In Neckarsulm werden die Schichten verkürzt. […] Audi reagiert wie die anderen großen Autobauer auf einen Rückgang der Verkäufe zu Jahresbeginn um gut ein Viertel. Im Hauptwerk Ingolstadt werden 17 000 der 32 800 Mitarbeiter kurzarbeiten. […] In Neckarsulm werden 8 000 von 13 700 Beschäftigten in der Faschingswoche nicht arbeiten. Hier wird pro Schicht eine Stunde weniger und bis Ostern an mehreren Montagen nicht produziert. 12 500 Fahrzeuge werden damit nicht gebaut. […] Im Motorenwerk Györ werden Freizeitansprüche zu Blöcken zusammengefasst. Vor allem aber wird die ausgehandelte Lohnerhöhung um vier Prozent in Form von zehn bezahlten freien Tagen gewährt.

Quelle: Michael Kuntz; Süddeutsche Zeitung vom 19. 02. 2009

Die Aufgabe bezieht sich auf die folgenden **inhaltlichen Schwerpunkte:**

- Wandel von Standortfaktoren in seiner Wirkung auf industrieräumliche Strukturen
  - Standortentscheidungen im Zusammenhang mit harten und weichen Standortfaktoren
  - Hauptphasen des industriellen Strukturwandels
- Verkehrs- und Kommunikationsnetze in ihrer Bedeutung für die Verflechtung und Gestaltung von Räumen
  - Prinzipien der Standortverlagerung und der Beschaffungslogistik
- Raumbedarf und Tragfähigkeit im Zusammenhang mit demographischen Prozessen
  - Ursachen und Folgen von Wanderungsbewegungen

Lösungsvorschlag

Teilaufgabe 1

Der Operator „lokalisieren“ (Anforderungsbereich I) erfordert die Einordnung des Raumbeispiels Györ in Ihnen bekannte Orientierungsraster. Anschließend sollen Sie gemäß den Anforderungen an den Operator „kennzeichnen“ (AFB II) einen Raum bzw. einen Sachverhalt auf der Grundlage bestimmter Kriterien begründet charakterisieren. Hier sollen Sie aufzeigen, welche Voraussetzungen Györ zu Beginn der 1990er-Jahre als Automobilstandort erfüllte (M 1–M 5).

Geographische Lage

Die Stadt Györ liegt im **Nordwesten Ungarns** im Kreis Györ-Moson-Sopron etwa 120 km von der Hauptstadt Budapest entfernt. Im Norden grenzt der Kreis an die Slowakei, im Westen an Österreich. Der Fluss Donau markiert die nördliche Grenze des Kreises und ein Nebenarm, die Mosoner Donau, fließt durch die Stadt Györ (M 1, M 2).

Beginnende Transformation

Die politische Umbruchsituation in Osteuropa nach 1989 führte zu einer strategischen Neuausrichtung westeuropäischer Automobilkonzerne wie Audi. So wurde Györ 1992 aus 180 möglichen Standorten für ein neues Audi-Motorenwerk ausgewählt (M 5).

Verkehrsgünstige Lage

Für die Ansiedlung eines neuen Automobilwerks bot Györ zahlreiche **Standortvorteile**. Die Stadt liegt verkehrsgünstig in Europa und hat eine gute **Verkehrsinfrastruktur**. Eine in West-Ost-Richtung verlaufende Eisenbahnlinie führt direkt am Automobilwerk vorbei und verbindet den Standort mit den Städten Budapest und Wien und somit mit West- und Osteuropa. Eine weitere Bahnlinie nach Südwesten schafft die Verbindung ins südliche Ungarn bzw. nach Südosteuropa. Die Anbindung an Nationalstraßen, die nach Westen über Sopron nach Wien und nach Osten zur Stadt Budapest führen, stellt eine weitere günstige Verkehrsachse dar. Die Lage an der Mosoner Donau bietet eine weitere Verbindung nach West- und Osteuropa (M 1, M 2, M 4).

Harte Standortfaktoren

Die Tradition Györs als Standort der Automobilindustrie stellt einen bedeutenden **Gunstfaktor** dar. So konnten bereits vorhandene Produktionsstätten sowie das vorhandene Werksgelände für ein neues Automobilwerk genutzt und auf ein vorhandenes Arbeitskräftepotenzial zurückgegriffen werden, da der ungarische Nutzfahrzeughersteller Rába im Zeitraum von 1990–1992 seine Produktion in Györ eingestellt hatte. Darüber hinaus gab es genügend Flächen, um das Werk bei Bedarf zu erweitern (M 4, M 5).

Nicht zuletzt machten günstige **Rahmenbedingungen** den Standort für ein Unternehmen des produzierenden Gewerbes attraktiv. Die wöchentlichen Arbeitszeiten von 40–48 Stunden an sieben Tagen pro Woche sind im Vergleich zu Deutschland höher und machen jährlich einen Unterschied von ca. 200 Arbeitsstunden aus. Die Rechte der Arbeitnehmer sind geringer, da z. B. die Gewerkschaften weniger Einfluss haben und auch die Arbeitsschichten der Beschäftigten flexibel an- und abgesetzt werden können. Finanzielle Vergünstigungen des ungarischen Staates in Form von Steuerbefreiungen boten weitere Anreize. Die Ähnlichkeit des ungarischen und des deutschen Bildungssystems stellt, insbesondere für ein deutsches Unternehmen, einen Vorteil dar (M 3, M 5).

weiche Standortfaktoren

Aufgrund dieser **positiven Standortbedingungen** war Györ zu Beginn der 1990er-Jahre ein vielversprechender Standort für ein neues Automobilwerk.

Fazit: vielversprechender Standort

Teilaufgabe 2

Der Operator „erläutern" (Anforderungsbereich II) verlangt von Ihnen, dass Sie aus dem Material entnehmbare Zusammenhänge verdeutlichen. In dieser Teilaufgabe sollen Sie sowohl die wirtschaftliche Entwicklung der Stadt Györ als auch des Kreises Györ-Moson-Sopron aufzeigen (M 4–M 8).

Bis zur politischen Umstrukturierung in den 1990er-Jahren war der Standort Györ einseitig auf die Automobilindustrie ausgerichtet. Das Rába-Automobilwerk, das sich vom Zentrum der Stadt nach Osten entlang der Bahnlinie erstreckte, nahm den Großteil der Gewerbeflächen der Stadt ein. Durch diese **Monostruktur** waren nach der Öffnung des ehemaligen Ostblocks, im Zuge derer in Györ 20 000 Rába-Mitarbeiter freigesetzt wurden, schwerwiegende strukturelle Probleme vorprogrammiert (M 4).

Strukturelle Probleme

Infolge des politischen Umbruchs durchlief der Industriestandort einen wirtschaftlichen **Transformationsprozess** von der Plan- zur Marktwirtschaft, der mit der Gründung von Audi Hungaria am Standort Györ begann. Bis 2007 gewann Audi immer mehr an Bedeutung für den Industriestandort. Die Anzahl der Beschäftigten stieg bis zum Jahr 2000 stetig an und ist seitdem konstant geblieben. Durch die Ansiedlung von **Zulieferbetrieben** im Umkreis des Automobilstandortes wurden im Zeitraum von 1993–2008 insgesamt 12 000 Arbeitsplätze geschaffen. Die Motorenproduktion nahm ebenfalls zu. Während im Jahr 1996 200 000 Motoren für Audi und den VW-Konzern produziert wurden, waren es im Jahr

Entwicklung des Automobilstandortes

2007 ca. 1,8 Millionen. Insgesamt hat Audi im Zeitraum von 1993–2008 3,3 Mrd. € in Györ investiert und wurde 2008 zum zweitgrößten ungarischen Unternehmen, was die Bedeutung des Unternehmens als Wirtschaftsmotor und Arbeitgeber verdeutlicht (M 5–M 7).

Ausweitung der Produktion

Die positive Entwicklung des Audiwerks Györ ist auf eine zunehmende **Diversifizierung** des Standortes zurückzuführen. Nach der Gründung wurden ausschließlich Motoren produziert, deren Einzelteile in Deutschland hergestellt und nach Györ transportiert wurden. Die Produktionspalette wurde seitdem immer weiter aufgefächert und auch Bereiche der Montage verschiedener Fahrzeugmodelle sowie der Motorenentwicklung nach Györ verlagert. Darüber hinaus werden inzwischen auch Motoren für Abnehmer außerhalb des VW-Konzerns produziert (M 5, M 7).

Räumliche Entwicklung

Die Ansiedlung Audis hatte Einfluss auf die räumliche und wirtschaftliche Entwicklung der Stadt. Die Industrieflächen wurden ausgeweitet und der Automobilstandort selbst wurde im Jahre 2008 auf 1,6 Mio. m^2 erweitert. Als Folge wurden weitere Arbeitsplätze in Zulieferindustrien geschaffen. Darüber hinaus wurde Györ zum Standort der Nahrungs- und Genussmittelindustrie, wodurch zahlreiche Handelsketten, insbesondere westeuropäischer Herkunft, angezogen wurden und in den Standort **investierten**. Die Standorte des Einzelhandels konzentrieren sich auf die ehemalige Fläche der Rába Waggonbau, die somit einen **Nutzungswandel** durchlief, sowie auf ein neu geplantes Gewerbegebiet im Südwesten der Stadt. Im Zuge dieser Entwicklung fand durch den Bau einer Autobahn von Budapest nach Wien, die nordöstlich dieses Gewerbegebietes verläuft, ein weiterer Ausbau der **Verkehrsinfrastruktur** statt (M 4, M 5).

Demographische Entwicklung

Auch die demographische Entwicklung spiegelt den wirtschaftlichen Transformationsprozess wieder. Im Zeitraum von 1995–2005 ist die Bevölkerung in Györ in gleichem Maße zurückgegangen wie in Ungarn insgesamt, was auf eine verstärkte **Abwanderung** im Nachgang des politischen Umbruchs und eine zunächst unsichere wirtschaftliche Lage zurückzuführen ist. Im Gegensatz dazu weist der Kreis Györ-Moson-Sopron im gleichen Zeitraum einen Bevölkerungszuwachs auf. Die Prognose bis 2010 setzt diesen Trend fort. Der Kreis profitiert einerseits von **Stadt-Umland-Wanderungen**, die aus dem Prozess der **Suburbanisierung** resultieren, und andererseits von **Zuwanderungen** aus anderen Kreisen (M 8).

Die Daten verdeutlichen, dass sich die wirtschaftliche Bedeutung Györs positiv auf den Kreis Györ-Moson-Sopron auswirkt. So liegt das BIP pro Kopf im Kreis bei 70,8 % des EU-Durchschnitts, während der prozentuale Anteil des gesamten Landes nur bei 63,4 % liegt. Im Vergleich zu den anderen ungarischen Kreisen zeigt sich, dass das BIP pro Kopf in Györ-Moson-Sopron deutlich über dem der anderen Kreise liegt. Mit Ausnahme vom benachbarten Kreis Komárom-Esztergom liegt dieser Wert in allen anderen ungarischen Regionen unter dem Wert Ungarns, was die Wirtschaftskraft von Györ-Moson-Sopron belegt, aber auch **wirtschaftliche Disparitäten** innerhalb des Landes verdeutlicht. Ein weiterer Indikator hierfür ist die Arbeitslosenquote, die in Györ-Moson-Sopron 2005 4,3 % betrug und somit um 2,8 % niedriger als im gesamten Land war. In der EU war sie mit 9,2 % mehr als doppelt so hoch wie in Györ-Moson-Sopron (M 8).

Wirtschaftliche Bedeutung Györs

Teilaufgabe 3

Der Operator „erörtern" (Anforderungsbereich III) verlangt von Ihnen das begründete Abwägen zwischen Pro und Kontra mit dem Ziel einer abschließenden eigenen Urteilsbildung. In dieser Teilaufgabe wird von Ihnen erwartet, dass Sie beurteilen, ob die Zukunftsperspektiven für den Wirtschaftsstandort Györ eher positiv oder eher negativ einzuschätzen sind; hierbei müssen Sie ökonomische, demographische und politische Gesichtspunkte berücksichtigen (M 2–M 5, M 8–M 11).

Positive Faktoren

Bei der Beantwortung der Frage nach den Zukunftsperspektiven des Wirtschaftsstandortes Györ gilt es, unterschiedliche Aspekte in den Blick zu nehmen. Die wirtschaftliche Entwicklung des Standortes nach der Ansiedlung des Audiwerkes ist als **übergeordneter Gunstfaktor** zunächst positiv zu bewerten (M 5). Die einseitige Ausrichtung des Industriestandortes vor 1989 wurde durch eine zunehmende Diversifizierung des Wirtschaftsstandortes aufgebrochen. Diese ist einerseits gekennzeichnet durch die Auffächerung der Produktionspalette innerhalb des Audi-Konzerns sowie andererseits durch die Ansiedlung der Nahrungsmittelindustrie, sodass die Krisenanfälligkeit des Standortes verringert werden konnte. Die Ansiedlung des Einzelhandels ist auf den ersten Blick ebenfalls positiv zu bewerten, da die **Auslandsinvestitionen** den Wirtschaftsstandort Györ stärken (M 4).

Weitere Verbesserung der Lagebeziehungen

Die Lage Györs an der Grenze zu Westeuropa ist ein weiterer positiver Aspekt. Die wirtschaftliche Entwicklung hatte einen weiteren Ausbau der Verkehrsinfrastruktur zur Folge. Der Bau der

Magistrale für Europa unterstreicht dies auch in überregionaler Hinsicht. Im Rahmen dieses transeuropäischen Projektes soll Györ nach der Fertigstellung 2015 an einer Eisenbahn-Hochgeschwindigkeitsstrecke liegen, die von Budapest nach Paris führt (M 9). Des Weiteren zählt der Kreis Györ-Moson-Sopron zum Projekt *Centrope,* durch das ein nachhaltiger Kooperationsrahmen für die Zusammenarbeit von Gebietskörperschaften und gesellschaftlichen Einrichtungen geschaffen werden soll. Die Stadt Györ stellt hierbei innerhalb des Hauptstadtdreiecks Wien, Bratislava und Budapest ein bedeutendes städtisches Zentrum dar (M 10). Beide Projekte sind europapolitische Maßnahmen, die dazu beitragen, den Standort Györ weiter zu stärken und zukunftsfähig zu machen.

Krisenanfälligkeit

Bei genauerem Hinsehen müssen die beschriebenen positiven Aspekte relativiert werden. Trotz der Diversifizierung ist der Automobilsektor nach wie vor dominant, sodass sich eine Krise in dieser Branche nachteilig auswirkt. So muss der Audi-Konzern in einer globalisierten Wirtschaft bei sinkenden Absatzzahlen, wie im Zuge der Wirtschaftskrise 2009, mit Kürzungen, z. B. in Form von Kurzarbeit oder Rücknahme von Lohnerhöhungen, reagieren (M 11). Dies wirkt sich auch auf die Zulieferbetriebe aus, deren Beschäftigte ebenso mit Einschränkungen rechnen müssen.

Mögliche Konsequenzen

Durch geringere Löhne sinkt die Kaufkraft der Bevölkerung, sodass negative Folgen für den Einzelhandelsstandort Györ möglich wären. Die Tatsache, dass sich vor allem ausländische Unternehmen angesiedelt haben, kann sich nachteilig auswirken. Sollten die Umsatzzahlen zurückgehen, ist eine Verlagerung der Standorte in rentablere Regionen wahrscheinlich. Auf diese Weise würde der Wirtschaftsstandort Györ langfristig geschwächt.

Probleme der Regionalplanung

Auch die politischen Maßnahmen sind nicht nur positiv zu bewerten. Es fällt auf, dass durch beide Projekte nur der Westen Ungarns einbezogen und so enger an Westeuropa angebunden wird, während der östliche Teil unberücksichtigt bleibt. Dies verstärkt sowohl die **wirtschaftlichen Disparitäten**, die innerhalb Ungarns bestehen (M 8), als auch diejenigen innerhalb Europas.

Lösungsvorschläge

Da diese sich bereits auf die demographische Entwicklung des Landes auswirken, muss durch eine gezielte **Strukturpolitik** dafür gesorgt werden, dass die anderen Regionen Ungarns nicht noch rückständiger werden. Der Bevölkerungsabnahme in der Stadt Györ kann z. B. durch nachhaltige Stadtumbaukonzepte, die die Stadt auch als Wohnort attraktiv machen, Einhalt geboten werden.

Als Fazit lässt sich feststellen, dass der **Wirtschaftsstandort** Györ **zukunftsfähig** ist, wenn es gelingt, ihn weiterzuentwickeln sowie Standortvorteile, auch für andere Branchen, auszubauen und so eine größere Diversifizierung zu erreichen. Eine traditionelle Industrie wie die Automobilbranche ist zwar krisenanfällig, stellt jedoch noch immer eine feste Größe im produzierenden Sektor dar. Auf dieser Grundlage können die Projekte *Magistrale für Europa* und *Centrope* zum Ausbau eines wirtschaftlich attraktiven und im Prozess der Globalisierung wettbewerbsfähigen Standortes beitragen und Unternehmen langfristig binden. Fazit

Leistungskurs Geographie (NRW) – Abiturprüfung 2011
Aufgabe 3

Thema
Entwicklung eines geplanten Stadtteils – Das Beispiel Freiburg-Vauban

Aufgabenstellung	Punkte
1. Beschreiben Sie die demographische Entwicklung der Stadt Freiburg seit 1980.	18
2. Kennzeichnen Sie vor dem Hintergrund stadtplanerischer Maßnahmen Lage, Entwicklung und Strukturen des Freiburger Stadtteils Vauban.	34
3. Erörtern Sie die Entwicklung des Freiburger Stadtteils Vauban mit Bezug auf städtebauliche Leitbilder.	28

Zugelassene Hilfsmittel
- der an der Schule in der Qualifikationsphase überwiegend verwendete Atlas, in einer für alle Prüflinge gleichen Auflage
- Wörterbuch zur deutschen Rechtschreibung
- Taschenrechner

Materialgrundlage

M 1 Atlaskarten nach Wahl

M 2 Freiburg – demographische Entwicklung

Die Altersgruppen und ihre Veränderung 2008 gegenüber 1980 in Freiburg (jeweils 01. 01. des Jahres)

Altersgruppen von ... bis unter ... Jahren	**Altersgruppen**					
	1980		**2008**		**1980–2008**	
	abs.	**%**	**abs.**	**%**	**abs.**	**%**
unter 6	8 207	4,7	11 376	5,6	3 169	38,6
6–15	17 352	9,9	15 978	7,9	–1 374	–7,9
15–18	7 407	4,2	5 341	2,7	–2 066	–27,9
18–45	79 651	45,7	88 490	44,0	8 839	11,1
45–65	33 974	19,5	46 204	23,0	12 230	36,0
65 und älter	27 949	16,0	33 701	16,8	5 752	20,6
insgesamt	**174 540**	**100,0**	**201 090**	**100,0**	**26 550**	**15,2**

Salden der natürlichen Bevölkerungsbewegung und der Wanderungsbewegung zwischen 1995 und 2007 in Freiburg

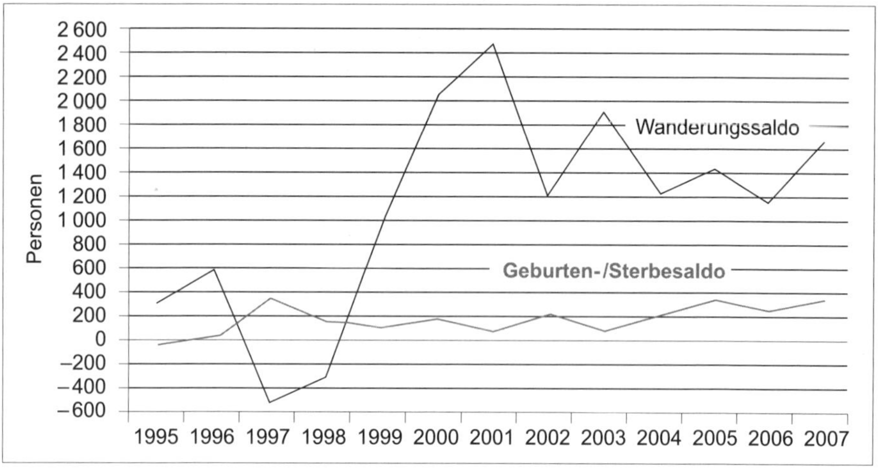

Anmerkung:
In Freiburg leben ca. 30 000 Studierende.

Quelle: Stadt Freiburg (Hrsg.): Statistisches Jahrbuch 2008. Freiburg 2008, S. 2–50

M 3 Freiburg-Vauban – Daten der Stadtteilentwicklung

1945–1992	Kasernengelände (Vauban-Kaserne, französisch)
1993	Beginn der Entwicklungsmaßnahme zur Neugestaltung des Stadtteils
1994	Städtebaulicher Ideenwettbewerb
1996	Offenlegung des Bebauungsplans, Beginn der Grundstücksvermarktung im ersten Bauabschnitt
1997	Geländesanierung und Erschließung, Bebauungsplan rechtskräftig
1998	Baubeginn der ersten privaten Bauleute, Einzug der ersten Bewohner, Vermarktung des zweiten Bauabschnitts, Projektstart für die Quartiersarbeit zum sozialen und kulturellen Aufbau im Stadtteil
2002	Zweiter Bauabschnitt nahezu vollständig bezogen. Der ganze Stadtteil wird zu 100 % von einem Holz-Heizkraftwerk mit Wärme und zu ca. 15 % mit regenerativem Strom versorgt.
2003	Geländesanierung und Erschließung des dritten Bauabschnitts
2006	Abschluss der Entwicklungsmaßnahme

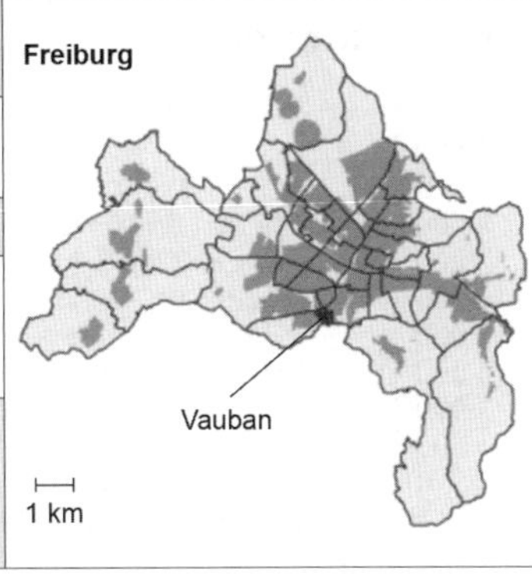

Quelle: Forum Vauban (Hrsg.): Umsetzungsbegleitung des Verkehrskonzeptes im Stadtteil Freiburg-Vauban. Freiburg 2003, S. 41

M 4 Freiburg-Vauban – Luftbilder

1992

2006

Quelle: © Stadt Freiburg; http://www.freiburg.de/servlet/PB/menu/1167568_l1/index.html (Zugriff 26.03.2009)

M 5 Freiburg-Vauban – demographische Entwicklung

Einwohnerzahlen

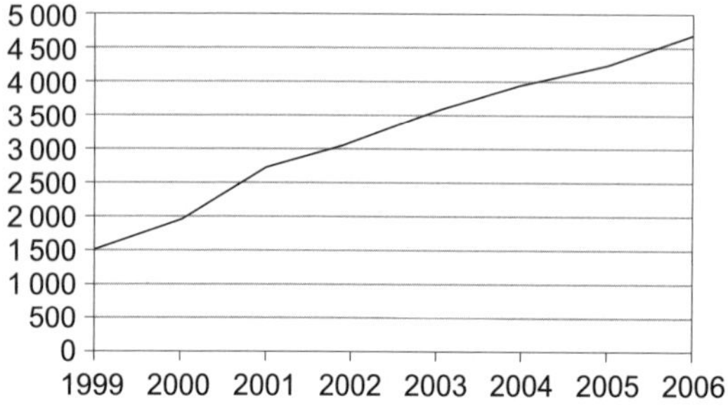

Altersstruktur 2007 (Anteile in %)

	Vauban
unter 18	35,3
18–45	47,7
45–65	15,5
über 65	1,5

Quelle: Stadt Freiburg (Hrsg.): Statistischer Infodienst – Die Neubaugebiete Rieselfeld und Vauban. Freiburg 2007, S. 2–4

M 6 Strukturmerkmale des Freiburger Stadtteils Vauban 2007

Personen pro Haushalt (Anteile in %)

	1	2	3	4	5 und mehr
Vauban	41,4	20,4	14,2	16,9	7,1
Freiburg	53,1	25,1	10,7	7,7	3,4

Einwohner je ha besiedelter Fläche

Vauban	120,7
Freiburg	48,1

Bewohner nach ihrer Herkunft

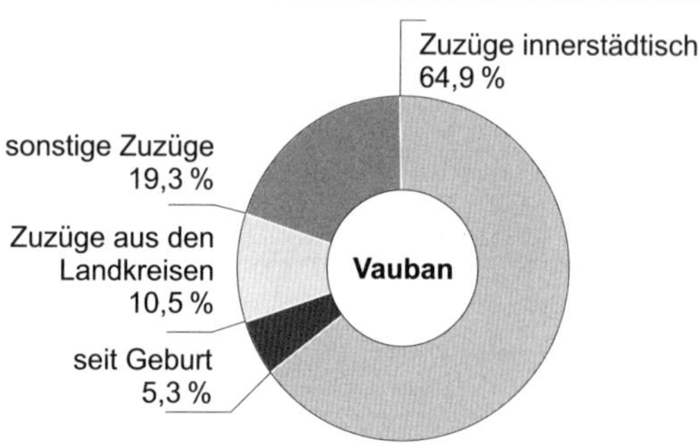

Quelle: Stadt Freiburg (Hrsg.): Statistischer Infodienst – Die Neubaugebiete Rieselfeld und Vauban. Freiburg 2007

Durchschnittliche Abweichung der Miethöhe nach Wohnlage in Freiburg

Stadtteile	Zu-/Abschlag gegenüber Freiburger Durchschnitt
Altstadt	+6 %
Umlandkommunen	–13 %
Vauban	–7 %

Quelle: Stadt Freiburg (Hrsg.): Mietspiegel 2009, S. 14

Anteil der Bildungsabschlüsse im Stadtteil Vauban (in %)

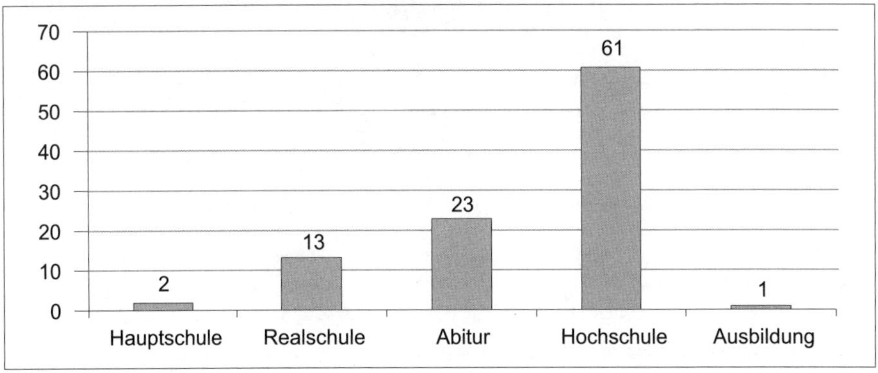

Daten nach: Statistisches Landesamt Baden Württemberg; Fundstelle: Ökoinstitut Freiburg (Hrsg.): Nachhaltige Stadtteile, Freiburg 2007, S. 41

M 7 Verkehrskonzept für den Freiburger Stadtteil Vauban

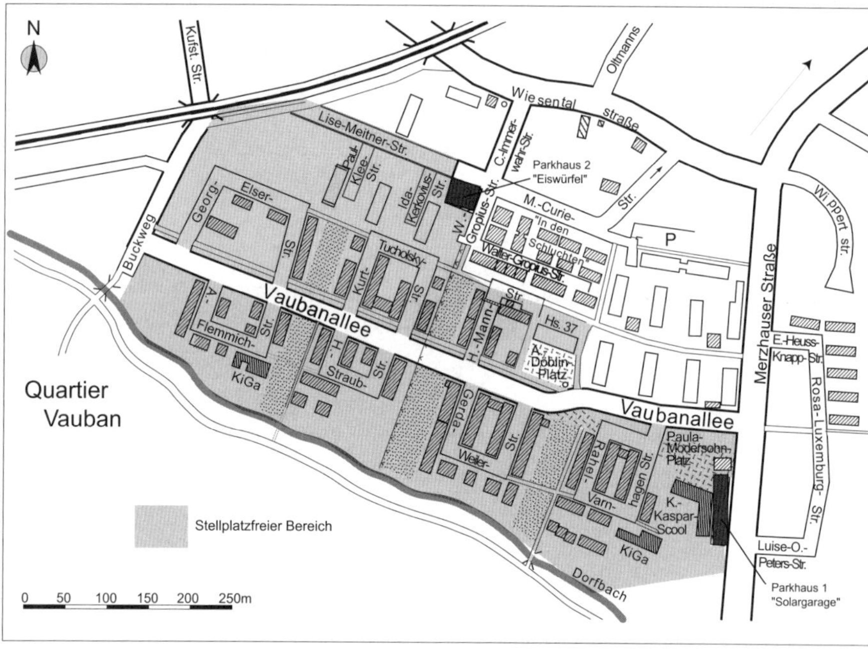

Die Besonderheit des Verkehrskonzeptes ist die Kombination von zwei Ansätzen:

- dem stellplatzfreien Wohnen und
- dem autofreien Wohnen.

Das „Nebeneinander" der Wohnformen sieht folgendermaßen aus: Wer ein Auto hat, parkt dieses am Rand des Stadtteils in einer Sammelgarage. Haushalte ohne Auto garantieren ihre autofreie Lebensweise in einer Autofrei-Erklärung und sind vom Kauf eines teuren Stellplatzes befreit.

Quelle: Forum Vauban (Hrsg.): Umsetzungsbegleitung des Verkehrskonzeptes im Stadtteil Freiburg-Vauban. Freiburg 2003, Anhang

M 8 Kraftfahrzeugbestand

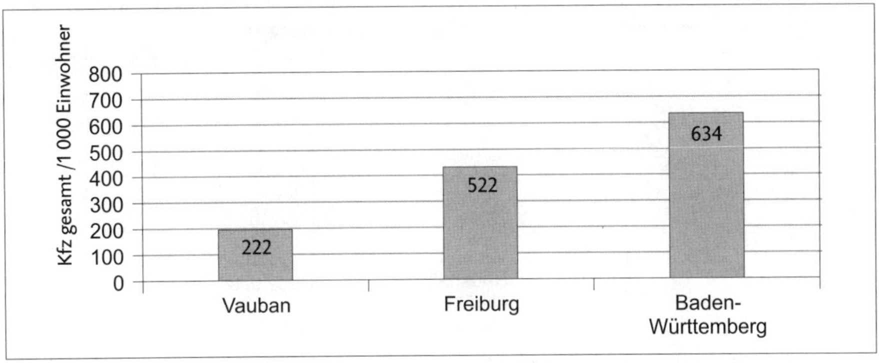

Quelle: Stadt Freiburg (Hrsg.): Statistisches Jahrbuch 2008. Freiburg 2008, S. 93 und S. 211

M 9 Mobilitätsverhalten im Freiburger Stadtteil Vauban

BahnCard-Haushalte (in %)

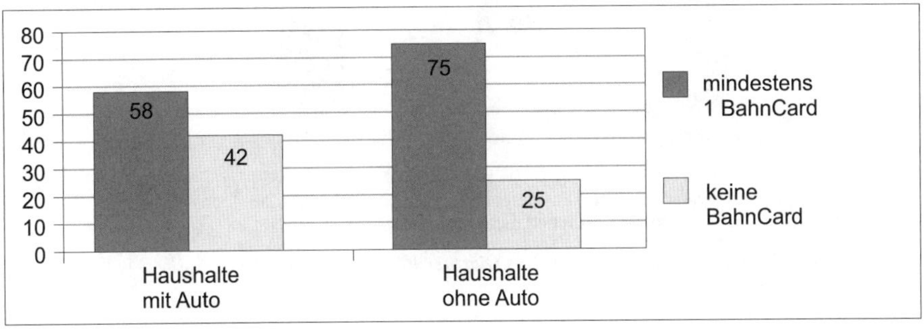

Anmerkung: 10 % aller Deutschen besitzen eine BahnCard.

Carsharing-Haushalte (in %)

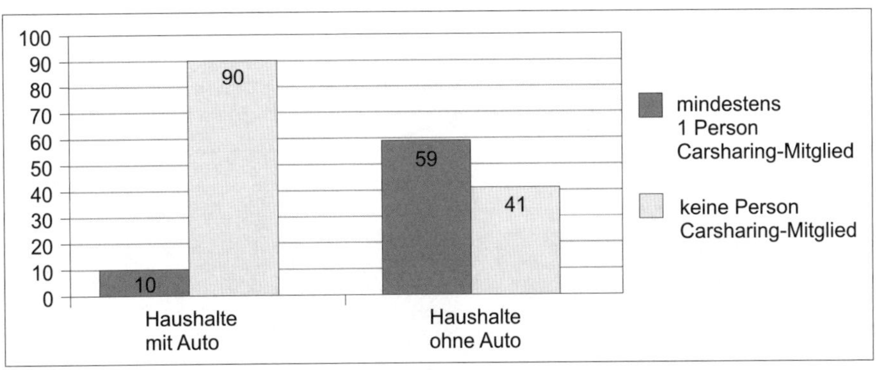

Verkehrsmittelwahl auf dem Weg zur Arbeit

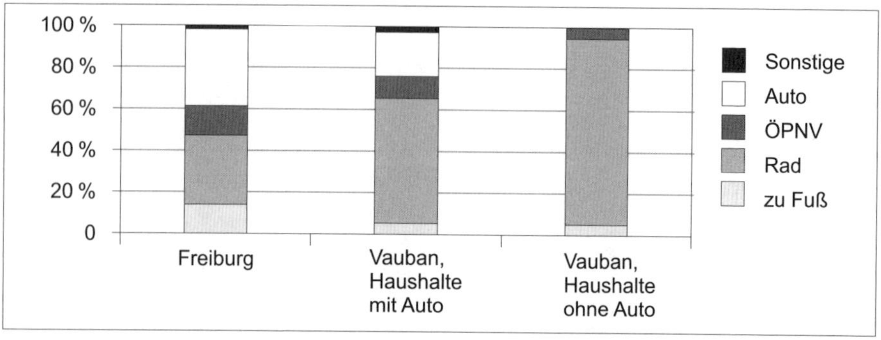

Verkehrsmittelnutzung im Vergleich zu der Zeit vor dem Umzug nach Vauban

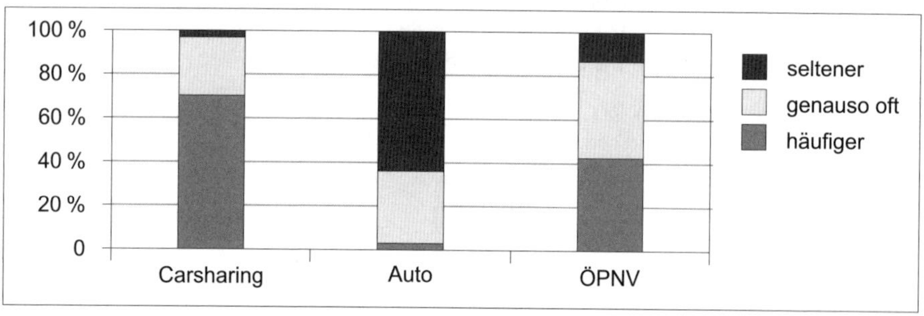

Anmerkung: Sämtliche Daten stammen aus einer Befragung aus dem Jahr 2003, das derzeitige Mobilitätsverhalten hat sich im Wesentlichen nicht verändert.

Quelle: Nobis, Claudia; Sperling, Carsten: Das Quartier Freiburg-Vauban 2003, S. 18–24

M 10 Mitbestimmung der Einwohner in Freiburg-Vauban

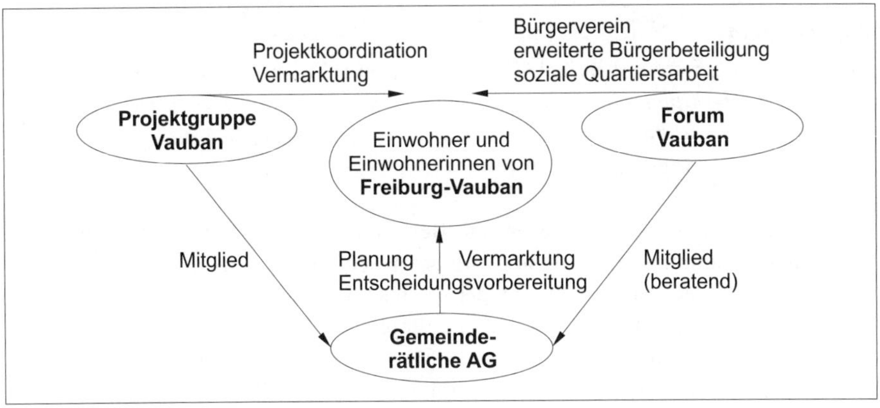

Forum Vauban: Bürgerinitiative
Projektgruppe Vauban: Bündelung der Kompetenzen auf Verwaltungsebene
Gemeinderätliche AG: Sonderausschuss des Stadtparlaments, sorgt für die Einbeziehung der Kompetenzträger in die politische Entscheidungsfindung

M 11 Situation des Freiburger Stadtteils Vauban

Diercke Weltatlas. 1. Auflage. Braunschweig: Westermann 2008, S. 71.5

Anmerkung: Der Alfred-Döblin-Platz ist Standort eines Wochenmarktes. Entlang der Vaubanallee werden die Gebäude zunehmend wirtschaftlich genutzt (z. B. Supermarkt, Bioladen, Bäckerei, Fahrradladen, Bank, Apotheke, Drogerie, Arztpraxen)

Die Aufgabe bezieht sich auf die folgenden **inhaltlichen Schwerpunkte:**
- Raumbedarf und Tragfähigkeit im Zusammenhang mit demographischen Prozessen
  - Ursachen und Folgen von Wanderungsbewegungen
- Siedlungsentwicklung in Abhängigkeit von soziokulturellen und politischen Leitbildern
  - Leitbilder der Stadtentwicklung: Gartenstadt sowie Agenda 21
- Ökologische Prinzipien und zukunftsfähige Maßnahmen in der Industrie, Land-, Forst- oder Fischereiwirtschaft im globalen ökonomischen Zusammenhang
  - Dreieck der Nachhaltigkeit

Lösungsvorschlag

Teilaufgabe 1

Der Operator „beschreiben" (Anforderungsbereich I) verlangt von Ihnen, die Aussagen der Materialien mit eigenen Worten geordnet und fachsprachlich angemessen wiederzugeben. In dieser Teilaufgabe sollen Sie darstellen, wie die Stadt Freiburg sich seit 1980 demographisch entwickelt hat (M 2).

Bevölkerungszuwachs

Im Zeitraum von 1980 bis 2008 hat die Bevölkerung in der Stadt Freiburg zugenommen. Der **Bevölkerungszuwachs** hat vor allem in den Gruppen der unter 6-Jährigen, der 45- bis 65-Jährigen sowie der über 65-Jährigen stattgefunden. Die Gruppe der unter 6-Jährigen ist im angegebenen Zeitraum um 38,6 % auf 3 169 Personen gewachsen, die der 45- bis 65-Jährigen um 36,0 % auf 46 204 Personen und die der über 65-Jährigen um 20,6 % auf 33 701 Personen. In der mittleren Altersgruppe der 18- bis 45-Jährigen ist eine Zunahme um 11,1 % zu verzeichnen, während in der Gruppe der 6- bis 15-Jährigen ein Rückgang von 7,9 % und in der Gruppe der 15- bis 18-Jährigen von 27,9 % festzustellen ist. Insgesamt ist die Bevölkerung seit 1980 um 26 550 Personen, d. h. um 15,2 %, gewachsen.

Altersstruktur

Diese Bevölkerungszunahme hat auch eine Veränderung der **Altersstruktur** mit sich gebracht. Während die Altersgruppen der unter 6-Jährigen, der 45- bis 65-Jährigen sowie der über 65-Jährigen ihren Anteil an der Gesamtbevölkerung Freiburgs vergrößert haben, hat sich der Anteil der 6- bis 15-Jährigen um 2 % und der 15- bis 18-Jährigen um 1,5 % verringert. Insbesondere die Gruppe der 45- bis 65-Jährigen fällt mit einer Steigerung des prozentualen Anteils von 3,5 % auf. Trotz der beschriebenen Bevölkerungszunahme in der Gruppe der 18- bis 45-Jährigen ist der Anteil dieser Gruppe an der Gesamtbevölkerung um 1,7 % gesunken.

Zuwanderung als zentrale Ursache für die Bevölkerungszunahme

Im Vergleich der Salden der **natürlichen Bevölkerungsbewegung** mit der **Wanderungsbewegung** wird deutlich, dass die natürliche Bevölkerungsbewegung im Gegensatz zu den Wanderungsbewegungen im Zeitraum von 1995 bis 2007 nur geringen Schwankungen unterlag. Nach einem **negativen Wanderungssaldo** in den Jahren 1997 und 1998 hat sich das Wanderungssaldo positiv entwickelt, z. B. lag es 2001 bei + 2 500 Personen. Seitdem zeigt die Bilanz zwar Schwankungen, bewegt sich aber immer im positiven Bereich zwischen knapp unter 1 200 und 1 900 Personen.

Es wird deutlich, dass die Bevölkerungszunahme in der Stadt Freiburg weniger auf natürliche Bevölkerungsbewegungen zurückzuführen ist, sondern die **Zuwanderung** die zentrale Ursache ist.

Vor dem Hintergrund dieser demographischen Entwicklung ist die Stadt Freiburg als wachsende Stadt mit zunehmendem Wohnraumbedarf einzustufen (M 2).

Zunehmender Wohnraumbedarf

Teilaufgabe 2

Der Operator „kennzeichnen" (Anforderungsbereich II) erfordert, einen Raum oder Sachverhalt auf der Basis bestimmter Kriterien begründet zu charakterisieren. In dieser Teilaufgabe sollen Sie die Lage, die Entwicklung und die Struktur des Freiburger Stadtteils Vauban unter Berücksichtigung stadtplanerischer Maßnahmen aufzeigen (M 3–M 8, M 11).

Lage des Stadtteils Vauban

Der Stadtteil Vauban liegt im Süden der Stadt Freiburg im Südwesten Deutschlands (M 1, M 3). Mit diesem Stadtteil entstand ein neues Wohngebiet mit Mehrfamilienhäusern auf einem ehemaligen Kasernengelände, es umfasst auch ein Studentendorf. 1993 wurde mit der Entwicklungsmaßnahme zur Neugestaltung des Stadtteils begonnen; infolgedessen fand ein städtebaulicher Ideenwettbewerb statt. Gemäß Bebauungsplan wurden die Flächen in drei Abschnitten saniert und erschlossen. Die Neugestaltung beinhaltete neben der reinen Bebauung die Durchführung von Projekten zum sozialen und kulturellen Aufbau im Stadtteil sowie die Umsetzung eines auf alternativen Energien beruhenden Konzeptes zur Wärme- und Stromversorgung. Im Jahr 2006 wurde diese Entwicklungsmaßnahme abgeschlossen (M 3, M 4, M 11).

Kontinuierliche Zunahme der Einwohnerzahl in Vauban

Mit der Vollendung der einzelnen Bauabschnitte nahm die Einwohnerzahl kontinuierlich zu. So betrug sie 1999, ein Jahr nach Baubeginn der ersten privaten Bauleute, 1 500. Zum Abschluss der Entwicklungsmaßnahme 2006 lag sie bei ca. 4 700 Einwohnern.

Altersstruktur in Vauban

Die Art und Weise der Neugestaltung hat in Bezug auf die Bevölkerung einige strukturelle Besonderheiten hervorgerufen, da bestimmte Bevölkerungsgruppen durch das Entwicklungskonzept angesprochen wurden. Die **Altersstruktur** besagt, dass die jüngeren Altersgruppen drei Viertel der Gesamtbevölkerung des Stadtteils ausmachen. Die unter 18-Jährigen hatten im Jahr 2007 einen Anteil von 35,3 % und waren im Vergleich zu Freiburg insgesamt überproportional vertreten. Die Gruppe der 18- bis 45-Jährigen wies einen Anteil von 47,7 % auf. Dies lässt auf einen hohen Anteil von Familien und Studenten schließen (M 5).

Strukturmerkmale des Stadtteils Vauban

Mehr als die Hälfte der Einwohner Vaubans leben in **Mehr-Personen-Haushalten** (58,6 %), in Freiburg insgesamt sind es dagegen 46,9 %. Auffällig ist, dass der Anteil der Haushalte mit drei oder vier Personen fast doppelt so hoch ist wie im übrigen Stadtgebiet; das Gleiche gilt für Haushalte mit fünf Personen oder mehr. Im Vergleich dazu liegt der Anteil der Zwei-Personen-Haushalte ca. 5 % unter dem Freiburgs. Dies wirkt sich auch auf die **Bevölkerungsdichte** aus, die in Vauban bei 120,7, in Freiburg insgesamt dagegen nur bei 48,1 Einwohnern je ha liegt. Der Großteil der Bewohner, nämlich 64,9 %, ist aus anderen Stadtteilen Freiburgs zugezogen. Die übrigen 35,1 % verteilen sich auf Zuzüge aus den Landkreisen (10,5 %), aus anderen Regionen (19,3 %) und auf Einwohner, die seit ihrer Geburt dort leben (5,3 %). Auch das **Mietniveau** unterscheidet sich vom Freiburger Durchschnitt: es liegt in Vauban 7 % darunter. Im Vergleich dazu liegt es in der Altstadt Freiburgs 6 % über dem Durchschnitt, im Freiburger Umland dagegen um 13 % unter dem durchschnittlichen Mietniveau. Darüber hinaus fällt der hohe Anteil an Einwohnern mit höheren **Bildungsabschlüssen** auf. Die Akademiker stellen mit 61 % den größten Teil der Bevölkerung. Weitere 23 % der Einwohner haben Abitur, während lediglich 15 % einen Real- oder Hauptschulabschluss besitzen (M 6).

Verkehrskonzept

Das **Verkehrskonzept** des neuen Stadtteils beruht auf einer Kombination aus stellplatzfreiem und autofreiem Wohnen. Dieses Konzept beinhaltet, dass die Bewohner, die ein Auto besitzen, dieses außerhalb des Wohngebiets parken. Hierfür stehen zwei Parkhäuser am nördlichen und östlichen Rand des Stadtteils zur Verfügung. Bewohner, die kein Auto haben, verpflichten sich zu einer „autofreien Lebensweise“ und werden folglich vom Kauf eines Stellplatzes entbunden. Auf diese Weise wird ein Teil des Wohngebiets autofrei gehalten. Das beschriebene Verkehrskonzept spiegelt sich auch in der Verkehrsinfrastruktur wider. Es verläuft lediglich eine größere Straße, die Vaubanallee, von Westen nach Osten, die den Stadtteil an das Straßennetz der Stadt Freiburg anbindet und die mit maximal 30 Stundenkilometer befahren werden darf. Die Erreichbarkeit der Wohneinheiten wird durch verkehrsberuhigte Straßen sowie Fuß- und Radwege gewährleistet. Die Anbindung an den ÖPNV ist durch eine entlang der Vaubanallee verlaufende Straßenbahnlinie sowie eine Buslinie, die nach Nordosten ins Stadtzentrum führt, gegeben (M 7, M 11).

Mobilitätsverhalten der Bevölkerung

Das **Mobilitätsverhalten** der Bevölkerung Vaubans zeigt, dass dieses Verkehrskonzept angenommen wird. Es wird deutlich, dass in Haushalten ohne Auto die Nutzung des ÖPNV sowie Car-Sharing einen größeren Stellenwert haben als in Haushalten mit Auto. Immerhin 58 % der Haushalte mit Auto besitzen zusätzlich auch eine BahnCard. Das Fahrrad ist sowohl in Haushalten mit als auch ohne Auto ein wichtiges Verkehrsmittel, um zur Arbeit zu kommen. In Haushalten mit Auto wird es von ca. 60 % der Bewohner Vaubans für diesen Zweck genutzt, in Haushalten ohne Auto von ca. 90 %. Die meisten Bewohner geben an, dass sie im Vergleich zu der Zeit vor dem Umzug nach Vauban das Auto jetzt seltener nutzen (ca. 60 %), während Alternativen wie Car-Sharing von fast 70 % und ÖPNV von ca. 40 % häufiger als früher genutzt werden. Der Kraftfahrzeugbestand in Vauban spiegelt diesen Trend wider: so kommen auf 1 000 Einwohner in Vauban nur 222 Kfz, während es in Freiburg insgesamt 522 und in Baden-Württemberg 634 sind (M 8, M 9).

Ökologische Entwicklungsprinzipien

Neben dem Verkehrskonzept zeichnet sich der Stadtteil Vauban durch weitere **ökologische Entwicklungsprinzipien** aus: So sind alle Häuser in **energiesparender Bauweise** gebaut worden. Der Großteil der Häuser weist den Standard eines Niedrigenergiehauses auf, vereinzelt gibt es Passivhäuser. Ergänzend dazu werden **regenerative Energien** genutzt. Zahlreiche Häuser verfügen über eine Solaranlage; im östlichen Teil gibt es eine Solarsiedlung, die aufgrund ihrer positiven Energiebilanz auch Strom in das öffentliche Netz einspeist. Auf diese Weise wird der Stadtteil zu 15 % mit regenerativen Energien versorgt. Die Wärmeversorgung erfolgt vollständig durch ein Holz-Heizkraftwerk. Des Weiteren befinden sich im Wohngebiet zahlreiche Grünflächen. Südlich des ehemaligen Kasernengeländes verläuft ein Bach, der von Biotopflächen umgeben ist. Beides trägt zur ökologischen Aufwertung des Stadtteils bei (M 3, M 7, M 11).

Soziale und kulturelle Entwicklung

Der während der Entwicklung des Stadtteils durchgeführte Aufbau der **sozialen und kulturellen Struktur** spiegelt sich in der **öffentlichen Infrastruktur** wider. So gibt es neben Bildungseinrichtungen wie Schule und zwei Kindergärten auch ein Bürgerzentrum, das in der Mitte des Stadtteils liegt, sowie zahlreiche Spielplätze. Der Platz um das Bürgerzentrum ist Standort eines Wochenmarktes. Die Gebäude an der Vaubanallee werden zunehmend wirtschaftlich genutzt. Diese Nutzung umfasst Einzelhandel sowie Gesundheitsdienstleistungen und eine Bank, sodass der tägliche Bedarf der Bevölkerung durch eine **wohnortnahe Versorgung** gedeckt wird (M 11).

Vauban: attraktiver Wohnstandort

Der neu entstandene Stadtteil Freiburg-Vauban hat sich hinsichtlich **sozialer**, **ökologischer** und **ökonomischer** Aspekte für bestimmte Bevölkerungsgruppen zu einem attraktiven, innenstadtnahen Wohnstandort entwickelt.

Teilaufgabe 3

Der Operator „erörtern" (Anforderungsbereich III) verlangt von Ihnen das begründete Abwägen zwischen Pro und Kontra mit dem Ziel einer abschließenden eigenen Urteilsbildung. In dieser Teilaufgabe sollen Sie die Entwicklung des Freiburger Stadtteils Vauban beurteilen und dazu Ihnen aus dem Unterricht bekannte städtebauliche Leitbilder hinzuziehen (M 4–M 11).

Städtebauliche Leitbilder der 1990er-Jahre

Zur abschließenden Beurteilung der Entwicklung des Freiburger Stadtteils Vauban müssen in erster Linie die Aspekte **Ökologie**, **Soziales** und **Ökonomie** genauer betrachtet werden. Diese Aspekte bilden die drei Dimensionen der **Nachhaltigkeit**, die für **städtebauliche Leitbilder** seit den 1990er-Jahren vorrangig zugrunde gelegt werden. Das Konzept der **kompakten Stadt** als Bestandteil einer nachhaltigen Stadtentwicklung muss ebenfalls berücksichtigt werden.

Stadtentwicklung im Sinne der Agenda 21

Folgende Zielsetzungen dieser Leitbilder wurden bei der Entwicklung von Freiburg-Vauban umgesetzt: die Erhöhung der Baudichte, um dem Prozess der Suburbanisierung entgegenzuwirken, die Intensivierung der Nutzungsmischung in Bezug auf funktionale, soziale und bauliche Verflechtung sowie die stärkere Beteiligung der Bevölkerung am Planungsprozess (M 4, M 7, M 10, M 11).

Einige positive Ergebnisse der Stadtentwicklung in Vauban sind im Sinne der **Agenda 21** erzielt worden. Hervorzuheben sind im Zusammenhang mit dem Aspekt **Ökologie** vor allem der verantwortungsvolle Umgang mit Ressourcen durch die Nutzung von regenerativen Energien, das energieeffiziente Wohnen durch energiesparende Bauweise der Häuser und das ökologisch ausgerichtete Verkehrskonzept (M 7, M 9, M 11). Im Bereich **Soziales** sind das vergleichsweise günstige Mietniveau und der Aufbau einer sozialen Infrastruktur positiv zu bewerten. Hierzu konnte die Implementation demokratischer Prinzipien beitragen, denn über die

Bürgerinitiative „Forum Vauban" wird den Bewohnern eine politische Mitbestimmung in ihrem Stadtteil ermöglicht. Die Mitglieder dieses Bürgervereins können so einerseits einen Beitrag zur sozialen Quartiersarbeit leisten und andererseits in beratender Funktion politische Entscheidungsprozesse begleiten. Dieses geschieht über die Gemeinderätliche AG, die einen Sonderausschuss des Stadtparlaments zur Einbeziehung der Kompetenzträger in politische Entscheidungen darstellt (M 6, M 10, M 11). Der Bereich **Ökonomie** beschränkt sich auf die Entwicklung des Einzelhandels und vereinzelter Dienstleistungen zur wohnortnahen Versorgung der Bewohner und ist als solche positiv zu sehen (M 11).

Probleme

Diesen positiven Ergebnissen sind einige kritische Aspekte gegenüberzustellen: Die demographische Struktur des Stadtteils zeigt nur eine **geringe soziale Durchmischung** und eine geringe Integration bildungsferner Schichten. Der Stadtteil ist vor allem für sozial Höhergestellte, z. B. Akademiker, sowie jüngere Altersgruppen wie Studenten und junge Familien attraktiv. Sozial schwächere Bevölkerungsgruppen und Ältere scheint der Stadtteil nicht anzusprechen. Dieses kann einerseits auf das Mietniveau zurückgeführt werden, das zwar unter dem Durchschnitt Freiburgs liegt, aber deutlich über dem des Umlandes. Andererseits spricht das Entwicklungskonzept nicht alle Bevölkerungsgruppen an. Die **innenstadtnahe Lage** bedingt einen weiteren negativen Aspekt. Es wurde zwar durch den Erhalt von **Grünflächen** versucht, dem Wunsch nach „Wohnen im Grünen" nachzukommen, doch steht diesem die relativ hohe Wohnraumdichte entgegen. Diese Aspekte relativieren die positiven Ansätze einer nachhaltigen Stadtentwicklung (M 6, M 9, M 11).

Fazit

Die Neugestaltung des Stadtteils Freiburg-Vauban spiegelt die aktuelle Entwicklung städtebaulicher Leitbilder wider. Es wurde nicht nur Wohnraum geschaffen, um dem Bedarf der wachsenden Stadt Freiburg zu begegnen, sondern es wurde ein städtebauliches Konzept realisiert, das ökologische, soziale und ökonomische Aspekte berücksichtigt und so **innenstadtnahes Wohnen mit hoher Wohnqualität** ermöglicht. Trotz einiger kritischer Aspekte ist die Entwicklung des Stadtteils daher eher positiv zu bewerten.

Thema

Stadtteile mit besonderem Entwicklungsbedarf –
Das Beispiel Duisburg-Hochfeld

Aufgabenstellung

Punkte

1. Lokalisieren Sie den Stadtteil Duisburg-Hochfeld und kennzeichnen Sie die ökonomische, soziale und bauliche Situation am Ende der 1990er-Jahre. 22
2. Erläutern Sie die bisherige und geplante Stadtteilentwicklung im Rahmen des Programms „Soziale Stadt". 33
3. Nehmen Sie kritisch Stellung zu Chancen und Problemen dieser Entwicklung. 25

Zugelassene Hilfsmittel

- der an der Schule in der Qualifikationsphase überwiegend verwendete Atlas, in einer für alle Prüflinge gleichen Auflage
- Wörterbuch zur deutschen Rechtschreibung
- Taschenrechner

Materialgrundlage

M 1 Atlaskarten nach Wahl

M 2 Steckbrief Duisburg-Hochfeld

Stadtteile des Stadtbezirks Duisburg Mitte

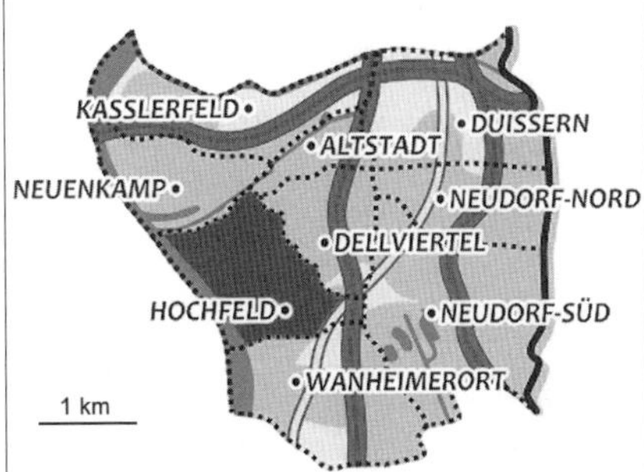

Abschlüsse an Duisburger Hauptschulen 1998 in %

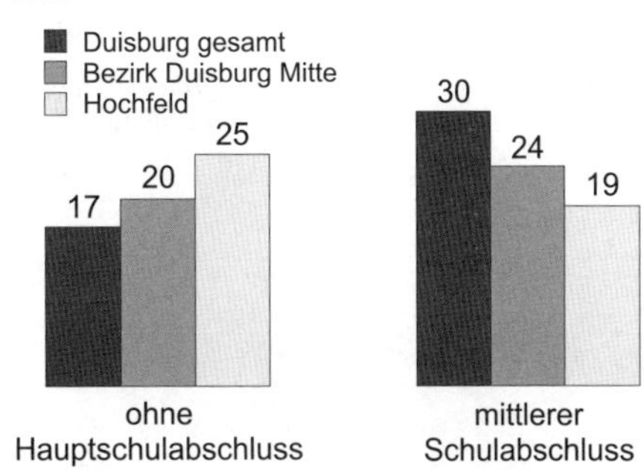

Bevölkerungshöchststand Ende der 1960er-Jahre	33 000 Einwohner
Bausubstanz (2000)	hoch verdichtet; 56 % vor 1948, 38 % zwischen 1949 und 1968, 6 % nach 1968 errichtet
Entwicklung der Zahl der Arbeitsplätze seit den 1970er-Jahren bis 2000	–17 000
Entwicklung der Bevölkerungsanteile mit mittlerem und hohem Einkommen von 1970 bis 2000	– 50 %
Haushalte mit Sozialhilfebezug je 1 000 Haushalte (2000)	187 (städtischer Durchschnitt: 91)
Entwicklung des Anteils deutscher Bevölkerung 1987 bis 2000	–18 %
Entwicklung des Anteils ausländischer Bevölkerung 1987 bis 2000	+ 29 %
Arbeitslose je 1 000 Einwohner im erwerbsfähigen Alter (2000)	154 (städtischer Durchschnitt: 96)
Anteil der sozialversicherungspflichtig Beschäftigten (2007)	31,5 % (drittschlechtester Wert in Duisburg; städtischer Durchschnitt: 44 %)
Anteil der bei der Arbeitsagentur als arbeitslos gemeldeten Jugendlichen von 16–24 an der Altersgruppe (2007)	22,2 % (höchster Wert in Duisburg; städtischer Durchschnitt: 12,1 %)
Ausländeranteil 2000 Ausländeranteil 2009	36 % (davon 49 % Türken, 15 % ehemaliges Jugoslawien, 12 % Griechen) 43 % (städtischer Durchschnitt: 15,2 %)
Durchschnittsalter der Einwohner (2007)	38,1 Jahre (städtischer Durchschnitt: 42,3 Jahre)

Eigene Zusammenstellung nach:
Ausbildung in Duisburg – Ausbilden im Stadtteil. Eine Studie des Rhein-Ruhr-Instituts für Sozialforschung und Politikberatung an der Universität Duisburg-Essen im Rahmen des JOBSTARTER-Projektes „Ausbilden im Stadtteil" (2007);
http://www.soziale-stadt.nrw.de/ programmhintergrund/index.php (verändert) (Zugriff 03. 08. 2011);
http://www.duisburg.de/micro/eg-du/medien/D_HochfeldKonzeptEGDU.pdf (Zugriff 03. 08. 2011);
Karte: Wikipedia

M 3 Duisburg-Hochfeld Ende der 1990er-Jahre (siehe Farbabbildung F-12)

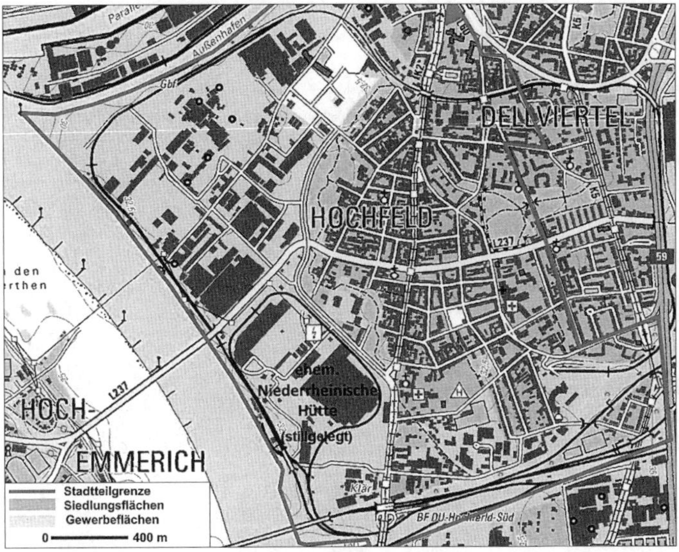

Quelle verändert nach: http://www.tim-online.nrw.de/timonline/initParams.do; jsessionid=579B106DADA5A98D036B40277E9EDDEF (Zugriff 03. 08. 2011)

M 4 Duisburg-Hochfeld und das Bund-Länder-Förderprogramm „Soziale Stadt“

Im Jahr 2000 wurde Duisburg-Hochfeld als „Stadtteil mit besonderem Entwicklungsbedarf“ in das Bund-Länder-Förderprogramm „Soziale Stadt“ aufgenommen. Das Städtebauförderungsprogramm „Stadtteile mit besonderem Entwicklungsbedarf – Soziale Stadt“ des Bundesministeriums für Verkehr, Bau und Stadtentwicklung (BMVBS) und der Länder wurde im Jahr 1999 mit dem Ziel gestartet, die „Abwärtsspirale“ in benachteiligten Stadtteilen aufzuhalten und die Lebensbedingungen vor Ort umfassend zu verbessern. Leitidee ist es, vorhandene Kräfte zu mobilisieren, um positive Veränderungsprozesse anzustoßen. Ziel ist es, in den Quartieren stabilisierende Entwicklungen und selbsttragende Prozesse in Gang zu bringen.

Quelle nach: http://www.soziale-stadt.nrw.de/programmhintergrund/index.php (Zugriff 03. 08. 2011)

M 5 Daten zur demographischen Entwicklung

Duisburg-Hochfeld Einwohnerentwicklung

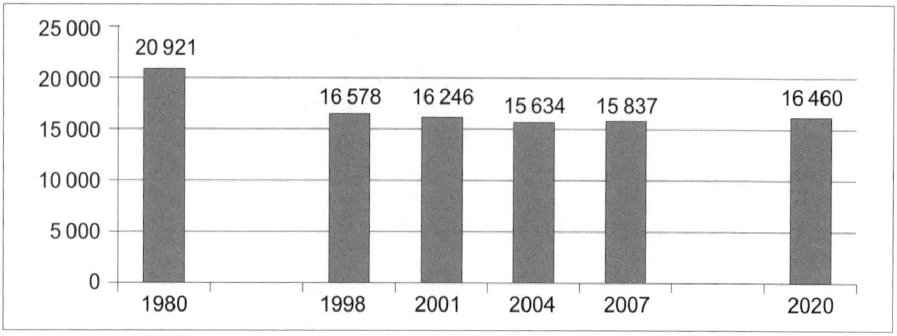

Stadt Duisburg Einwohnerentwicklung

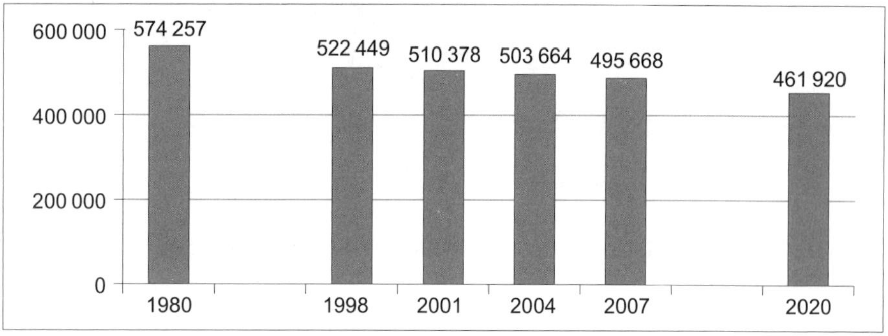

Altersstruktur

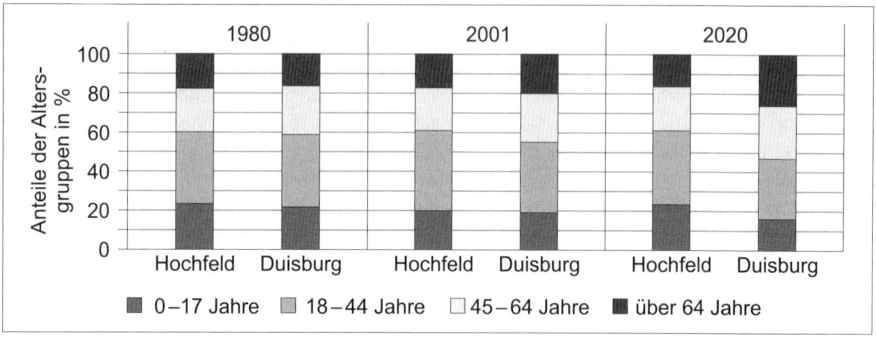

Eigene Zusammenstellung nach: Richter, Roland: Die Bevölkerungsentwicklung in Duisburg bis 2027. Ergebnisse der Bevölkerungsvorausberechnung 2008. Herausgegeben von der Stadt Duisburg, Amt für Statistik, Stadtforschung und Europaangelegenheiten. Duisburg: November 2008

M 6 Stadtteilentwicklung im Rahmen des Programms „Soziale Stadt“ (siehe Farbabbildung F-13)

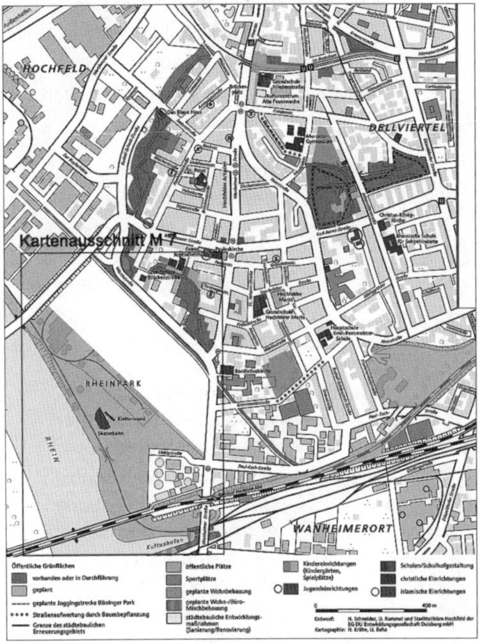

Quelle: Atlas der Metropole Ruhr, Emons Verlag, Köln 2009, S. 151

M 7 Entwicklungsprojekt Rheinpark Duisburg

Quelle: © Loidl / Topos, Stadt Duisburg

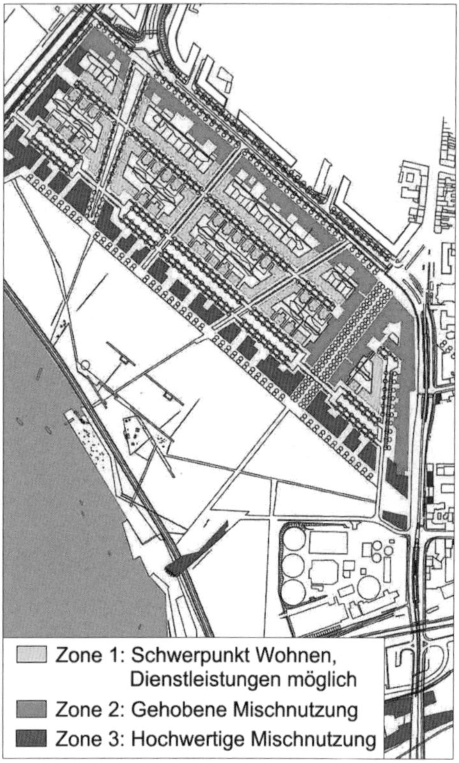

Zone 1:	**Innenbereich des Baugebietes**
Nutzung:	Schwerpunkt Wohnen, Dienstleistungen möglich
Bauweise:	2 bis 4 Geschosse
Bautypen:	Doppelhäuser, Stadtvillen, Reihenhäuser
Zone 2:	**Randzonen des Baugebietes**
Nutzung:	Gehobene Mischnutzung, Gewerbe, Dienstleistungen, Einzelhandel, Gastronomie, anteilig Wohnen
Bauweise:	bis 6 Geschosse
Zone 3:	**Randzonen im Nordwesten und Südwesten des Baugebietes**
Nutzung:	Hochwertige Mischnutzung, Dienstleistungsfunktionen des gewerblichen Sektors, Firmenvertretungen, Hotelnutzungen, Gastronomie, Einzelhandel, hochwertiges Wohnen
Bauweise:	über 6 Geschosse

Quelle: © Loidl / Topos, Stadt Duisburg

Die Aufgabe bezieht sich auf die folgenden **inhaltlichen Schwerpunkte:**

- Wandel von Standortfaktoren in seiner Wirkung auf industrieräumliche Strukturen
  - Standortentscheidungen im Zusammenhang mit harten und weichen Standortfaktoren
  - Hauptphasen des industriellen Strukturwandels
- Siedlungsentwicklung in Abhängigkeit von soziokulturellen und politischen Leitbildern
  - Aktuelle Leitbilder der Stadtentwicklung

Lösungsvorschlag

Teilaufgabe 1

Der Operator „kennzeichnen" (Anforderungsbereich II) verlangt, dass Sie einen Raum oder einen Sachverhalt auf der Grundlage bestimmter Kriterien begründet charakterisieren. In dieser Teilaufgabe sollen Sie im Anschluss an die räumliche Einordnung darlegen, in welcher ökonomischen, sozialen und baulichen Situation sich der Stadtteil Duisburg-Hochfeld am Ende der 1990er-Jahre befunden hat (M 1–M 3, M 5).

Lage des Stadtteils Hochfeld

Der Stadtteil Hochfeld gehört zum Stadtbezirk Duisburg-Mitte; er liegt im Winkel zwischen dem ihn begrenzenden Rhein im Westen und dem Duisburger Außenhafen im Nordwesten, zwischen den Stadtteilen Neuenkamp im Nordwesten und Wanheimerort im Südosten. Der ca. 1,5 mal 1,2 km^2 große Stadtteil grenzt im Norden und Nordosten in 2 km Entfernung von der Altstadt an den Stadtteil Dellviertel. Der gesamte an Rhein und Außenhafen anschließende Bereich bot früher Platz für die inzwischen stillgelegte und abgebaute **Niederrheinische Hütte**, die über eine ringförmige Güter- und Industriebahnanlage an das im Süden des Stadtteils verlaufende Eisenbahnnetz angebunden war. Weitere Verkehrsanbindungen stellen die Richtung Nord-Süd verlaufende A59 im Osten, die westlich über eine Rheinbrücke nach Moers führende L237 sowie die K2, L60 und K5 dar (M 1–M 3).

Die unmittelbar an das ehemalige, seit Ende der 1990er-Jahre **brachliegende Hüttengelände** angrenzende **Altbausubstanz** stammt zu mehr als der Hälfte aus der unmittelbaren Nachkriegszeit; nur 6 % der Häuser sind jünger als 40 Jahre. Dichte Bebauung mit wenigen Frei- und Grünflächen kennzeichnen den Stadtteil Hochfeld im Inneren; lediglich im unmittelbaren Übergangsbereich zum Hüttenwerk befand sich ein schmaler Grünzug. Das nahe gelegene Hüttenwerk und die zahlreichen Verkehrsträger verursachten neben der allgemeinen **Standortdichte** enorme **Luft- und Lärmbelastungen** (M 3).

Struktur-schwacher Stadtteil

Mit Stilllegung und Abriss des Hüttenwerkes im Zuge des **Ruhrgebiets-Strukturwandels** ging ein ökonomischer, bevölkerungsmäßiger und sozialer Abstieg des Stadtteils bis zum Ende der 1990er-Jahre einher: Die Bevölkerungszahl in diesem wenig attraktiven Stadtteil sank um fast die Hälfte von 33 000 Einwohnern am Ende der 1960er-Jahre auf unter 17 000 im Jahr 1998, im Vergleich zu Gesamt-Duisburg ein überproportionaler Schwund (M 5).

Von 1970 bis 2000 ging die Zahl der Arbeitsplätze um 17 000 zurück, der Anteil der Arbeitslosen lag 2000 mit 15,4 % um fast 6 % über dem städtischen Durchschnitt, derjenige der Sozialhilfeempfänger war mit 18,7 % sogar mehr als doppelt so hoch. Auch das **Sozialniveau** sank bis Ende der 1990er-Jahre: Der Anteil mittlerer und einkommensstarker Bevölkerungsgruppen ging seit 1970 um die Hälfte zurück, der Anteil der deutschen Bevölkerung von 1987 bis 2000 um 18 %, während der **Ausländeranteil** um fast ein Drittel auf 36 % Anteil an der Hochfelder Bevölkerung anstieg. Die Wohnbevölkerung war bereits 2000 multikulturell zusammengesetzt, wobei Türken fast genau die Hälfte der ausländischen Einwohner ausmachten. Neben Ex-Jugoslawen (15 %) und Griechen (12 %) setzte sich der ausländische Bevölkerungsanteil zu 24 % aus weiteren Nationen zusammen (M 2). In Korrelation zu dieser **Bevölkerungszusammensetzung, Schichtenzugehörigkeit und Beschäftigungssituation** lag 1998 auch das **Bildungsniveau** Hochfelds deutlich unter dem der Gesamtstadt: Während in Duisburg der Bevölkerungsanteil ohne Hauptschulabschluss bei 17 % lag, betrug er in Hochfeld 25 % und lag damit noch 5 % über dem Durchschnittswert von Duisburg-Mitte. Umgekehrt stand einem mittleren Schulabschluss von 30 % der Duisburger Bevölkerung nur der Wert von 19 % in Hochfeld gegenüber (M 2).

Insgesamt wies Duisburg-Hochfeld Ende der 1990er-Jahre typische und sehr stark ausgeprägte Merkmale eines äußerst **strukturschwachen Stadtteiles** einer vom Strukturwandel betroffenen Stadt auf.

Teilaufgabe 2

Der Operator „erläutern" (Anforderungsbereich II) verlangt von Ihnen, dass Sie aus dem Material entnehmbare Zusammenhänge verdeutlichen. In dieser Teilaufgabe sollen Sie aufzeigen, welche Entwicklungen im Stadtteil Duisburg-Hochfeld im Zusammenhang mit den Zielsetzungen des Programms „Soziale Stadt" seit Beginn des Jahrtausends bereits stattgefunden haben und welche weiteren noch geplant sind (M 2–M 7).

Förderprogramm Soziale Stadt

Vor dem Hintergrund dieser **negativen Strukturmerkmale** Ende der 1990er-Jahre wundert es nicht, dass Duisburg-Hochfeld im Jahr 2000 als „Stadtteil mit besonderem Entwicklungsbedarf" in das **Bund-Länder-Förderprogramm „Soziale Stadt"** aufgenommen worden ist. Dieses Förderprogramm hat sich zum Ziel gesetzt,

„die ‚Abwärtsspirale‘ in benachteiligten Stadtteilen aufzuhalten und die Lebensbedingungen vor Ort umfassend zu verbessern“ (M 4).

Ökonomische Situation

Bis zum Jahr 2007 hat sich die ökonomische Situation nicht verbessert, wie u. a. der mit nur 31,5 % sehr niedrige Anteil der sozialversicherungspflichtig Beschäftigten – im Unterschied zu durchschnittlich 44 % in ganz Duisburg – beweist oder der mit 22,2 % negative Spitzenwert bei den arbeitslosen Jugendlichen zwischen 16 und 24 Jahren; dieser Wert war 2007 fast doppelt so hoch wie der gesamtstädtische (M 2).

Demographische Entwicklung

In **demographischer Hinsicht** jedoch lassen sich positive Entwicklungsansätze erkennen: So ging die Bevölkerung Hochfelds im Vergleich zu Duisburg seit 1998 relativ geringer zurück; seit 2004 ist sogar ein leichter Wiederanstieg der Einwohnerzahl festzustellen mit anhaltend positiver Prognose bis 2020. Dieser gegenläufige positive Trend wird gestärkt durch eine relativ günstige **Altersstruktur** mit einem insgesamt geringeren Anteil an nichtarbeitsfähiger Bevölkerung. Laut Prognose soll dieser positive Unterschied zu Duisburg bis 2020 weiter zunehmen (M 2, M 5).

Ungünstiger hat sich die **ethnische Zusammensetzung** entwickelt: Der Ausländeranteil ist von 2000 bis 2009 um 7 % auf 43 % gestiegen und lag damit fast dreimal so hoch wie in der Gesamtstadt (M 2).

Stadtteilentwicklungsmaßnahmen

Als Unterstützungsmaßnahmen zur Realisierung der Zielsetzungen „Soziale Stadt“ sind **Stadtteilentwicklungsmaßnahmen** zu bewerten. Dazu zählen der erfolgte Bau und Ausbau von Kindergärten, Jugendeinrichtungen und Schulen sowie von religiösen Einrichtungen für die jeweiligen ethnischen Gruppen – hiermit trägt man den vorhandenen demographischen und ethnischen Gegebenheiten Rechnung. Weitere dieser Maßnahmen, die sich über den gesamten Stadtteil erstrecken, sind geplant (M 6). Auch Maßnahmen zur **Wohnumfeldverbesserung** sind seit 2000 neben den sozialen Projekten im Zuge des **Städtebauförderprogramms** in Hochfeld bereits durchgeführt worden: Hierzu zählen die Anlage kleinerer öffentlicher Grünflächen, schwerpunktmäßig in der nördlichen Stadtteilhälfte und im Osten, vor allem aber das zentrale Planungsvorhaben „Rheinpark“ unmittelbar am Rhein auf der Fläche des ehemaligen Hüttenwerks. Zur allgemeinen Wohnumfeldverbesserung hat man Straßenaufwertung durch Baumbepflanzungen sowie gezielte Sanierungs- und Renovierungsmaßnahmen vor allem in Hochfeld-Mitte durchgeführt (M 6).

Zentraler Baustein der weiteren Stadtteilentwicklung ist das **Entwicklungsprojekt „Rheinpark Duisburg"** auf dem Areal der früheren Niederrheinischen Hütte, ein **städtebauliches Großprojekt**, das eine **Mischnutzung aus Wohnen, Arbeiten und Naherholung** vorsieht. Es gliedert sich grundsätzlich in eine „grüne", an den Rhein angrenzende Hälfte, die der Naherholung und Freizeitgestaltung dienen soll, sowie ein flächenmäßig gleichgroßes Baugebiet, das sich in drei Zonen unterschiedlicher Bausubstanz und Nutzung unterteilt. Zone 1, im Inneren des Baugebietes gelegen, weist eine 2–4-geschossige Bebauung in Form von Reihen- und Doppelhäusern sowie Stadtvillen auf mit fast ausschließlicher Wohnfunktion ohne Gewerbe. Für die nördlich zur Stadtteilmitte gelegene Zone 2 sind eine „gehobene Mischnutzung" vorgesehen sowie Gebäude bis zu einer Höhe von 6 Geschossen. Die zur Grünanlage und zum Rhein gelegene Zone 3 soll frei stehende, z. T. mehr als 6-geschossige Häuser mit hochwertigen Mietwohnungen aufweisen, dazu eine „hochwertige Mischnutzung" einschließlich Dienstleistungen, Hotelnutzung, Gastronomie und Einzelhandel. Das gesamte Baugebiet wird von Grün durchzogen sein. Das Bauvorhaben im Rheinpark Duisburg unterscheidet sich **physiognomisch** deutlich von der bisherigen Stadtteilbebauung und zielt unter Nutzung der attraktiven Rheinlage auf höhere Einkommensschichten (M 6, M 7).

Entwicklungsprojekt „Rheinpark Duisburg"

Teilaufgabe 3

„Stellung nehmen" (Anforderungsbereich III) verlangt eine reflektierte Auseinandersetzung mit den von Ihnen aufgezeigten Sachverhalten. In dieser Teilaufgabe wird von Ihnen erwartet, dass Sie die bisher schon durchgeführten und die noch vorgesehenen Stadtentwicklungsmaßnahmen in Duisburg-Hochfeld auf der Grundlage ihrer Ergebnisse zu den Teilaufgaben 1 und 2 im Hinblick auf Erfolgsaussichten und denkbare Probleme kritisch beurteilen (M 2–M 7).

Die im bisher bewohnten Bereich des Stadtteiles durchgeführten stadtplanerischen Maßnahmen berücksichtigen die existierenden Probleme. Durch Auflockerungen des Siedlungsbildes, Verbesserung der Wohnbedingungen oder Ergänzung des **Infrastrukturangebotes** sollte eine **Aufwertung** stattfinden.

Aufwertung der Infrastruktur

Die bisher erzielten Erfolge halten sich in Grenzen: Lediglich im Hinblick auf die Bevölkerungsentwicklung und -prognose gibt es ansatzweise Positives zu berichten. Allerdings könnte das prog-

Hoher Migrantenanteil

nostizierte Bevölkerungswachstum bis 2020 die Probleme der jungen Bevölkerungsgruppen, z. B. bezüglich der Chance eine Arbeit zu finden, weiter verschärfen, da die Beschäftigungssituation insgesamt als prekär zu bezeichnen ist (M 2, M 5). Der weiter gestiegene übergroße **Migrantenanteil** bietet auch keine Aussicht auf soziale und ökonomische Stabilisierung, gehören ausländische Bevölkerungsgruppen doch statistisch zu den eher bildungsfernen Schichten, was wiederum unterdurchschnittliche Aussichten auf künftige Beschäftigungsmöglichkeiten nach sich zieht.

Gefahr der räumlich-sozialen Segregation

Es bleibt abzuwarten, ob das Ziel einer **sozialen Durchmischung** durch das qualitativ hochstehende und damit hochpreisige Wohn-/Mietangebot tatsächlich erreicht werden kann, oder ob es innerhalb des Stadtteiles Hochfeld zu einer **räumlich-sozialen Segregation** kommen wird – der Unterschied zwischen der Ausgangsstruktur und dem Rheinpark-Vorhaben scheint doch ziemlich krass zu sein.

Neue Arbeitsplätze im tertiären Sektor

Ob die Ansiedlung von dienstleistungsbezogenem Gewerbe und insgesamt eine Ausweitung des Arbeitsplatzangebotes im **tertiären Sektor** einschließlich Tourismus gelingt, wird die Zukunft zeigen. Hier befindet sich der Stadtteil Duisburg-Hochfeld in Konkurrenz mit Stadtplanungsmaßnahmen in anderen Stadtteilen.

Fazit

Statt **Integration** und **Revitalisierung** können auch **soziale Konflikte** und **Gentrifizierung** die Folge sein; gegebenenfalls muss hier ein **Stadtteilmanagement** unter intensiver Bürgerbeteiligung den ökonomischen Wandel und den sozialen Verschmelzungsprozess begleiten.

Grundkurs Geographie (NRW) – Abiturprüfung 2012
Aufgabe 2

Thema
Die Hightech-Branche als Entwicklungsmotor? –
Das Beispiel der Region Cambridge, Großbritannien

Aufgabenstellung Punkte

1. Lokalisieren Sie Cambridge und beschreiben Sie die gegenwärtige sozio-ökonomische Struktur der Region. 20
2. Erläutern Sie die Entwicklung und räumliche Verteilung der Hightech-Branche in der Region Cambridge. 32
3. Erörtern Sie Chancen und Probleme des Wirtschaftsstandortes Region Cambridge. 28

Zugelassene Hilfsmittel
- der an der Schule in der Qualifikationsphase überwiegend verwendete Atlas, in einer für alle Prüflinge gleichen Auflage
- Wörterbuch zur deutschen Rechtschreibung
- Taschenrechner

Materialgrundlage

M 1 Atlaskarten nach Wahl

M 2 Region Cambridge – sozioökonomische Daten

	Region Cambridge			**Groß-britannien**
	Ins-gesamt	**Cambridge City**	**Übrige Distrikte**	
Bevölkerung (2009) *Bevölkerungs-prognose (für 2016)*	607 000 *676 600*	121 100 *139 000*		60 003 100 *64 975 400*
Anteil der Bevölkerung mit hochschulähnlichem Abschluss (2010)	36,2 %	60,5 %	South Cambridgeshire: 38,5 % East Cambridgeshire: 30,8 % Fenland: 15,7 % Huntingdonshire: 32,2 %	31,3 %
Sozialhilfe-empfänger (2010)	9,0 %	7,7 %	South Cambridgeshire: 6,8 % East Cambridgeshire: 8,1 % Fenland: 15,7 % Huntingdonshire: 9,1 %	14,5 %
Bruttowochenlohn für Vollzeit-beschäftigte (2010)	£ 547,8	£ 556,5	South Cambridgeshire: £ 593,0 East Cambridgeshire: £ 523,5 Fenland: £ 440,6 Huntingdonshire: £ 563,2	£ 500,4
Beschäftigungs-struktur (2008)				
Produktion	12,0 %	4,2 %		10,2 %
Baugewerbe	4,2 %	1,7 %		4,8 %
Dienstleistungen, davon:	83,0 %	93,8 %		83,5 %
Distribution, Hotels, Gaststätten	21,6 %	17,8 %		23,4 %
Transport, Kommunikation	4,0 %	3,2 %		5,8 %
Finanzen, IT	22,8 %	25,5 %		22,0 %
öffentliche Verwaltung, Bildung, Gesundheit	30,7 %	43,5 %		27,0 %
andere Dienstleistungen	3,9 %	3,8 %		5,3 %

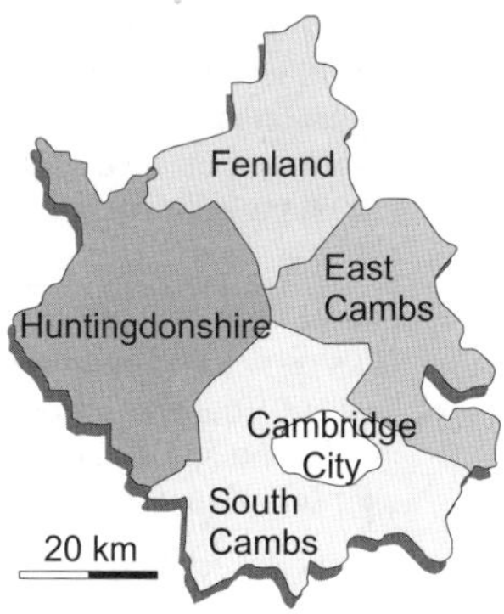

Anmerkungen:
Cambridge City ist die Distriktbezeichnung für die Stadt Cambridge; Cambs = Cambridgeshire

Eigene Zusammenstellung nach:http://www.nomisweb.co.uk (Labour Market Profile. Cambridge und Cambridgeshire; Zugriff 29. 06. 2011);
http://www.cambridgeshire.gov.uk (CambridgeReport09_part1.pdf; Zugriff 29. 06. 2011);
http://www.nomisweb.co.uk/reports/lmp/la/1967128579/report.aspx (Zugriff 19. 04. 2011);
http://www.neighbourhood.statistics.gov.uk/ (Zugriff 29. 06. 2011);
http://www.cambridgeshire.gov.uk (Zugriff 22. 07. 2010)

M 3 Cambridge City – Wissenschaft und Wirtschaft

Universität	• eine der ältesten Universitäten Europas • 31 *Colleges* (= Institute) mit 6 Schwerpunkten: Geisteswissenschaften, Biowissenschaften, Klinische Medizin, Sozialwissenschaften, Naturwissenschaften, Technologie • ca. 10 000 Beschäftigte, ca. 20 000 Studierende • *Trinity College:* das reichste *College;* seine Ländereien umfassen den Besitz des *Cambridge Science Park*
Wissenschaftsparks und Inkubatoren[1]	• u. a. *Cambridge Science Park, St John's Innovation Centre, Babraham Research Campus, Granta Park, IQ Cambridge* • oft auf Flächen, die seit Jahrhunderten im Besitz der Universität sind • Angebot an Büro- und Laborräumen sowie diversen Einrichtungen insbesondere für *Start-ups*[2], *Spin-offs*[3] und multinationale Tochtergesellschaften
1960	• Zwei junge Cambridge-Absolventen gründen die Firma *Cambridge Consultants* (Technologietransfer), „um das Wissen der Cambridge Universität der britischen Industrie zur Verfügung zu stellen".
1970	• Gründung des *Cambridge Science Park* durch das *Trinity College* • bis zum Ende des Jahrzehnts Ansiedlung von 25 Firmen hauptsächlich für Telekommunikation und Lasertechnik
1980er-Jahre	• Errichtung von *Starter Units*[4] und des *St John's Innovation Centre* • Entstehung von *Spin-outs*[5] der angesiedelten Firmen • erste Kooperationen verschiedener Firmen des *Cambridge Science Park*
1990er-Jahre	• neue Niederlassungen, weiterhin eine Mischung aus *Spin-outs* sowie britischen Tochtergesellschaften multinationaler Unternehmen • seit 1996 verstärkt aktive Unterstützung zur Kommerzialisierung der Forschungsergebnisse • *Cambridge Science Park* mit 64 Firmen und ca. 4 000 Arbeitsplätzen (1999) hauptsächlich im Bereich von Telekommunikation und Biowissenschaften
seit 2000	• Gemeinschaftsunternehmen zwischen *Trinity College* und *Trinity Hall* (Besitzer eines Grundstücks von ca. 90 000 m^2 Industriebrache) • Seit 2001 hat die Universität geistiges Eigentumsrecht über Forschungsinhalte, die im Rahmen von Projekten entstanden, die durch die Universität finanziert wurden.
2010	• Cambridge ist eine der 5 wettbewerbsfähigsten Städte Großbritanniens.

1 Inkubatoren: Einrichtungen bzw. Institutionen, welche Existenzgründer im Rahmen der Unternehmensgründung unterstützen
2 *Start-ups:* junge, wissensbasierte Firmen im Anfangsstadium
3 *Spin-off:* ein Unternehmen, das unmittelbar aus der Hochschulforschung und -entwicklung hervorgeht
4 *Starter Units:* flexible Büroräume für *Start-ups* (siehe auch Inkubator)
5 *Spin-out:* Firmenausgründung: eine Art *Spin-off,* wobei sich ein Teil einer Firma „abspaltet" und ein eigenständiger Betrieb wird

Eigene Zusammenstellung nach: Info Universität: http://www.cam.ac.uk/univ/ (Zugriff 15. 09. 2011); http://www.cambridgesciencepark.co.uk/about/history (Zugriff 15. 09. 2011); http://www.kooperation-international.de/countries/themes/international/clusterlist/cluster-cambridge/ (Zugriff 11. 04. 2010)

M 4 Technologiefelder in der Region Cambridge

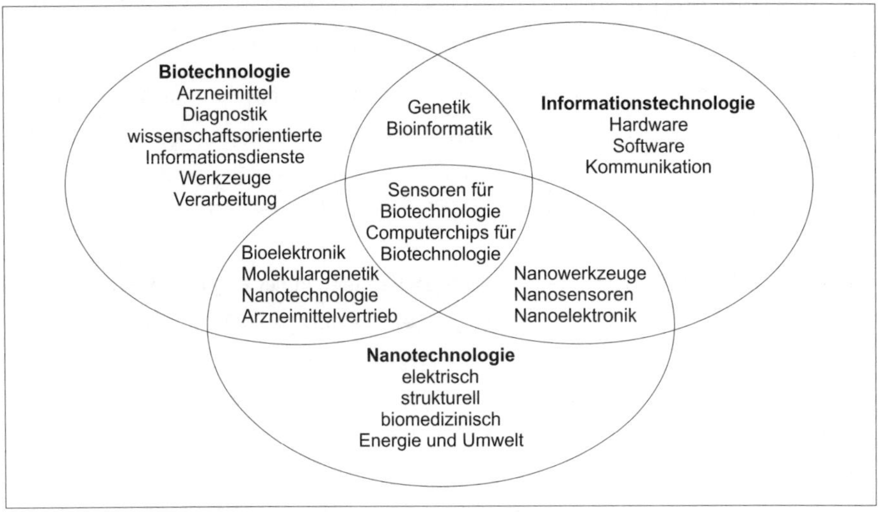

Quelle: Clemens Philipp, Internationales Büro des BMBF, VDI Technologiezentrum GmbH (Hrsg.); http://www.kooperation-international.de/clusterportal/cluster-cambridge

M 5 Cambridge City – Hightech-Branche (siehe Farbabbildung F-14)

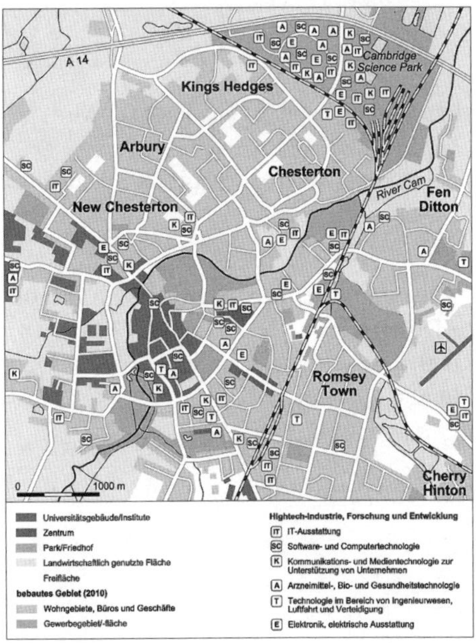

Quelle: © cartomedia, Karlsruhe

M 6 Region Cambridge – Betriebs- und Beschäftigtenzahlen in der Hightech-Branche

Insgesamt

	1991	1995	1999	2002	2004	2006	2008
Beschäftigte	30 934	36 423	42 527	46 224	44 525	44 374	48 099
Betriebe	1 083	1 225	1 426	1 539	1 540	1 420	1 379

Nach Distrikten

Anteil der Beschäftigten (in % der Gesamtbeschäftigten in der Region Cambridge)							
Distrikt/Jahr	**1991**	**1995**	**1999**	**2002**	**2004**	**2006**	**2008**
Cambridge City	41,8	39,2	38,4	35,8	36,2	37,2	34,5
East Cambridgeshire	3,3	3,8	3,6	3,8	3,6	3,3	3,5
Fenland	1,7	1,5	1,6	1,6	1,7	1,8	1,7
Huntingdonshire	16,4	16,9	16,0	17,4	17,4	17,3	18,4
South Cambridgeshire	36,8	38,6	40,4	41,4	41,1	40,4	41,9

Quelle: SQW, Cambridgeshire County Council (Hrsg.): http://www.cambridgeshire.gov.uk/NR/rdonlyres/B7DD1792-2659-4494-9C29-F45A188B1190/0/ CambridgeclusterreportFINAL210311.pdf (veröffentlicht im März 2011; Zugriff 08. 06. 2011)

M 7 Verkehrsaufkommen

Eine Studie von 2008 zeigt:

- Kosten durch Verkehrsstaus für die regionale Wirtschaft bereits über £ 1 Mrd. pro Jahr.
- Bei ausbleibenden Gegenmaßnahmen Steigerung der Kosten bis 2021 auf über £ 2 Mrd.

Pendlerprognose (2021):

- South Cambridgeshire und Cambridge City sind zwei der – bezogen auf die Bevölkerung – am schnellsten wachsenden Distrikte.
- Bis 2021 prognostiziert man knapp 20 000 weitere Pendler in die Distrikte South Cambridgeshire, Cambridge City und Huntingdonshire.

Eigene Zusammenstellung nach: http://www.centreforcities.org/808.html (Zugriff 12. 12. 2011); http://www.eeda.org.uk/files/Final_report_Exec_Sum_4.pdf (Zugriff 12. 12. 2011); http://media.ft.com/cms/441f91c2-36e5-11df-bc0f-00144feabdc0.pdf (Zugriff 12. 12. 2011)

M 8 Entwicklung der Immobilienpreise

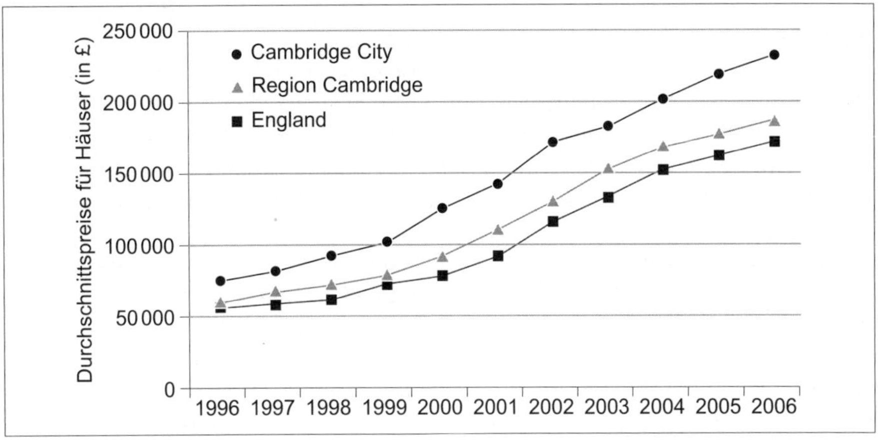

Eigene Darstellung nach:
http://www.cambridgeshirehorizons.co.uk/documents/shma/ch_27_identifying_housing_need_2009.pdf

---

Die Aufgabe bezieht sich auf die folgenden **inhaltlichen Schwerpunkte:**

- Wandel von Standortfaktoren in seiner Wirkung auf industrieräumliche Strukturen
  - Standortentscheidungen im Zusammenhang mit harten und weichen Standortfaktoren
- Verkehrs- und Kommunikationsnetze in ihrer Bedeutung für die Verflechtung und Gestaltung von Räumen
  - Zusammenhang zwischen der Modernisierung der Verkehrs- und Kommunikationsnetze und der Globalisierung
  - Prinzipien der Standortverlagerung und der Beschaffungslogistik

Lösungsvorschlag

Teilaufgabe 1

Der Operator „beschreiben" (Anforderungsbereich I) erfordert eine ausführliche Wiedergabe der Materialaussagen unter umfassender Verwendung der Fachsprache. In dieser Teilaufgabe sollen Sie im Anschluss an die räumliche Einordnung die gegenwärtige sozialräumliche Struktur der Region Cambridge aufzeigen und hierbei auch auf die teilräumlichen Unterschiede eingehen (M 1–M 4).

Geographische Lage

Die **Region Cambridge** liegt im Südosten Englands westlich von Suffolk, ca. 80 km nördlich der Hauptstadt London, mit der sie durch eine Autobahn und eine Haupteisenbahnlinie verbunden ist. Sie untergliedert sich in die fünf Distrikte Fenland (N), Huntingdonshire (W), East Cambridgeshire (O), South Cambridgeshire (S) und Cambridge City, die Distrikt-Hauptstadt, inmitten des sie umgebenden Distriktes South Cambridgeshire gelegen. Die Nord-Süd-Ausdehnung beträgt ca. 85 km, die West-Ost-Ausdehnung ca. 75 km. Der östliche Teil der Region weist Höhen von 100–200 m auf, ca. 80 % sind Flachland unter 100 m NN (M 1, M 2).

Sozio-ökonomische Struktur

Als eine der fünf wettbewerbsfähigsten Städte Großbritanniens (M 3) beeinflusst Cambridge City auf positive Weise die an sich schon überdurchschnittliche ökonomische und soziale Struktur der Region. So liegt der Anteil der Bevölkerung **mit hochschulähnlichem Bildungsabschluss** um ca. 5 % über dem Landesdurchschnitt, derjenige der alten Universitätsstadt Cambridge City ist mit 60,5 % fast doppelt so hoch. So erstaunt es nicht, dass das durchschnittliche Lohnniveau ca. 10 % über dem Durchschnitt Großbritanniens liegt, in South Cambridgeshire sogar fast 20 %. Andererseits gibt es auch Teildistrikte wie Fenland, die einen sehr geringen Bevölkerungsanteil mit Hochschulabschlüssen und deutlich niedrigere sozioökonomische Indikatoren aufweisen. Während der Anteil der Sozialhilfeempfänger in der Region Cambridge um ca. ein Drittel unter dem Großbritanniens liegt – was auf die überdurchschnittlich guten Beschäftigungsmöglichkeiten für Menschen mit hohen Bildungsabschlüssen zurückzuführen ist –, beträgt er in Cambridge City sogar nur die Hälfte. Hintergrund dieser überdurchschnittlichen **Sozialstandards** ist der hohe Anteil der im **tertiären Sektor** Beschäftigten, wobei vor allem die gehobenen und höherwertigen **Dienstleistungen** dominieren in den Bereichen Finanzen/ IT sowie öffentliche Verwaltung/Bildung/Gesundheit. Bei all diesen Dienstleistungen weist Cambridge City regionsintern wie auch im Vergleich mit Großbritannien die eindeutig höchsten Werte auf (M 2). Ein weiteres **ökonomisches Kennzeichen** der Region Cambridge ist der Besatz mit Unternehmen zahlreicher **Technologiefelder** wie Biotechnologie, Informationstechnologie oder Nanotechnologie (M 4).

Hochentwickelte Wirtschaftsregion

Die Region Cambridge ist als **hochentwickelte Wirtschaftsregion** zu bezeichnen, deren ökonomischer Schwerpunkt regional in den beiden Süddistrikten liegt. Während die beiden in der Mitte liegenden Distrikte Huntingdonshire und East Cambridgeshire in etwa dem Regionsdurchschnitt entsprechen, fällt der nördliche Distrikt Fenland in jeder Hinsicht deutlich ab und beeinträchtigt damit statistisch die Regionsdurchschnittswerte erheblich (M 2).

Teilaufgabe 2

Der Operator „erläutern" (Anforderungsbereich II) verlangt von Ihnen, dass Sie die aus dem Material entnehmbaren Zusammenhänge verdeutlichen. In dieser Teilaufgabe sollen Sie aufzeigen, in welcher zeitlichen Abfolge sich die Hightech-Branche in der Region Cambridge entwickelt und wie sie sich räumlich verteilt hat. Hierbei ist ein besonderes Augenmerk auf die Bedeutung der vorhandenen Bildungseinrichtungen zu richten (M 3–M 6).

Bedeutung der Hightech-Branche

Die **Hightech-Branche** besitzt in der Region Cambridge und vor allem in Cambridge City eine überragende Bedeutung weit über den Distrikt hinaus. Dies drückt sich sowohl in den Beschäftigten- und Betriebszahlen dieser Branche aus als auch in den Forschungsschwerpunkten der Universität Cambridge sowie ihren **assoziierten Wissenschaftsparks und Inkubatoren** (M 3).

Entwicklung der Hightech-Branche

Die Anfänge dieser Entwicklung gehen zurück auf eine Firmengründung zweier Hochschulabsolventen im Jahr 1960, die sich der Universität und der heimischen Industrie verbunden fühlten und eine Verbindung zwischen Wissenschaft und Forschung einerseits sowie ökonomischer Umsetzung/Verwendung andererseits herstellten. Aus dieser Anfangsidee entwickelte sich binnen zehn Jahren die Keimzelle des **Cambridge Science Parks**, der ca. 2,5 km nordöstlich der Innenstadt am Stadtrand gelegen ist. Gründer war diesmal ein College, das seinen Arbeitsschwerpunkt im Bereich Telekommunikation und Lasertechnik besaß. Um Anreize für Hochschulabsolventen und Jungunternehmer zu schaffen, wurden in diesem **Technologiepark** finanzielle und logistische Starthilfen geboten, die dazu führten, dass sich innerhalb von weiteren zehn Jahren viele Hightech-Firmen ansiedelten. Diese Firmen wuchsen, lagerten einen Teil ihrer Produktion und Weiterentwicklung aus und gingen untereinander Kooperationen im Zuge von **Spezialisierungs- und Diversifizierungsvorgängen** ein (M 3, M 4).

Räumliche Schwerpunkte

Während sich diese Entwicklung am Anfang schwerpunktmäßig in Cambridge City konzentriert hatte, dehnte sie sich bis zum Beginn der 1990er-Jahre schnell auf South Cambridgeshire und Huntingdonshire aus: Von den 30 934 Beschäftigten in 1 083 Betrieben wies die Distrikthauptstadt im Jahr 1991 ca. 42 % auf, South Cambridgeshire 37 % und Huntingdonshire 16 %. East Cambridgeshire und Fenland blieben von dieser Entwicklung weitestgehend ausgeschlossen, was sich bis zur Gegenwart nicht geändert hat. Bis 2002 stieg die Beschäftigtenzahl in der Hightech-Branche stetig bis auf über 46 000 an und lag nach einem Rückgang auf 44 000 im Jahr 2008 bei 48 000. Hingegen lässt sich bei der Anzahl der Betriebe seit 2002 ein Rückgang von gut 10 % auf nur noch 1 379 im Jahr 2008 beobachten (M 6).

Räumliches und clusterartiges Netzwerk

Seit 1991 hat Cambridge City ca. 7 % Bedeutungsanteil an South Cambridgeshire abgeben müssen, welches nunmehr mit 42 % zu 35 % dominiert. In dieser Zeit haben die Bildungseinrichtungen die Weiterentwicklung der Hightech-Branchen in vielfältiger Weise unterstützt und gefördert: Flächen und Gebäude wurden – verteilt über den gesamten Kernstadtbereich – bereitgestellt, finanzielle Unterstützung „zur Kommerzialisierung der Forschungsergebnisse" (M 3) wurden gewährt, Kooperationen wie die zwischen Trinity College und Trinity Hall wurden eingegangen, u. a. hierdurch auch Fachkräfte bereitgestellt. Als Folge davon wuchs die Bedeutung der Hightech-Branche ständig, und außer britischen Unternehmern beteiligten sich seit den 1990er-Jahren auch **multinationale Unternehmen** hieran. Nach und nach entstand ein räumliches und **clusterartiges Netzwerk**, in dem sich einzelne Betriebe auf die verschiedenen **Technologiefelder** sowie deren Forschungs- und Produktionsschwerpunkte spezialisieren konnten. So arbeiteten bereits 1999 im Cambridge Science Park 4 000 Beschäftigte überwiegend in den Bereichen Telekommunikation/Informationstechnologie und Biowissenschaften/Biotechnologie (M 3, M 4). Diese Netz- und Clusterstruktur verdichtet sich zunehmend, da bei fortschreitender Spezialisierung und Diversifizierung Überschneidungen/**Schnittstellen zwischen den einzelnen Technologiefeldern** entstehen, z. B. bei der Entwicklung von

Sensoren oder Computerchips für biotechnologische Produkte, wofür Knowhow und Zulieferprodukte aller drei Technologiefelder benötigt werden (M 4).

Heutiges Standortmuster

Das heutige **Standortmuster in der Region Cambridge** wird geprägt von einem engen räumlichen Nebeneinander von wissenschaftlichen Instituten sowie Unternehmen der Hightech-Industrie innerhalb der Kernstadt von Cambridge City und dem inzwischen auf eine Fläche von $2{,}5 \times 1{,}5\ km^2$ angewachsenen, infrastrukturell sehr gut angebundenen Cambridge Science Park, ferner zahlreichen weiteren Unternehmensstandorten in der südlichen Hälfte der Region (M 5, M 6).

Teilaufgabe 3

Der Operator „erörtern" (Anforderungsbereich III) verlangt von Ihnen das begründete Abwägen zwischen Pro und Kontra mit dem Ziel einer eigenen abschließenden Urteilsbildung. In dieser Teilaufgabe wird von Ihnen ein Urteil erwartet bezüglich der Frage, ob die vorhandene „spezialisierte" Branchenstruktur in der Region Cambridge Grundlage einer künftig positiven Entwicklung sein kann (M 2–M 8).

Positive Entwicklung

Die Region Cambridge gehört aufgrund ihres hohen Anteils an **wissensbasierten Wachstums- und Zukunftsindustrien** und deren Vernetzung sowie des Vorhandenseins sehr qualifizierter Arbeitskräfte zu den wettbewerbsfähigsten Städten Großbritanniens. Ihre Betriebe sind gekennzeichnet durch einen hohen Flexibilitäts- und Innovationsgrad, wie die breite Branchenpalette innerhalb der Hightech-Branche sowie die Betriebsstrukturentwicklung beweisen (M 2, M 4, M 6). Eine Region mit einem solch positiven infrastrukturellen und ökonomischen Image übt **Ansiedlungs- und Investitionsanreize** auf in- und ausländische Unternehmen aus, zumal sowohl in Cambridge City als auch in der gesamten Region hinreichend **räumliche Expansionsmöglichkeiten** bestehen (M 1, M 5). Die Entwicklung bis 2010 beweist, dass die Hightech-Branche selbst in Zeiten weltwirtschaftlicher Rezession nur marginal betroffen ist (M 6).

Probleme

Eine solche **Hightech-Boomregion** hat auch einige Schattenseiten: Die Dominanz des tertiären Sektors mit besonderen Anforderungen an sehr gut ausgebildete und hochqualifizierte Arbeitskräfte sowie entsprechend hohem Lohnniveau und Lebensstandard führt zu einem Anstieg der Lebenshaltungskosten, wie exemplarisch anhand der **Immobilienpreise** zu sehen ist. Im Vergleich mit

England sind diese – ausgehend von demselben Preisniveau im Jahr 1996 – in der Region Cambridge bis 2006 um ca. 10 % stärker gestiegen, in Cambridge City, wo sie bereits 1996 durchschnittlich bei 75 000 € und damit 20 000 € über dem Landesdurchschnitt lagen, sind sie wie in der Region um das Dreifache gestiegen, was absolut gesehen eine Verteuerung um 30 000 € bedeutet (M 8). In Anbetracht der Wirtschaftsstruktur ist es zudem für weniger Qualifizierte schwierig, einen Arbeitsplatz zu finden und mit dem geringeren Einkommen die Lebenshaltungskosten im Kernraum zu bestreiten (M 2).

Aufgrund dieser Einkommens- und Preisunterschiede ist bis 2008 **das Pendleraufkommen** stark gewachsen, da viele zwar ihren Arbeitsplatz in Cambridge City haben, ihren Wohnort jedoch in einem anderen Distrikt mit niedrigeren Immobilienpreisen. Die Folge sind regelmäßige Verkehrsstaus zu den **Rush-Hours**. Der volkswirtschaftliche Schaden war bereits im Jahr 2008 mit über 1 Mrd. engl. Pfund erheblich. Vor dem Hintergrund der anzunehmenden wirtschaftlichen Weiterentwicklung und der damit einhergehenden Bevölkerungszunahme in den wirtschaftlich führenden Distrikten erwartet man eine Zunahme des täglichen Pendleraufkommens um weitere 20 000 Personen. Ohne den notwendigen Ausbau des Straßen- und ÖPNV-Netzes in den drei betroffenen Distrikten werden, so die Prognosen, die Staus zunehmen und die **volkswirtschaftlichen Kosten** steigen, und zwar auf mehr als das Doppelte bereits im Jahr 2021 (M 7).

Die einerseits spezialisierte, andererseits zunehmend diversifizierte Hightech-Branche ist bisher ohne Frage Motor der Entwicklung in der Region Cambridge gewesen. Bei anhaltender Innovations- und Investitionsbereitschaft wird der **Hightech-Cluster** auch künftig eine allgemeine positive Weiterentwicklung ermöglichen. Damit eine Partizipation möglichst aller Bevölkerungsschichten hieran erfolgen kann, bedarf es begleitender stadt- und raumplanerischer Maßnahmen, u. a. im Bereich der Verkehrsinfrastruktur. Fazit

Grundkurs Geographie (NRW) – Abiturprüfung 2012
Aufgabe 3

Thema

Zukunftsfähige Entwicklung durch Bewässerungsprojekte? –
Das Beispiel Toshka/Ägypten

Aufgabenstellung

Punkte

1. Lokalisieren Sie das Toshka-Projekt; erläutern Sie seine Struktur und Zielsetzung vor dem Hintergrund der naturräumlichen, demographischen und wirtschaftlichen Situation Ägyptens. 50

2. Erörtern Sie, inwiefern das Toshka-Projekt als Beitrag zur zukunftsfähigen Entwicklung Ägyptens angesehen werden kann. 30

Zugelassene Hilfsmittel

- der an der Schule in der Qualifikationsphase überwiegend verwendete Atlas, in einer für alle Prüflinge gleichen Auflage
- Wörterbuch zur deutschen Rechtschreibung
- Taschenrechner

Materialgrundlage

M 1 Atlaskarten nach Wahl

M 2 Klima Assuan

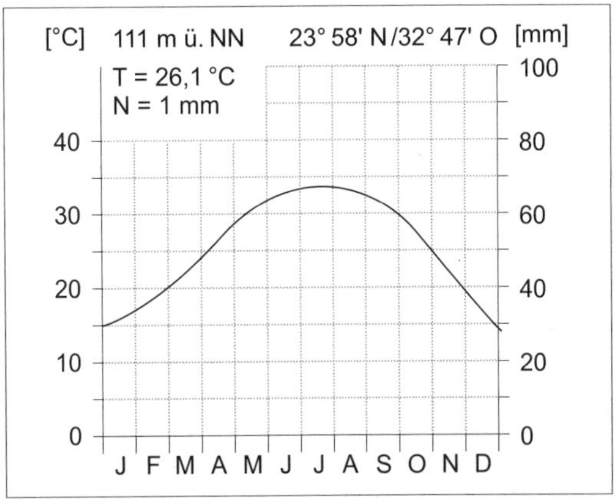

Eigene Darstellung nach: www.klimadiagramme.de; Universität zu Köln: Sonderforschungsbereich 389. Teilprojekt E1

M 3 Daten zur Bevölkerung und Landwirtschaft in Ägypten

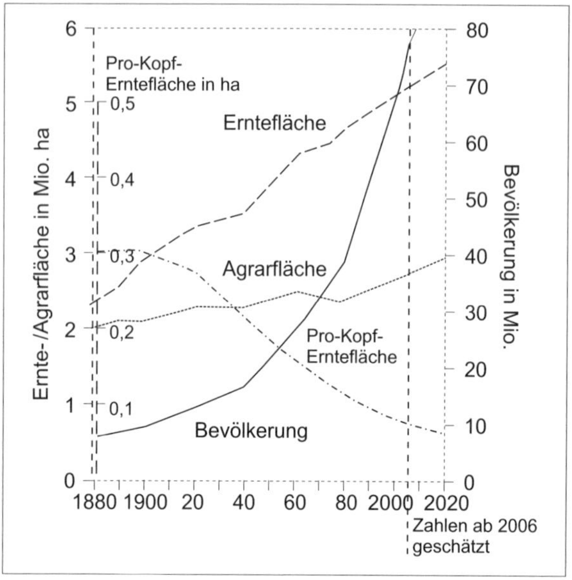

Jährliches Wasserangebot pro Kopf (in m³)	
1955	2 385
1990	1 046
2025	605
2050	502

Anmerkung:
Die Erntefläche kann aufgrund mehrerer Ernten pro Jahr größer sein als die Agrarfläche, bei einer Ernte pro Jahr sind Agrar- und Erntefläche identisch.

Quelle: Ibrahim, Fouad N./ Ibrahim, Barbara: Ägypten. Geographie, Geschichte, Wirtschaft, Politik. Darmstadt, WBG 2006

M 4 Ägypten: Bevölkerungsdichte, Landnutzung, Wirtschaft um 1990

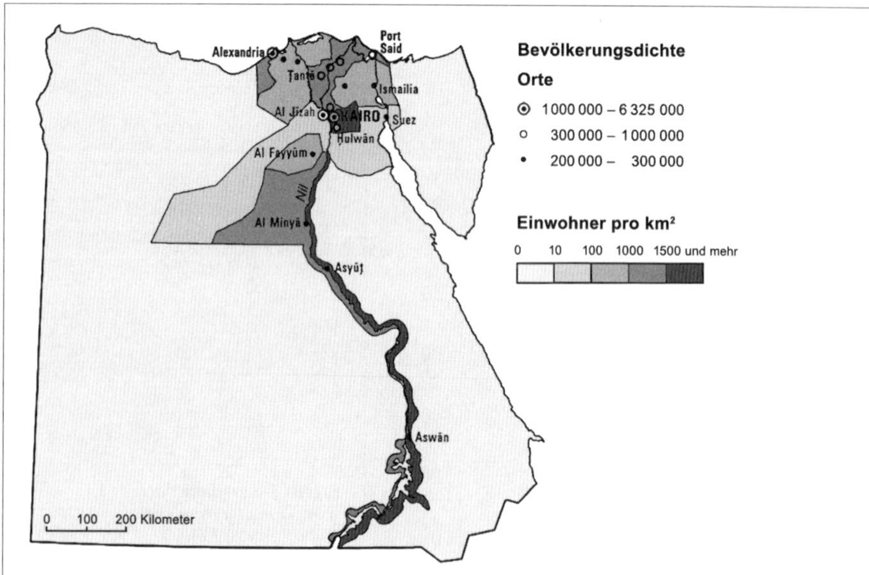

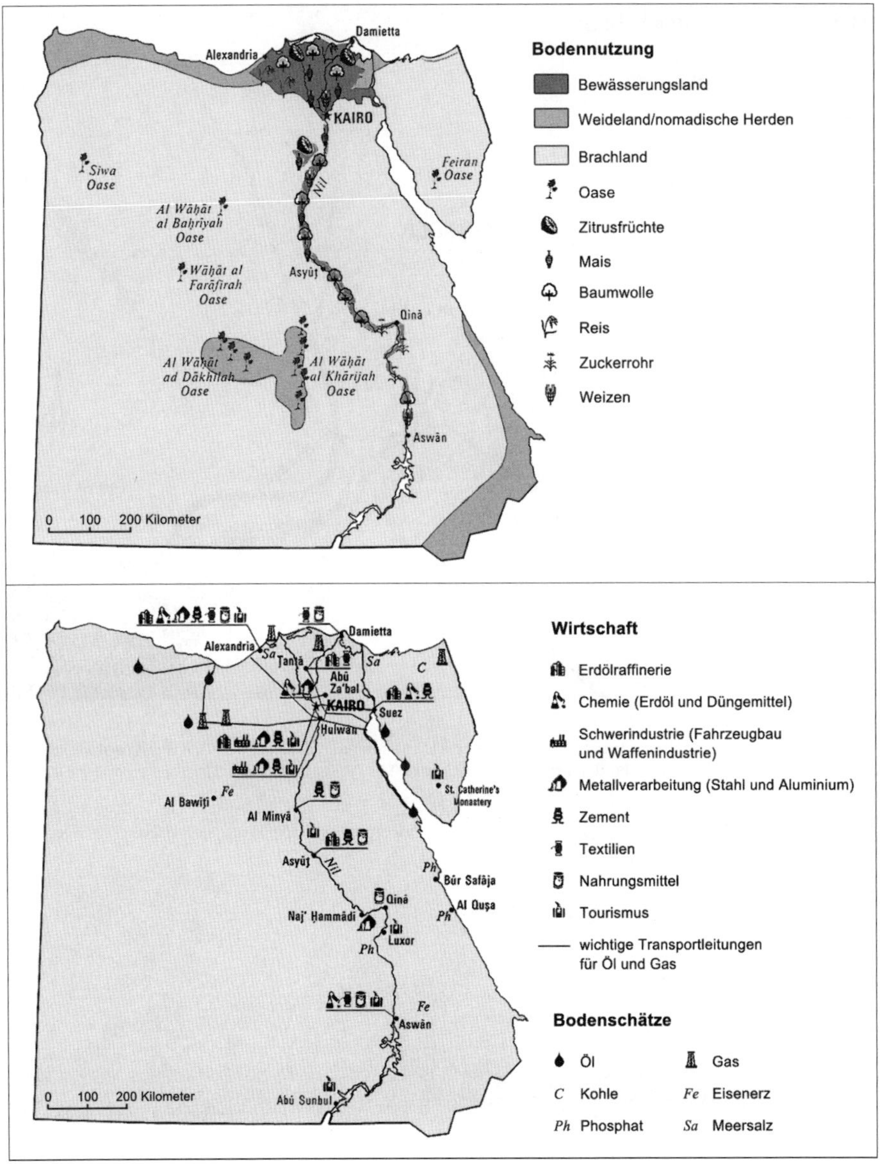

Anmerkung: Aswān = Assuan

Eigene Darstellung nach: http://www.weltkarte.com/afrika/aegypten.htm (Zugriff 07. 02. 2011)

M 5 Toshka-Projekt: Lage

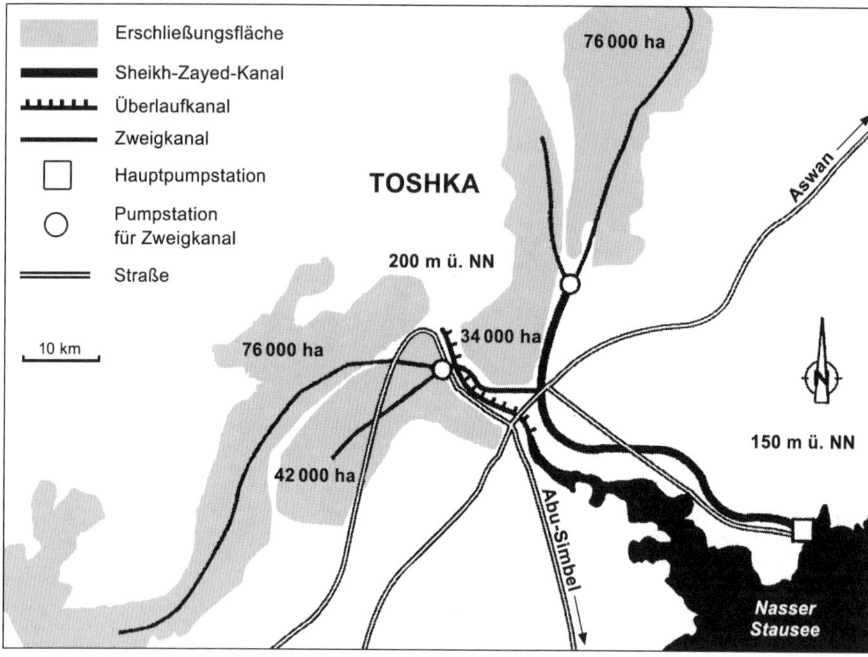

Anmerkung:
Der Sheikh-Zayed-Kanal sollte nach ursprünglichen Planungen auch die nordwestlich des Toshka-Gebietes liegenden Oasensenken miteinander verbinden, die konkreten Ausbaupläne beschränken sich jedoch auf das Toshka-Gebiet.

Eigene Darstellung nach: Meyer, Günther: Toshka. Megaprojekt zur Eroberung der Wüste Ägyptens. In: Praxis Geographie 31 (2001) H. 7– 8, S. 19

Hauptpumpstation am Nasser-Stausee

Anmerkung:
24 vertikale Pumpen, von denen 18 permanent in Betrieb sind, heben das Wasser des Nasser-Stausees.

Quelle: http://www.wikipedia.de (Zugriff 17. 08. 2011)

M 6 Toshka-Projekt: Daten

Auslöser für das Projekt	In niederschlagsreichen Jahren verdunstete überschüssiges Wasser des Nasser-Stausees ungenutzt in der Toshka-Senke.
Bauzeit	1997–2017
Geplanter Ablauf des Bewässerungsprojekts	Der landwirtschaftlichen Inwertsetzung sollen Industrialisierungsmaßnahmen und touristische Projekte folgen.
Arbeitsplätze pro Hektar Bewässerungsland (Plan)	4 (Landwirtschaft), 8–10 (Folgeeffekte)
Inbetriebnahme der Großpumpen zur Anhebung des Nilwassers	2003
Hauptkanal	„Sheikh Zayed“, 6 m tief, 30 m breit, 50,8 km lang, offene Betonrinne, Kosten 2 Mrd. Euro
Länge des geplanten Kanalsystems	320 km
Prognostizierter Wasserbedarf	25 Mio. m^3 pro Tag (10–12 % des für Ägypten vertraglich garantierten Nilwassers)
Geplante Ansiedlung	3 Mio. Menschen, 18 Siedlungen
Voraussichtliche Kosten	62,3 Mrd. Euro
Vorgesehener Anbau	Mais, Gerste, Weizen, Artischocken, Erdbeeren, Weintrauben, Spargel, Erdnüsse, Wassermelonen, Dattelpalmen
Vorhandene Bodenschätze	Blei, Edelsteine, Eisen

Eigene Zusammenstellung nach: Praxis Geographie 39 (2009) H. 1, S. 44; http://www.mwri.gov.eg/En/project_toshka%20.html (Zugriff 07. 02. 2011); http://www.klett-verlag.de/sixcms_upload/media/100/toshka_karte.jpg (Zugriff 07. 02. 2011)

M 7 „Fata Morgana Toshka“

Eigentlich sollte das Wüstenprojekt nach einem einfachen Prinzip gedeihen: […] Reiche Investoren – bevorzugt aus den Golfstaaten – kaufen das Plantagenland in großen Stücken, bekommen zehn Jahre Steuerfreiheit und verpachten es an einheimische Bauernfamilien, die es für den Export bewirtschaften.
Um das Geschäft in Schwung zu bringen, setzte die ägyptische Regierung auf den weltgewandten saudischen Milliardär Prinz Alwaleed bin Talal als internationales Zugpferd. Mehr als eine winzig kleine Testfarm aber ist auf seinem Boden nicht entstanden. Selbst Nebenpumpen, die das Wasser zum Gelände bringen sollen, hat er nicht installieren lassen. „Private Investoren sind Feiglinge. Sie sind nur auf schnelle Rendite aus – aber die gibt es im Agrargeschäft nicht“, trösten sich Verantwortliche wie Ingenieur Tarek Ewies, der für die Öffentlichkeitsarbeit zuständig ist. […]
Lediglich 5 000 Wanderarbeiter sind bisher auf den Feldern tätig, angelockt durch den vergleichsweise hohen Lohn von rund vier Euro pro Tag. Jetzt soll „in weniger als 15 Jahren“ als erste neue Stadt Toshka-City für 100 000 Einwohner hochgezogen werden – mit Schulen, Geschäften und Krankenhäusern. Noch ist kein Spatenstich getan. Lediglich eine kleine Moschee, ein Toilettenblock für Arbeiter und ein verwaister Helikopterlandeplatz für die Investoren stehen irgendwo in der Wüste.

Quelle: Martin Gehlen, Frankfurter Rundschau, http://www.fr-online.de/wirtschaft/urbanisierung-in-aegypten-fata-morgana-toshka/1472780/4561130.htm (16. 08. 2010; Zugriff 07. 02. 2011)

M 8 Ägypten – Außenhandel

Import (in Mrd. US-$) 2009	**50,3**
Hauptimportprodukte (in %) 2008	
Nahrungsmittel	16
Maschinen und Fahrzeuge	23
Metalle	18
Export (in Mrd. US-$) 2009	25,2
Hauptexportprodukte (in %) 2008	
Erdöl und Erdölerzeugnisse	44
Metalle	12
Nahrungsmittel	11
Nationale Selbstversorgung 2006	
Versorgungsgrad (in %)	
Weizen	51
Mais	56
Reis	100
Zucker	73
Speiseöl	12
Bohnen	64

Eigene Zusammenstellung nach: FWA 2008; Ibrahim, Fouad N./Ibrahim, Barbara: Ägypten. Geographie, Geschichte, Wirtschaft, Politik. Darmstadt: WBG 2006; Germany Trade & Invest – Wirtschaftsdaten kompakt: Ägypten, 2010

M 9 Nilwasser – Daten und Fakten

Einzugsgebiet des Nils

Staat	Fläche (%)
Sudan	62,7
Äthiopien	12,1
Ägypten	9,9
übrige Anrainer	15,3

Quelle: Gerdes Torben; Abteilung für Hydrologie und Wasserwirtschaft, Christian-Albrechts-Universität Kiel; http.//www.hydrology.uni-kiel.de/lehre/seminar/ss05/gerdes_wasserbilanz_nil.pdf (Zugriff 07. 02. 2011)

Abkommen zur gerechteren Verteilung des Nilwassers unterzeichnet

ENTEBBE 14. Mai 2010 – Gegen den Widerstand Sudans und Ägyptens wollen die ostafrikanischen Nil-Anrainerstaaten einen größeren Anteil am Nilwasser erhalten. Nach einem noch aus Kolonialzeiten stammenden Vertrag hat Ägypten Anspruch auf Nutzung von 90 Prozent des Nilwassers.

Die Wasserwirtschaftsminister Ugandas, Äthiopiens, Tansanias und Ruandas unterzeichneten im ugandischen Entebbe eine Vereinbarung, die das bisherige Monopol Kairos und Khartums brechen soll.

Kenia unterstützt die diplomatischen Bemühungen, Burundi und Kongo signalisierten, dass sie die Vereinbarung ebenfalls unterzeichnen wollen. Ägyptens Außenminister zeigte sich empört: Das Land werde keine Vereinbarung unterzeichnen, die vorsieht, dass es auf seine „historischen" Rechte verzichtet.

Für die Staaten am Nil und dem Viktoriasee geht es vor allem darum, auch gegen den Willen Ägyptens und Sudans Bewässerungsprojekte, Staudämme und Wasserkraftwerke entlang des längsten Flusses Afrikas durchsetzen zu können.

In den vergangenen Jahren litten unter den Nil-Anrainerstaaten vor allem Kenia, Äthiopien und Teile Ugandas unter Dürre und Wassermangel.

Quelle: Volksblatt; http://www.volksblatt.li/?newsid=104595&src=sda&region=id (Zugriff 07. 02. 2011)

Die Aufgabe bezieht sich auf die folgenden **inhaltlichen Schwerpunkte:**

- Ursachen und Folgen von Eingriffen in geoökologische Kreisläufe
  - Landwirtschaftliche Intensivierung durch unterschiedliche Bewässerungssysteme in ariden und semiariden Räumen
  - Prozess der Bodenversalzung und mögliche Gegenmaßnahmen
- Raumbedarf und Tragfähigkeit im Zusammenhang mit demographischen Prozessen
  - Ursachen und Folgen von Wanderungsbewegungen

Lösungsvorschlag

Teilaufgabe 1

Der Operator „erläutern" (Anforderungsbereich II) verlangt von Ihnen, dass Sie die aus dem Material entnehmbaren Zusammenhänge verdeutlichen. In dieser Teilaufgabe sollen Sie im Anschluss an die räumliche Einordnung des Toshka-Projektes seine Struktur aufzeigen und darlegen, welche Ziele mit ihm verfolgt werden. Hierbei müssen Sie auf die naturräumlichen Voraussetzungen sowie die demographischen und wirtschaftlichen Gegebenheiten Ägyptens eingehen (M 1–M 6, M 8, M 9).

Räumliche Lage

Das ägyptische **Toshka-Bewässerungsprojekt** befindet sich westlich des Nils, etwa 30 km nördlich von Abu Simbel südwestlich von Assuan, ca. 50 km vom Nil entfernt. Es umfasst vier Erschließungsflächen zwischen 34 000 und 76 000 ha Größe, Senken in der Wüste, die einer landwirtschaftlichen Nutzung zugeführt werden sollen (M 1, M 5, M 6).

Toshka-Bewässerungsprojekt

Die Idee zum Bau eines Kanals, der gezielt **Nilwasser** in die Toshka-Senke leiten soll, entstand aufgrund der Tatsache, dass in regenreichen Jahren Wasser aus dem Nasser-Stausee in einen Überlaufkanal abgelassen werden musste und ungenutzt in der **Toshka-Senke** verdunstete. Da zwischen dem Nasser-Stausee und der Toshka-Senke ein bis zu 150 m hoher Landrücken durch die Wüste verläuft, muss das Nilwasser zunächst in der Hauptpumpstation unmittelbar am westlichen Rand angehoben und in den Sheikh-Zayed-Kanal gepumpt werden, bevor dieser das Wasser über ca. 50 km bis zu zwei weiteren Pumpstationen transportiert. Von dort aus teilt es sich dann in vier Zweigkanäle auf und wird in Richtung Mulden/**Bewässerungsflächen** weitergeleitet; das gesamte Kanalsystem ist 320 km lang (M 5, M 6). Das Projekt soll in einem eigentlich lebensfeindlichen Raum realisiert werden: Bei zwölf ariden Monaten mit einem Gesamtjahresniederschlag von nur 1 mm, einer Durchschnittstemperatur von 26,1 °C und Monatsmaxima von über 30 °C von Juni bis September herrschen ganzjährig Hitze und Trockenheit. Als Folge davon sind überwiegende Teile Ägyptens durch Wüsten gekennzeichnet (M 1, M 2). Der Nil als Fremdlingsfluss bezieht sein Wasser aus südlich gelegenen regenreichen Klimaregionen; auf seinem Weg nach Norden Richtung Mittelmeer verdunstet ein großer Teil des Oberflächenwassers (M 1).

Nach der Hälfte der im Jahr 1997 begonnenen 10-jährigen Bauzeit konnte 2003 die Inbetriebnahme der Großpumpen erfolgen, von denen drei Viertel ununterbrochen Wasser in den 30 m breiten, 6 m tiefen, **offenen Hauptkanal** pumpen sollen. Bei einer Menge von 25 Mio. m^3 Wasser täglich entspricht dies in etwa 10 % der Wassermenge, über die Ägypten aufgrund von Verträgen mit anderen **Nilanrainerstaaten** verfügen kann (M 6, M 9).

Inbetriebnahme

Es handelt sich um ein **sehr ambitioniertes Projekt**, das eine **Gesamtinvestitionssumme** von 62,3 Mrd. € erfordert, wovon die Baukosten des Hauptkanals alleine 2 Mrd. € ausmachen. **Ziel des Bewässerungsprojektes** ist es, die LNF Ägyptens zu vergrößern, den Anbau von **Grundnahrungsmitteln** wie Gerste, Weizen und Mais und von **landwirtschaftlichen Exportprodukten** wie Weintrauben, Erdbeeren, Spargel oder Wassermelonen zu steigern. Hierbei sollen ca. 1 Mio. Arbeitsplätze im primären Sektor geschaffen werden. Zu einem späteren Zeitpunkt ist geplant, weitere 2 Mio. Arbeitsplätze in den Bereichen Rohstoffförderung, Industrie und Tourismus sowie Folgewirtschaft zu schaffen. Außerdem soll **Wohnraum** in 18 neuen Siedlungen errichtet werden (M 5, M 6).

Ziele des Projekts

Ägypten ist auf die **Ausweitung seiner landwirtschaftlichen Nutzfläche** angewiesen: Die nutzbare Landesfläche ist extrem gering und beschränkt sich bis auf wenige Oasenräume weitestgehend auf die Flussoase des Nils und das Nildelta (M 1, M 4). Dort befinden sich fast alle Wirtschaftsstandorte, dort lebt der Großteil der ägyptischen Bevölkerung. Insofern bietet das Toshka-Projekt eine Gelegenheit, diese bis dato einseitige Ausrichtung sämtlicher menschlicher Tätigkeiten auf das Niltal teilweise aufzuheben. Eine Erweiterung der LNF ist auch deshalb notwendig, weil Ägyptens Bevölkerung stetig und stark wächst und sich allein von 1980 bis 2000 auf ca. 80 Mio. verdoppelt hat. Das hat trotz aller landwirtschaftlicher Bemühungen, die in der Ausweitung der Anbau- und der Erntefläche bestanden haben, zu einer deutlichen **Reduzierung der Pro-Kopf-Erntefläche** seit 1950 um die Hälfte auf nur noch 0,1 ha geführt (M 3). Dies machte es notwendig, dass Ägypten im Jahr 2009 16 % seiner Handelsausgaben für den Import von Nahrungsmitteln aufwenden musste bei einer deutlich negativen Handelsbilanz, da bis auf Reis der nationale **Selbstversorgungsgrad bei Grundnahrungsmitteln** nur zwischen 51 und 73 % lag, bei Speiseöl sogar nur 12 % betrug (M 8). Im Zuge der Realisierung

Nahrungsmittelbedarf aufgrund des Bevölkerungswachstums

des Toshka-Projektes soll der Selbstversorgungsgrad deutlich gesteigert werden.

Notwendig ist auch eine Steigerung des verfügbaren Wasserangebotes, da dieses vor dem Hintergrund gestiegener Inanspruchnahme für sämtliche Lebensbereiche seit 1955 auf nur noch ca. 40 % des damaligen Wertes, d. h. 1 046 m^3/E./Jahr abgenommen hat und laut Prognosen bereits 2025 nur noch 605 m^3/E./Jahr betragen wird (M 3/Tabelle). Die zielgerichtete Kanalisierung von bisher ungenutztem Überschusswasser soll einen Beitrag hierzu leisten.

Teilaufgabe 2

Der Operator „erörtern" (Anforderungsbereich III) verlangt von Ihnen das begründete Abwägen zwischen Pro und Kontra mit dem Ziel einer eigenen Urteilsbildung am Schluss. In dieser Teilaufgabe wird von Ihnen ein Urteil erwartet bezüglich der Frage, ob das Toshka-Projekt geeignet ist, langfristig zur künftigen wirtschaftlichen Entwicklung Ägyptens beizutragen (M 3, M 5–M 9).

Wirtschaftliche Chancen

Das Toshka-Projekt bietet zunächst einige positive Perspektiven im Hinblick auf die Entwicklung der eigenen Wirtschaft: Sollten die benötigten Investitionssummen – mithilfe ausländischer Investoren vor allem aus den Golfstaaten – aufgebracht werden können, so ließe sich die Versorgungssituation Ägyptens grundsätzlich verbessern. Allerdings relativiert eine weiter steigende Bevölkerung die Produktionszuwächse wieder. Im Falle geringerer Nahrungsmittelimporte ließen sich Devisen für **Investitionsvorhaben** im sekundären und tertiären Sektor verwenden oder aber das jährliche **Handelsdefizit** und damit die **Staatsverschuldung** verringern; dies würden **Devisengewinne** durch den Export von Cashcrops verstärken. Auch die Nutzung der bisher ungenutzten Blei-, Eisen- und Edelsteinvorkommen im Zuge der Erschließung der Toshka-Region bringt langfristige wirtschaftliche Vorteile, wozu auch die Schaffung der hierfür notwendigen Arbeitsplätze zählt (M 6–M 8).

Ökologische Risiken

Die **ökologischen Risiken** und Langzeitauswirkungen dieses Bewässerungsgroßprojektes in einem extremen Trockenraum sind jedoch beträchtlich: Durch die Entscheidung, keine Pipeline, sondern ein offenes Kanalsystem zu bauen, wird der Verlust großer Wassermengen durch Verdunstung in Kauf genommen. Der Wassereintrag in bisherige Wüstenböden birgt die **Gefahr der Versalzung und Verkrustung** mit sich. Der wahrscheinlich notwendige

Düngemitteleintrag infolge unzureichender Bodenfruchtbarkeit verstärkt diese Gefahr. Das Abzweigen von 10–12 % der zur Verfügung stehenden Gesamtwassermenge stellt vor dem Hintergrund deutlich geschrumpfter Wasserverfügbarkeit ein Risiko dar (M 3, M 6).

Fragliche Finanzierung

Die finanzielle Absicherung des Großprojektes ist längst noch nicht gegeben: Erste Anzeichen zögerlicher Investitionstätigkeiten liegen vor. Vor dem Hintergrund seiner Staatsverschuldung und der enorm hohen Gesamtinvestitionssumme kann Ägypten dies nicht selbst kompensieren – das Projekt könnte ins Stocken geraten, die Teilziele müssten aufgeschoben oder teilweise gestrichen werden (M 7, M 8).

Kampf ums Nilwasser

In geopolitischer Hinsicht stellt die stärkere Inanspruchnahme des Nilwassers ein hohes Risiko dar: Im Jahr 2010 haben die ostafrikanischen Anrainerstaaten „gegen den Widerstand Sudans und Ägyptens“ beschlossen, künftig selbst mehr Nutzen vom Nilwasser ziehen zu wollen und das „historische Recht Ägyptens“ auf ca. 90 % Nilwassernutzung nicht mehr zu beachten. Eigene Wasserarmut und wiederholte Dürren haben zu diesem Kampf ums Nilwasser geführt (M 9). Nur 9,9 % Anteil am Einzugsgebiet stellen für Ägypten keine gute Verhandlungsbasis in der Auseinandersetzung mit dem Sudan (62,7 %), Äthiopien (12,1 %) und den übrigen Anrainern (15,3 %) dar. Somit ist fragwürdig, ob Ägypten tatsächlich die geplanten 25 Mio. m^3 Wasser täglich ins Toshka-Projekt fließen lassen kann.

Enttäuschte Erwartungen

Schon fünf Jahre vor dem Ende der geplanten Bauzeit sprechen Skeptiker und Kritiker von der „Fata Morgana Toshka“ – nicht ganz ohne Grund, wenn man die gesetzten Ziele mit den ersten Zwischenergebnissen vergleicht. Notwendige Investitionen sind häufig ausgeblieben, benötigtes unternehmerisches Engagement wurde wiederholt nicht beobachtet, einzelne „Zugpferde“ wurden ihrem Ruf nicht gerecht. Auch die Zahl der **Binnenzuwanderer** blieb bis 2011 weit hinter den Erwartungen zurück, außer isolierten Infrastrukturansätzen war noch kein Baufortschritt zu erkennen (M 7). In diesem Zusammenhang erscheint die Aussage, „in weniger als 15 Jahren als erste neue Stadt Toshka-City für 100 000 Einwohner“ hochzuziehen, wenig realistisch (M 7).

Fazit

Zum jetzigen Zeitpunkt ist eine abgesicherte Prognose nicht möglich: Geopolitische, finanzielle und ökologische Unwägbarkeiten erlauben weder eine Aussage zur Dauer der Projektdurchführung noch dazu, ob und wann das Projekt abgeschlossen werden kann. Eine Bewertung im Sinne der Themenstellung wird zudem dadurch erschwert, dass Umfang und Geschwindigkeit der weiteren Bevölkerungszunahme und damit des zunehmenden Bevölkerungsdrucks als Einflussfaktoren nicht exakt genug vorhergesagt werden können. Unbestritten ist, dass vor dem Hintergrund des immer kleiner werdenden Nahrungsspielraums Ägypten nicht umhin kann, nach grundsätzlichen Lösungsmöglichkeiten zu suchen.

Leistungskurs Geographie (NRW) – Abiturprüfung 2012
Aufgabe 1

Thema

Industriell geprägte Räume im Wandel – Das Beispiel Bitterfeld-Wolfen

Aufgabenstellung Punkte

1. Lokalisieren Sie Bitterfeld-Wolfen und kennzeichnen Sie die wirtschaftliche Struktur am Ende der 1980er-Jahre. 20
2. Erläutern Sie die ökonomischen und demographischen Entwicklungen, die sich seit 1990 ergeben haben. 34
3. Erörtern Sie die ökonomischen und siedlungsbezogenen Entwicklungsperspektiven von Bitterfeld-Wolfen. 26

Zugelassene Hilfsmittel

- der an der Schule in der Qualifikationsphase überwiegend verwendete Atlas, in einer für alle Prüflinge gleichen Auflage
- Wörterbuch zur deutschen Rechtschreibung
- Taschenrechner

Materialgrundlage

M 1 Atlaskarten nach Wahl

M 2 Bitterfeld und Wolfen 2007 (siehe Farbabbildung F-15)

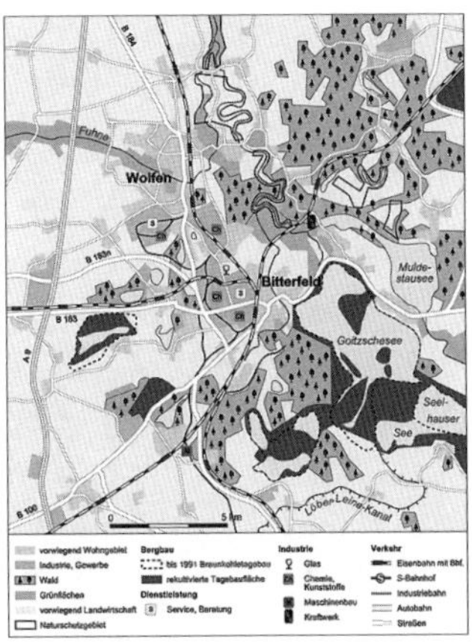

Quelle: © cartomedia, Karlsruhe

M 3 Entwicklung der Industrie in Bitterfeld und Wolfen 1989–2005 (siehe Farbabbildung F-16 und F-17)

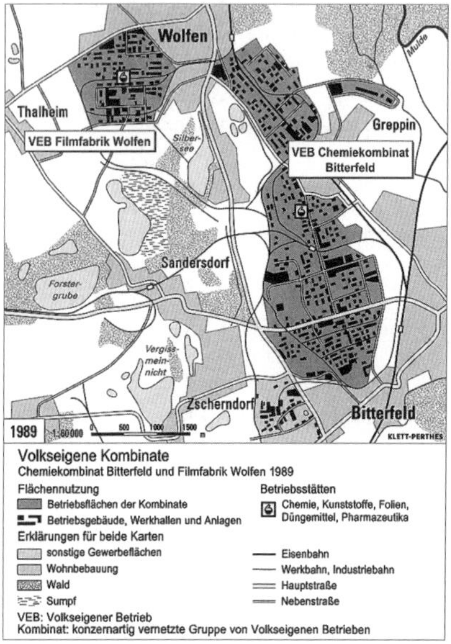

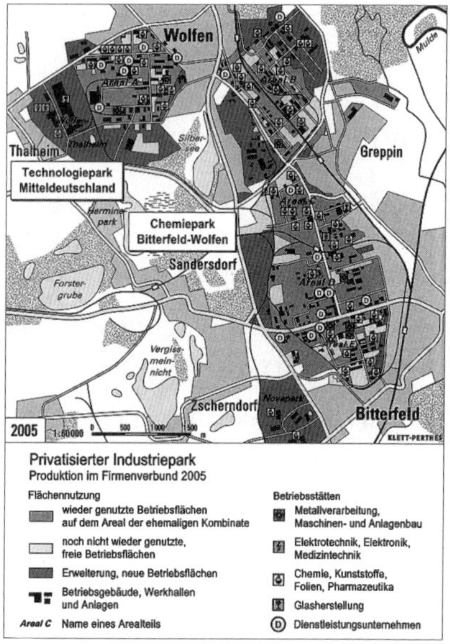

1989	Strukturwandel in Zahlen	2005
2	**Anzahl der Betriebe, davon:**	360
2	Produktionsbetriebe	60
	Dienstleistungsbetriebe	300
33 000	**Beschäftigte**	11 000
	Luftbelastung	
0,76	Staubablagerung in Gramm/m²/Tag	0,08
200	Schwefeldioxid in Mikrogramm/m³/Luft	5
	Gewässerbelastung	
3 051	Quecksilber in Kilogramm/Jahr	1
22	Cadmium in Kilogramm/Jahr	0

Quelle (verändert): Haack Weltatlas 2012, S. 56; Ernst Klett Verlag GmbH, Stuttgart 2012

M 4 Daten zur Standortentwicklung

- nach 1945: Bildung zweier Großkombinate (Filmfabrik Wolfen sowie Chemiekombinat Bitterfeld), parallel Braunkohleabbau
- ab 1960: Bau der Plattenbausiedlung Wolfen Nord als Wohnstadt der Chemiearbeiter
- permanente Ausnutzung der Produktionskapazitäten und fehlende Modernisierungen
- Ende der 1980er-Jahre arbeiteten fast 45 000 Menschen in den drei großen Kombinaten: in der Filmfabrik Wolfen 15 000 Beschäftigte, im Chemiekombinat Bitterfeld 18 000 Beschäftigte und im Braunkohlekombinat 12 000 Beschäftigte
- 1990: Auflösung des Kombinats Filmfabrik Wolfen und des Chemiekombinats Bitterfeld und Beginn der Privatisierung. Abbau der Beschäftigtenzahlen allein im Chemiekombinat Bitterfeld von 18 000 (1990) auf 6 000 (1994)
- 1991: Einstellung des Braunkohleabbaus in den Tagebauen um Bitterfeld
- 1997: Gründung des „ChemieParks Bitterfeld-Wolfen" auf den alten Kombinatsflächen – Heimat für große Chemiekonzerne und mittelständische Unternehmen
- 2001: Gründung des „TechnologieParks Mitteldeutschland" im Ortsteil Thalheim für großflächige Hightech-Ansiedlungen; Etablierung zum Zentrum der Solarindustrie
- 2007: Fusion der Städte Bitterfeld und Wolfen mit den Gemeinden Greppin, Bobbau, Thalheim und Holzweissig zur Stadt Bitterfeld-Wolfen

Die neue Stadt Bitterfeld-Wolfen nach der Gebietsreform

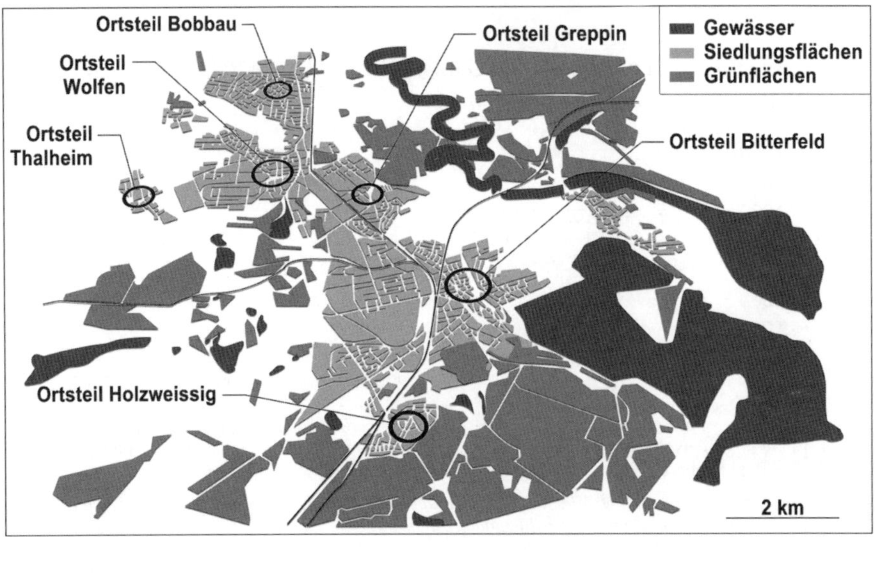

Wohnungssituation in Bitterfeld-Wolfen:

Wohnungsabriss seit 2001/02: 5 300; Wohnungsleerstand: 5 100 (Stand Feb. 2010)

Eigene Darstellung und Zusammenstellung nach: http://www.bitterfeld-wolfen.de/de/wisls-cms/redaktionell/166/Industrieerfahrung.html (Zugriff 01. 07. 2010); http://www.ostkohle.de/html/goitsche.html (Zugriff 01. 07. 2010); http://www.iba-stadtumbau.de/ index.php?fakten-bitterfeld-wolfen-1 (Zugriff 13. 06. 2011)

M 5 Struktur des Wohnungsbestandes von Bitterfeld und Wolfen 2000/2001

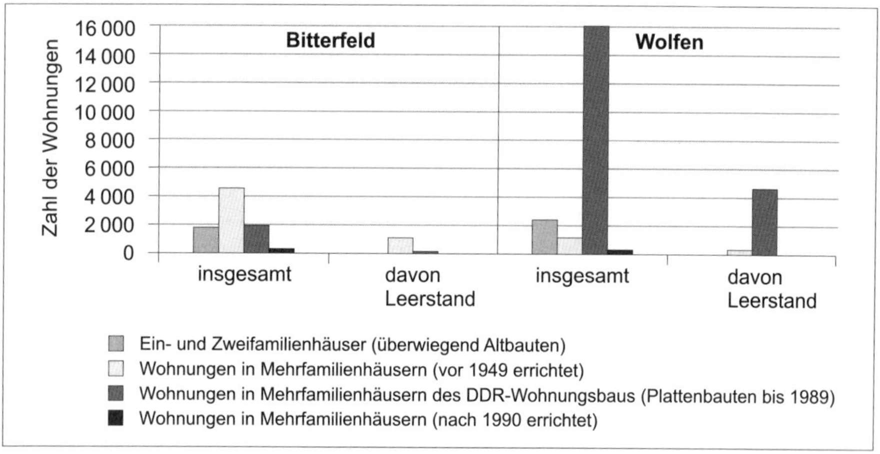

Quelle: Eichstädt/Emge Architekten und Stadtplaner: GINSEK 2005 /2006. Gemeinsames Integriertes Stadtentwicklungskonzept Bitterfeld – Wolfen – Greppin. Berlin 2007, S. 7. Stadt Bitterfeld, Stadt Wolfen, Gemeinde Greppin (Hrsg.); http://www.bitterfeld-wolfen.de/de/upload/Teil%201-GINSEK_2007.pdf (Zugriff 15. 11. 2011)

M 6 Entwicklung der sozialversicherungspflichtig Beschäftigten in Bitterfeld-Wolfen nach Wohn- und Arbeitsort

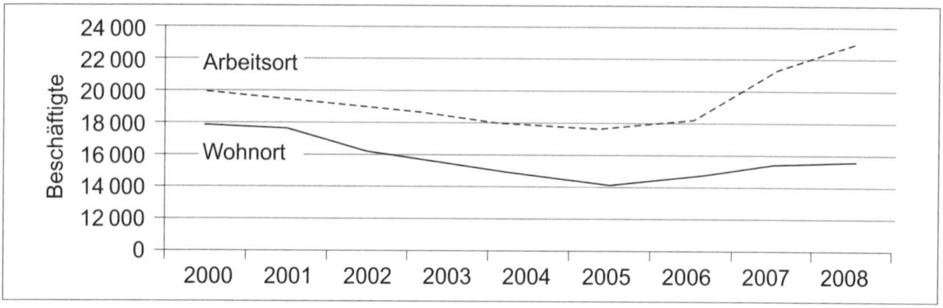

Anmerkung: In der amtlichen Statistik werden Beschäftigte jeweils nach dem Arbeitsort und Wohnort erfasst. Bei dem Arbeitsortprinzip werden sie der Gemeinde zugeordnet, an der sich ihr Arbeitsplatz befindet, bei dem Wohnortprinzip dem angegebenen Wohnsitz.

Quelle: Hyder Consulting GmbH: Flächennutzungsplan Stadt Bitterfeld-Wolfen. Bitterfeld-Wolfen 2010, S. 55. Stadt Bitterfeld-Wolfen (Hrsg.); Zahlenmaterial beruht auf Angaben des Statistischen Landesamtes Sachsen-Anhalt

M 7 Demographische Entwicklung von Bitterfeld-Wolfen*

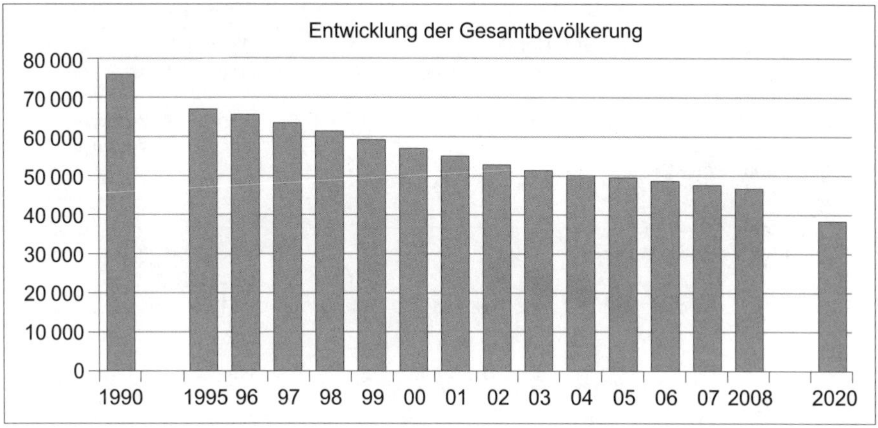

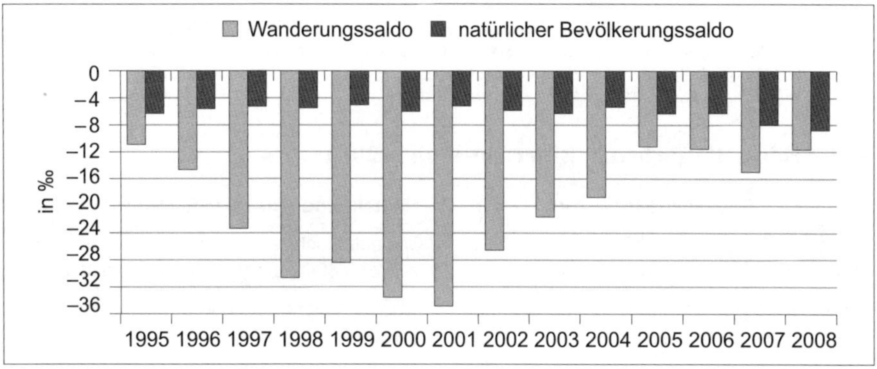

* Gebietsstand 01. 09. 2009

Daten nach: Statistisches Landesamt Sachsen-Anhalt, Halle 2009

M 8 Wanderung nach Altersgruppen 2001–2005

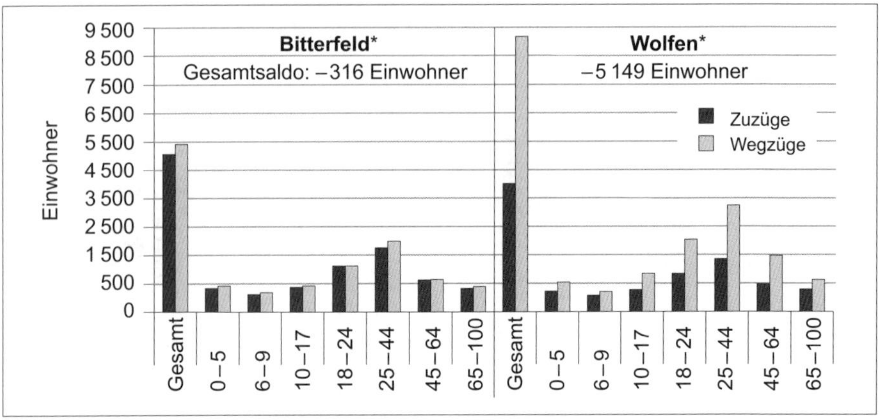

* Gebietsstand 2001

Quelle (verändert): Eichstätt/Emge Architekten und Stadtplaner: GINSEK 2005/2006. Gemeinsames Integriertes Stadtentwicklungskonzept Bitterfeld–Wolfen–Greppin. Berlin 2007, S. 21. Stadt Bitterfeld, Stadt Wolfen, Gemeinde Greppin (Hrsg.); http://www.bitterfeld-wolfen.de/de/upload/Teil%201-GINSEK_2007.pdf (Zugriff 15. 11. 2011)

M 9 Schlüsselbranchen in Bitterfeld-Wolfen 2010

Chemische Industrie	**Metall- und glasverarbeitende Industrie**
Produktivitätsindex 108 bundesweiter Index = 100	Spezialmaschinenbau, Autozulieferer, innovativer Metallbau, Aluminiumverarbeitung
jahrzehntelange Erfahrungsbasis und modernste Anlagen	große glasverarbeitende Konzerne am Standort
Kernkompetenzzentrum (u. a. Schulung und Beratung)	vielfach als Zulieferer für ansässige Industrie tätig
Solarindustrie	**Industriedienstleister**
europäisches Solarcluster, über 3 000 Beschäftigte in elf Firmen	facettenreiche Servicedienstleistungen für alle Industriebereiche vor Ort verfügbar
Innovationsmotor durch eigene Forschung in Bitterfeld-Wolfen	300 Firmen mit mehreren tausend Beschäftigten ansässig
hohe Wachstumsdynamik in Deutschland	Koordination einer gemeinsamen Grundstoffnutzung in den Betrieben der chemischen Industrie

Quelle (verändert): Stadt Bitterfeld-Wolfen Pressestelle: http://www.bitterfeld-wolfen.de/de/wisl_s-cms/_redaktionell/164/Schluesselbranchen_key_industries.html (Zugriff 01. 07. 2010)

M 10 Siedlungsprojekte bis 2020 (siehe Farbabbildung F-18)

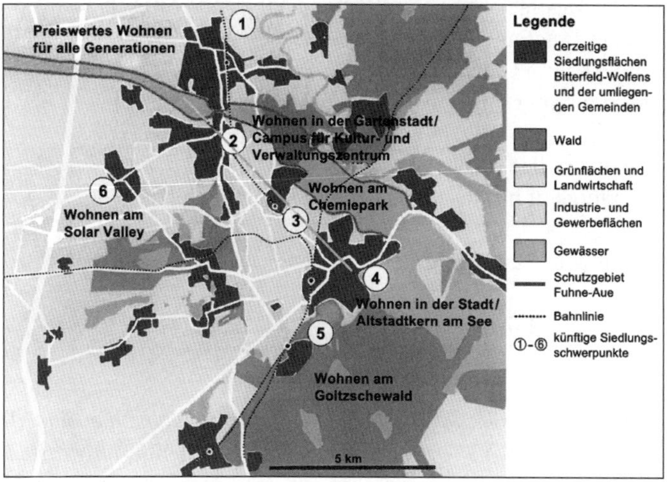

Siedlungs-schwerpunkte	Besonderheiten
①	• nur sehr geringes Neubaupotenzial von 12 Wohneinheiten • Nutzung der bestehenden günstigen Bausubstanz • deutlicher Rückgang der Siedlungsdichte durch Abriss
②	• bisher peripher liegendes Gebiet mit vielen Mietwohnungen • Ausbau des Verwaltungs- und Kulturschwerpunktes in Wolfen-Altstadt • ca. 50 Einfamilienhäuser im Randbereich geplant • in Wolfen-Nord liegen weitere Flächen als Potenzial für Einzelhausbebauung • Öffnung zum Naturschutzgebiet Fuhne-Aue
③	• Neubau beschränkt sich auf zurückzubauende Flächen • Nutzung der bestehenden günstigen Bausubstanz
④	• geplant sind bis zu 447 Wohneinheiten, überwiegend Einfamilienhäuser • städtebauliche Revitalisierung in der Bitterfelder Altstadt sowie deren Verbindung zum Stadthafen am Großen Goitzschesee • Konzentration städtischer und touristischer Nutzungen und Erweiterung von Beherbergungskapazitäten an der neuen „Bitterfelder Wasserfront"
⑤	• Entwicklungspotenzial für ca. 90 Einfamilienhäuser am Waldrand
⑥	• geplante Erweiterung um ca. 100 Wohneinheiten nahe des Technologieparks Mitteldeutschland

Eigene Darstellung und Zusammenstellung nach:
http://www.iba-stadtumbau.de/index.php?bitterfeld-wolfen-2010-de (Zugriff 06. 07. 2010);
http://www.iba-stadtumbau.de/index.php?dokumente-bitterfeld-wolfen-1 (Zugriff 29. 08. 2011)

Die Aufgabe bezieht sich auf die folgenden **inhaltlichen Schwerpunkte:**
- Zusammenwachsen oder Desintegration von Räumen aufgrund politischer Vorgaben und kultureller Prägung
  - Transformationsprozesse im Osten Europas
- Wandel von Standortfaktoren in seiner Wirkung auf industrieräumliche Strukturen
  - Hauptphasen des industriellen Strukturwandels
- Raumbedarf und Tragfähigkeit im Zusammenhang mit demographischen Prozessen
  - Ursachen und Folgen von Wanderungsbewegungen

Lösungsvorschlag

Teilaufgabe 1

Der Operator „lokalisieren" (Anforderungsbereich I) verlangt zunächst die Einordnung des Raumbeispiels Bitterfeld-Wolfen in Ihnen bekannte Orientierungsraster. Anschließend sollen Sie gemäß den Anforderungen an den Operator „kennzeichnen" (Anforderungsbereich II) einen Raum bzw. einen Sachverhalt auf der Grundlage bestimmter Kriterien begründet charakterisieren. In dieser Teilaufgabe sollen Sie aufzeigen, welche wirtschaftliche Struktur Bitterfeld-Wolfen am Ende der 1980er-Jahre aufwies (M 1–M 4).

Räumliche Lage

Die Stadt Bitterfeld-Wolfen liegt in einer **industriell geprägten** Region im Osten Deutschlands, im Bundesland Sachsen-Anhalt. In räumlicher Nähe befinden sich die Städte Halle und Leipzig im Süden sowie die Landeshauptstadt Magdeburg im Nordosten. Diese Städte sind über ein Fernstraßen- und Eisenbahnnetz sowohl miteinander als auch mit der Bundeshauptstadt Berlin verbunden, die etwa 120 km nordwestlich hiervon liegt. Über den Fluss Mulde besteht eine Anknüpfung an die Elbe und darüber auch an den Elbe-Havel-Kanal (M 1).

Industrieller Schwerpunkt Ende der 1980er-Jahre

Am Ende der 1980er-Jahre wies die Region Bitterfeld-Wolfen eine **einseitig** ausgerichtete Wirtschaftsstruktur auf. Die einzigen Standbeine waren die chemische Industrie und der Braunkohlentagebau. Letzterer konzentrierte sich auf verschiedene Flächen, die hauptsächlich im Osten und Südosten von Bitterfeld liegen. Nur eine Fläche befindet sich westlich von Bitterfeld. Die größte Fläche des Braunkohletagebaus grenzte direkt an das Stadtgebiet (M 1, M 2).

Die chemische Industrie verteilte sich auf **zwei Standorte** in der Region: das Chemiekombinat Bitterfeld sowie die Filmfabrik

Wolfen. Das Chemiekombinat Bitterfeld siedelte sich westlich der Stadt Bitterfeld an und erstreckte sich von hier aus bis nach Wolfen im Norden. Die Filmfabrik Wolfen entstand westlich hiervon. Beide Flächen sind durch Wohngebiete voneinander getrennt, die ab 1960 eigens für die Chemiearbeiter als Wohnstadt gebaut wurden (M 3, M 4).

Staatlich gelenkte Betriebe

Alle drei Betriebe wurden, wie in der Planwirtschaft üblich, als **Volkseigene Betriebe** geführt. Die beiden chemischen Betriebe wurden 1945 gebildet. Das Chemie- und das Braunkohlekombinat wiesen durch die Vernetzung verschiedener VEBs **konzernartige Strukturen** auf. Diese Großbetriebe waren der **Hauptarbeitgeber** der Region, denn zur Zeit der Wende 1989 hatten sie insgesamt ca. 45 000 Beschäftigte. Zwei Drittel davon arbeiteten in den chemischen Betrieben, während das Braunkohlekombinat knapp ein Drittel der Arbeiter beschäftigte (M 3, M 4).

Hohe Umweltbelastung

Im Laufe der fast 45-jährigen Betriebszeit wurden die Produktionskapazitäten permanent ausgenutzt, aber es wurden keine Modernisierungen vorgenommen. Dies zeigt sich auch in der **Umweltbelastung** der Region zur Zeit der Wende, die im Jahr 1989 um ein Vielfaches höher war als im Jahr 2005. Die Luftbelastung durch Staubablagerung betrug 0,76 g/m^2/Tag (2005: 0,08 g/m^2/ Tag) und der Schwefeldioxidgehalt lag bei 200 Mikrogramm/m^3/ Luft (2005: 5 Mikrogramm /m^3). Auch die Gewässerbelastung war deutlich höher. Der Quecksilbergehalt in den Gewässern der Region betrug 3 051 kg pro Jahr und es wurden 22 kg Cadmium pro Jahr gemessen (2005: 1 und 0 kg/Jahr; M 3, M 4).

Einseitige Wirtschaftsstruktur

Bitterfeld-Wolfen ist also gegen Ende der 1980er-Jahre als einseitig durch die beschriebenen Industrien geprägter Raum zu charakterisieren.

Teilaufgabe 2

Der Operator „erläutern" (Anforderungsbereich II) verlangt von Ihnen, dass Sie aus dem Material entnehmbare Zusammenhänge verdeutlichen. In dieser Teilaufgabe sollen Sie sowohl die wirtschaftliche als auch die demographische Entwicklung von Bitterfeld-Wolfen aufzeigen (M 2–M 9).

Transformationsprozess nach 1989

Die politische Umstrukturierung nach 1989 löste den wirtschaftlichen **Strukturwandel** in der Region Bitterfeld-Wolfen aus, der sich auch auf die demographische Entwicklung auswirkte.

Nach der Wiedervereinigung begann der Prozess der **Deindustrialisierung**, im Zuge dessen es nach und nach zur Schließung der VEBs kam, die bis dato die regionale Wirtschaft bestimmt hatten. 1990 wurden die chemischen Kombinate aufgelöst. Infolgedessen sanken die Beschäftigtenzahlen in diesem Industriezweig von 18 000 auf 6 000 im Jahr 1994. Der Braunkohletagebau rund um Bitterfeld wurde 1991 eingestellt (M 4).

Durch die Auflösung der VEBs wurde gleichzeitig der Beginn des **Privatisierungsprozesses** eingeleitet. Im Rahmen der wirtschaftlichen Umstrukturierung und Neuorientierung, die typisch für den mit der Wiedervereinigung einhergehenden **Transformationsprozess** von der Plan- zur Marktwirtschaft ist, wurden die ehemaligen Betriebsflächen der Kombinate weitergenutzt (M 3). 1997 wurde der Chemie-Park Bitterfeld-Wolfen gegründet. Durch die Ansiedlung von großen Chemiekonzernen, aber auch mittelständischen Betrieben, wurde die Tradition als Standort der chemischen Industrie weitergeführt (M 4). Auf der Grundlage jahrzehntelanger Erfahrung in Kombination mit modernsten Anlagen wurde die Entwicklung zu einem **Kernkompetenzzentrum** dieses Industriezweiges vorangetrieben. Dies zeigt sich auch im Produktivitätsindex, der mit 108 im Vergleich zum gesamten Bundesgebiet überdurchschnittlich ist. Neben der chemischen Industrie siedelten sich auch andere Industrien, z. B. Metall- und Glasverarbeitung, an. Während in der metallverarbeitenden Branche verschiedene Ausrichtungen dieser Industrie, u. a. Spezialmaschinenbau, zu finden sind, haben sich im Bereich der Glasverarbeitung vor allem große Konzerne angesiedelt. Viele Unternehmen dieser Branche sind außerdem **Zulieferer** für andere Industrien (M 9).

Gründung des Technologieparks

Darüber hinaus wurde aber durch die Gründung des Technologieparks Mitteldeutschland der Standort für **zukunftsorientierte Hightech-Ansiedlungen** geöffnet und ein Zentrum für Solarindustrie eingerichtet. Dieses ist Teil eines europäischen Solarclusters bestehend aus elf Firmen mit mehr als 3 000 Beschäftigten. In Bitterfeld-Wolfen befindet sich ein eigener Forschungsstandort (M 4, M 9).

Umnutzung und Erweiterung des Kombinatsgeländes

Durch die Gründung des Chemie- und des Technologieparks setzte die **Umnutzung** der ehemaligen Kombinatsflächen ein; ein Großteil der Flächen wurde weitergenutzt. Gleichzeitig wurden die Flächen erweitert und so neue Areale für Betriebe geschaffen. Das ehemalige Areal der Filmfabrik Wolfen (heute Areal A) wurde v. a. nach Süden und Westen ausgedehnt, die Fläche des ehemaligen

Chemiekombinats wurde in die Areale B, C, D und E unterteilt. Areal B wurde nach Nordosten und Südwesten, C und D um eine größere Fläche nach Westen und drei kleinere Flächen nach Osten erweitert. Weiter südlich wurde eine weitere Betriebsfläche (Novapark) geschaffen, die nicht an das übrige Gelände angegliedert ist (M 3).

Diversifizierung und Tertiärisierung

Durch die zunehmende **Diversifizierung** am Standort Bitterfeld-Wolfen wurden zahlreiche Dienstleistungsunternehmen angezogen, die sich schwerpunktmäßig auf dem Areal A (ehemalige Filmfabrik Wolfen) sowie im südlichen Teil (Areal D und E) des ehemaligen Chemiekombinats angesiedelt haben. Es handelt sich hierbei um 300 Firmen, die Servicedienstleistungen für die ansässigen Industriebetriebe anbieten, z. B. koordinieren sie die gemeinsame Grundstoffnutzung in der chemischen Industrie vor Ort. Auf diese Weise wurde auch der Prozess der **Tertiärisierung** angestoßen (M 9).

Demographische Entwicklung

Die **demographische** Entwicklung in der Region ist eng mit dem wirtschaftlichen Transformationsprozess verknüpft. Die Bevölkerung ist seit 1990 kontinuierlich zurückgegangen, was vor allem auf die wirtschaftlich unsichere Situation nach der Wende zurückzuführen ist. Während 1990 noch etwa 75 000 Menschen in Bitterfeld-Wolfen lebten, waren es 2008 nur noch ca. 48 000. Für 2020 wird ein weiterer Rückgang um etwa ein Siebtel auf dann 39 000 prognostiziert (M 7).

Abwanderung

Betrachtet man das natürliche Bevölkerungssaldo und das **Wanderungssaldo**, wird deutlich, dass vor allem die **Abwanderung** für den Bevölkerungsrückgang verantwortlich ist. Von 1995 bis 2001 ist das Wanderungssaldo immer weiter in den negativen Bereich abgerutscht, d. h., es sind mehr Leute ab- als zugewandert. Nur im Jahr 1999 gab es einen zwischenzeitlichen Rückgang dieses Trends. Seit 2002 hat sich das Wanderungssaldo wieder verringert und lag 2008 ungefähr bei dem Wert von 1995. Das **natürliche Bevölkerungssaldo** blieb durchgängig im negativen Bereich, unterlag aber insgesamt nur geringen Schwankungen. Erst in den Jahren 2007 und 2008 ist es weiter abgesunken (M 7).

Der größte Anteil der Abwanderungen in diesem Zeitraum ist im Ortsteil Wolfen zu verzeichnen. Hier betrug das Gesamtsaldo von 2001 bis 2005 –5 149 Einwohner. In Bitterfeld lag es dagegen bei nur –316 Einwohner. Verteilt auf die Altersgruppen fällt auf, dass die Wanderungen vor allem in den Altersgruppen stattgefunden haben, die im **arbeitsfähigen Alter** sind. In Bitterfeld weist das Wanderungssaldo fast ausschließlich Wegzüge in der Altersgruppe der 25–44-jährigen auf, während das Verhältnis von Zu- und Abwanderung in den anderen Gruppen annähernd ausgeglichen ist. Dagegen fällt in Wolfen auf, dass in allen Altersgruppen die Wegzüge die Zuzüge übersteigen. Bei den arbeitsfähigen Altersgruppen (18–24, 25–44 und 45–64 Jahre) liegt die Anzahl der Wegzüge deutlich über den Zuzügen (M 8).

Wohnungssituation

Eine Folge der höheren Abwanderung in Wolfen, bedingt durch die Schließung der Chemie-Kombinate, ist ein höherer **Leerstand** von Wohnungen. In den Jahren 2000/2001 standen hier über ein Viertel der Wohnungen, fast ausschließlich in den **Plattenbauten** des DDR-Wohnungsbaus, leer. Diese Art der Wohnungen machte allerdings mit fast 16 000 auch den größten Anteil am Wohnungsbestand in Wolfen aus, was auf die ursprüngliche Funktion Wolfens als neu gegründete Wohnstadt für die Arbeiter zurückzuführen ist. Die Plattenbausiedlungen waren nach der Wende besonders von Abwanderung betroffen. In Bitterfeld dagegen entfiel der größte Anteil des Wohnungsbestandes auf Wohnungen in Mehrfamilienhäusern, die vor 1949 gebaut worden sind. Von etwas über 4 000 Wohnungen standen 2000/2001 ca. 1 000 Wohnungen leer. Seitdem wurden 5 300 Wohnungen in Bitterfeld-Wolfen abgerissen (M 4, M 5).

Beschäftigungssituation

Das Wanderungssaldo wirkt sich auch auf die Entwicklung der sozialversicherungspflichtig Beschäftigten in Bitterfeld-Wolfen aus. Bei der Erfassung nach dem Wohnort ist im Zeitraum von 2000 bis 2005 ein stetiger **Rückgang der Beschäftigtenzahl** zu erkennen. Bis 2001 sank die Zahl der Beschäftigten nach Wohnort nur leicht unter die Zahl von 18 000 im Jahr 2000. In den darauffolgenden Jahren ist ein deutlicher Rückgang zu verzeichnen, sodass im Jahr 2005 die Anzahl der Beschäftigten nach Wohnort bei etwas über 14 000 lag. In den folgenden drei Jahren ist diese wieder leicht angestiegen, 2008 wurde eine Zahl von fast 16 000 erreicht (M 6).

Im Vergleich dazu spiegelt die Statistik über die sozialversicherungspflichtig Beschäftigten, wenn sie nach dem Arbeitsort erfasst werden, die wirtschaftliche Entwicklung in Bitterfeld-Wolfen wieder. Die Kurve zeigt bis 2001 einen parallelen Verlauf, allerdings lag die Anzahl der Beschäftigten um ca. 2000 höher als bei der Erfassung nach Wohnort. Das Minimum wurde ebenfalls 2005 erreicht, jedoch lag es mit ca. 18000 Beschäftigten auf einem deutlich höheren Niveau. Anschließend ist eine Abschwächung der

Entwicklung zu erkennen, doch ab 2006 stieg die Zahl der Beschäftigten in Bitterfeld-Wolfen wieder deutlich, sodass die Kurve 2008 sogar über dem Ausgangsniveau des Jahres 2000 lag. Dies ist auf die wirtschaftliche Umstrukturierung und die damit verbundene Ansiedlung verschiedener Unternehmen im Chemie- sowie im Technologiepark zurückzuführen (M 6).

Teilaufgabe 3

Der Operator „erörtern" (Anforderungsbereich III) verlangt von Ihnen das begründete Abwägen zwischen Pro und Kontra mit dem Ziel einer abschließenden eigenen Urteilsbildung. In dieser Teilaufgabe wird von Ihnen erwartet, dass Sie die Entwicklungsperspektiven von Bitterfeld-Wolfen beurteilen; hierbei müssen Sie sowohl ökonomische als auch siedlungsbezogene Gesichtspunkte berücksichtigen (M 2–M 10).

Entwicklungsperspektiven

Bei der Beantwortung der Frage nach den Entwicklungsperspektiven von Bitterfeld-Wolfen gilt es vor allem zwei Aspekte näher zu betrachten: den **ökonomischen** sowie den **siedlungsbezogenen**.

Wirtschaftlicher Strukturwandel

Die wirtschaftliche Entwicklung des Standortes nach der Wiedervereinigung ist zunächst positiv zu bewerten. Die **monostrukturelle** Ausrichtung auf die chemische Industrie und den Braunkohletagebau vor 1989 wurde durch eine zunehmende **Diversifizierung** aufgefächert. Diese ist einerseits gekennzeichnet durch das Festhalten an der Tradition als Standort der chemischen Industrie, andererseits durch die Ansiedlung anderer Industriezweige. Als besondere Wachstumsbranche ist in diesem Zusammenhang die Solarindustrie hervorzuheben. Zur weiteren Diversifizierung des Standortes und damit zur Verringerung der Krisenanfälligkeit konnte die Ansiedlung zahlreicher Dienstleistungsunternehmen beitragen (M 4, M 6, M 9).

Die positive Entwicklung wird dadurch bestätigt, dass seit den frühen 2000er-Jahren der Abwanderungsüberschuss sinkt und die Anzahl der Beschäftigten deutlich gestiegen ist. Dies weist außerdem auf das sich abzeichnende Ende des Abwärtstrends hin, das im Zuge des **Strukturwandels** erreicht sein könnte (M 6, M 7).

Stadtumbaukonzept

Neben der wirtschaftlichen Entwicklung gibt es verschiedene Projekte, die bis zum Jahr 2020 im Rahmen eines **Stadtumbaukonzeptes** realisiert werden sollen. In diesem Zusammenhang werden sechs Siedlungsschwerpunkte verteilt über das Gebiet von Bitterfeld-Wolfen geschaffen, in denen Wohnraum für verschiedene Nutzergruppen zur Verfügung stehen soll. So wird sowohl bereits bestehender Wohnungsbestand als günstiger Wohnraum eingeplant als auch zahlreiche Flächen für die Bebauung mit Einfamilienhäusern bereitgestellt. Auf diese Weise wird auch dem bisher bestehenden Defizit an Einfamilienhausbebauung in der Wohnungsstruktur Rechnung getragen. Die räumliche Nähe der Siedlungen zu Gewerbeflächen macht eine Kombination aus Wohnen und Arbeiten möglich. Zusätzlich zu diesen siedlungsbezogenen Projekten entstehen aber auch Freizeit- und Naherholungsflächen, vor allem auf den ehemaligen Flächen des Braunkohletagebaus. Im Zuge der Renaturierung sind als **Bergbaufolgelandschaft** einige Seen entstanden, die zum Teil auch touristisch genutzt werden sollen. Die vorgestellten Maßnahmen sind ein wichtiger Beitrag zur Steigerung der Attraktivität Bitterfeld-Wolfens als Wohnort (M 2, M 3, M 10).

Probleme

Trotz der zahlreichen positiven Aspekte gibt es einige Punkte, die diese erfreuliche Entwicklung relativieren. Die wirtschaftliche Neuorientierung hat zwar Impulse für den Arbeitsmarkt gegeben, der Zuwachs an Beschäftigten fällt im Vergleich zur Ausgangssituation aber eher gering aus und seit 2007 ist nur noch ein schwacher Anstieg der Beschäftigten (nach Wohnort) zu verzeichnen. Bitterfeld-Wolfen selbst profitiert nur teilweise vom Beschäftigtenzuwachs, da die Mehrheit der Arbeitskräfte einpendelt. Dies zeigt die mangelnde Attraktivität Bitterfeld-Wolfens als Wohnort, aus der ein weiterer Rückgang der Bevölkerung resultiert, wie die Prognose für 2020 belegt. Diese erwartet einen absoluten Rückgang von ca. 10 000 gegenüber 2008. Auch die Wohnungssituation ist weiterhin problematisch: obwohl bereits 5 300 Wohnungen abgerissen wurden, stehen immer noch 5 100 Wohnungen leer (M 4 – M 7).

Fazit

Zusammenfassend lässt sich sagen, dass der Standort Bitterfeld-Wolfen durchaus vielversprechende Entwicklungsperspektiven aufweist. Um die Region zukunftsfähig zu machen, gilt es aber, die bereits geschaffenen Potenziale weiter auszuschöpfen. Dies bedeutet einerseits, weitere zukunftsfähige Branchen anzusiedeln und so langfristig Arbeitsplätze zu schaffen. Andererseits müssen die geplanten Maßnahmen zur Verbesserung der Wohnsituation sowie zur Schaffung von Naherholungsflächen realisiert werden, um Bitterfeld-Wolfen auch als Wohnort attraktiver werden zu lassen und so dem weiteren Bevölkerungsschwund vorzubeugen.

Leistungskurs Geographie (NRW) – Abiturprüfung 2012
Aufgabe 2

Thema
Zukunftsfähige touristische Entwicklung in peripheren Räumen? –
Das Beispiel Weltnaturerbe Galapagos-Archipel

Aufgabenstellung	Punkte
1. Lokalisieren Sie den Galapagos-Archipel und kennzeichnen Sie das touristische Potenzial.	24
2. Erläutern Sie Entwicklung, Struktur und wirtschaftliche Bedeutung des Tourismus im Galapagos-Archipel.	31
3. Erörtern Sie die Zukunftsperspektiven der touristischen Entwicklung des Weltnaturerbes Galapagos-Archipel unter Einbezug einer modellhaften Darstellung der Tourismusentwicklung.	25

Zugelassene Hilfsmittel
- der an der Schule in der Qualifikationsphase überwiegend verwendete Atlas, in einer für alle Prüflinge gleichen Auflage
- Wörterbuch zur deutschen Rechtschreibung
- Taschenrechner

Materialgrundlage

M 1 Atlaskarten nach Wahl

M 2 Auszug aus der Weltnaturerbe-Konvention der UNESCO (1972)

Artikel 2

Im Sinne dieses Übereinkommens gelten als „Naturerbe“

- […]
- geologische und physiogeographische Erscheinungsformen […], die den Lebensraum für bedrohte Pflanzen- und Tierarten bilden, welche aus wissenschaftlichen Gründen oder ihrer Erhaltung wegen von außergewöhnlichem universellem Wert sind;
- Naturstätten […], die aus wissenschaftlichen Gründen oder ihrer Erhaltung oder natürlichen Schönheit wegen von außergewöhnlichem universellem Wert sind.

Artikel 4

Jeder Vertragsstaat erkennt an, dass es in erster Linie seine eigene Aufgabe ist, Erfassung, Schutz und Erhaltung in Bestand und Wertigkeit des in seinem Hoheitsgebiet befindlichen, in den Artikeln 1 und 2 bezeichneten Kultur- und Naturerbes sowie seine Weitergabe an künftige Generationen sicherzustellen. Er wird hierfür alles in seinen Kräften Stehende tun […].

Quelle: Deutsche Übersetzung aus dem Bundesgesetzblatt, Jahrgang 1977, Teil II, Nr. 10

M 3 Der Galapagos-Archipel 2009 (siehe Farbabbildung F-19)

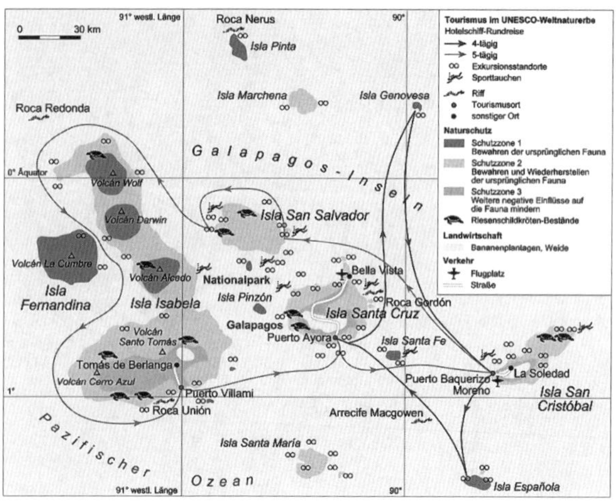

Quelle: © cartomedia, Karlsruhe

M 4 Die historische Entwicklung des Galapagos-Archipels

- 1835 besucht Charles Darwin die Insel, wo er wichtige Anstöße für seine Evolutionstheorie erhält
- 1959 richtet Ecuador den *Nationalpark Galapagos* ein; Gründung der *Charles Darwin Foundation* (internationale Nichtregierungsorganisation; Aufgabe: Erhalt des Ökosystems von Galapagos)
- 1968 gehören 97 % des Inselareals zum *Nationalpark Galapagos;* Ausbau des Flugplatzes auf der Insel Baltra (nördlich der Isla Santa Cruz); Beginn eines regelmäßigen zivilen Flugverkehrs
- Seit 1978 stehen die Galapagos-Inseln auf der UNESCO-Liste des Weltnaturerbes
- 1988 Eröffnung des Flughafens auf der Isla San Cristóbal
- 2007 wird das Weltnaturerbe Galapagos von der UNESCO als gefährdet eingestuft; Grund: Gefährdung durch Touristen und illegale Siedler; Expansion der Ölimporte und des Verkehrsaufkommens; Gefahr des Einschleppens fremder Tier- und Pflanzenarten, die einheimische Arten gefährden und verdrängen
- Reaktion darauf: Initiative „Galapagos 2020" initiiert u. a. durch das Entwicklungsprogramm der UN und das Umweltministerium Ecuadors; geplante und ab 2007 umzusetzende Maßnahmen:
  - Einrichtung eines Fonds zur Bekämpfung eingeschleppter Arten
  - aufwendige Versuche, eingeschleppte Arten zurückzudrängen
  - Reduzierung der Erlaubnisse für Tauchen, Schnorcheln, Segeln und Sportfischen
  - strengere umweltschonende technische Maßnahmen wie Wasserrecycling auf den Schiffen
  - Verbesserung der Schulung und Kontrolle der Tourführer
  - Kontrolle illegaler Immigration durch Einführung einer Identifikationskarte ab 2007
- Pro-Kopf-Einkommen auf Galapagos 2009: 4 716 US-$ (zum Vergleich: Durchschnitt Ecuador 3 776 US-$; Galapagos steht unter den 24 Provinzen Ecuadors an 4. Stelle)
- 2010 wird das Naturerbe Galapagos von der UNESCO als nicht mehr gefährdet eingestuft; Grund: Schutzmaßnahmen der Regierung Ecuadors (u. a. zwangsweise Rücksiedlung illegaler Zuwanderer, intensivere Kontrolle des Tourismus, Ausbau der Energiegewinnung aus Sonnen-/Windkraft)

Eigene Zusammenstellung nach: Vorlaufer, K.: Tourismus in Entwicklungsländern. Darmstadt: Wissenschaftliche Buchgesellschaft 1996, S. 228;
Brodengeier, E.: Galapagos – Weltnaturerbe in Gefahr. In: Klett-Magazin Geographie, 2009, H. 2, S. 6 f.; http://www.galapagos.org/2009/doc1.html (Zugriff 11. 06. 2010)

M 5 Klima, Landschaft, Flora und Fauna im Galapagos-Archipel

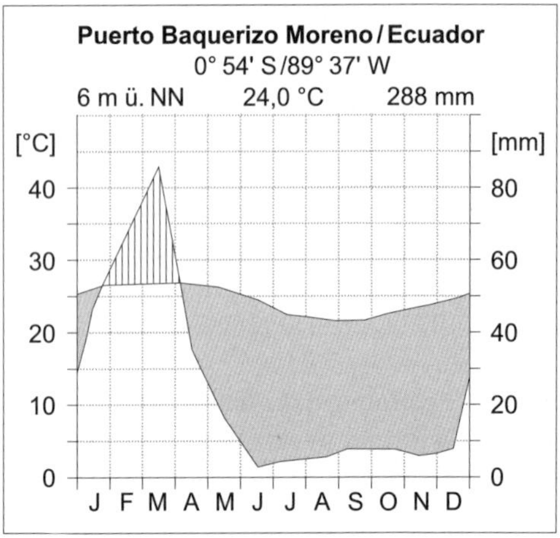

- Küsten: in weiten Teilen zerklüftetes Lavagestein; in geringen Teilen Sandstrände
- höhere Lagen der größeren Inseln: ganzjährig Niederschläge / Nebel; Regenwald / Nebelwald
- Tier / Pflanzen: große Zahl nur hier vorkommender Arten, u. a. Galapagos-Finken, Riesenschildkröten
- wegen kalter Meeresströmung fehlen ausgedehnte Korallenriffe; teils starke Unterwasserströmung
- Wassertemperaturen im Mittel zwischen 22 und 26 °C, regional auch unter 20 °C
- im Meer z. B. Seelöwen, Meeresschildkröten, 500 Fischarten, wovon 20 % nur hier vorkommen

Eigene Darstellung nach: S. Rivas-Martínez, Centro de Investigaciones Fitosociológicas. http://www.globalbioclimatics.org/plot/ec-puert.htm;
Eibl-Eibesfeldt, Irenäus: Galapagos. Die Arche Noah im Pazifik. München: Piper Verlag 1960

M 6 Touristische Rahmenbedingungen im Galapagos-Archipel

- Reisemotive der Galapagos-Touristen (Umfrage 2007):
  einzigartige Flora und Fauna 77,2 %, Empfehlung von Bekannten 9,5 %,
  „Will sehen, was Darwin sah“ 6,3 %
- Anreise per Flugzeug über Quito oder Guayaquil
- Flugkapazität: 500 – 800 Plätze / Tag (bis 2010); 600 – 950 Plätze / Tag (2011)
- Reisekostenbeispiele pro Person ab Quito / Guayaquil: 4 Nächte 1 315 €; 7 Nächte 2 349 €
- Gebühr bei Einreise in Nationalpark (2011): 100 US-$ (Ausländer), bis 6 US-$ (Ecuadorianer) pro Person; Verwendung: 60 % Verwaltung / Erhalt Nationalpark, 25 % Inselgemeinden, 15 % Sonstiges

Kennzeichen des Tourismuskonzepts seit Einrichtung des Nationalparks Galapagos:

- Festlegung einer offiziellen Besucherhöchstgrenze: 1975: 12 000; 1988: 45 000; 2009: 100 000
- Hotelschiff-Tourismus; weitgehender Verzicht auf Hotels und touristische Infrastruktur an Land

- Touristen können in Gruppen von 10–15 Personen und in Begleitung eines lizenzierten Führers über markierte Wege nur rund 40 vorgegebene Exkursionsstandorte besuchen
- Aufgaben der Führer: Information über Fauna und Flora; Kontrolle über Einhaltung der Nationalpark-Regeln

Eigene Zusammenstellung nach:
Karrasch, Heinz: Galápagos: fragiles Naturparadies und Ökotourismus. In: Geographische Rundschau 55 (2003) H. 3, S. 28 ff.; http://galapagospark.org/nophprg.php?page=programas_turismo_tributo (Zugriff 26. 02. 2011); Galapagos Report 2007/2008, S. 77, http://www.ingalapagos.com/overview.htm (Zugriff 11. 06. 2010)

M 7 Entwicklung des Tourismus im Galapagos-Archipel

		1982	1991	2006	2007
Hotelschiffe*	Anzahl	40	67	80	83
	Bettenkapazität	597	1 048	1 805	1 834
	Übernachtungen an Bord	k. A.	145 408	363 226	k. A.
Hotels**	Anzahl	18	26	65	89
	Bettenkapazität	214	880	1 668	2 157
	Übernachtungen	k. A.	55 000	131 958	k. A.
Pensionen u. ä.	Bettenzahl	k. A.	1 486	1 811	k. A.
Restaurants, Bars		20	31	114	122
Durchschnittlicher Aufenthalt der Touristen im Archipel (Tage)		> 5	4,6	3,3	k. A.

* Schiffe mit behördlicher Lizenz zur Beherbergung von Touristen; Daten in Spalte 1982 für 1981
** Verteilung der Hotelbetten 2007: Santa Cruz 1 128, San Cristobal 630, Isabella 357, Santa Maria 42

Eigene Zusammenstellung nach:
Watkins, Graham; Gruz, Felipe: Galapagos at risk, S. 5, http//www.darwinfoundation.org/files/library /pdf/2007/Galapagos_at_Risk_7-4-07-EN.pdf (Zugriff 20. 02. 2011);
Galapagos Report 2007/2008, S. 69, 82 und 84, http://www.ingalapagos.com/overview.htm (Zugriff 11. 06. 2010)

Zahl der Galapagos-Touristen nach Unterbringungsart	**2007**	**2010**
Hotelschiff	99 892	79 657
Hotel	43 286	75 888
Pensionen und sonstige Unterkünfte	18 682	17 751
Summe	161 860	173 296

Eigene Zusammenstellung nach:
http://galapagospark.org/documentos/EIAs/EIA_HotelParaiso_Feb2011.pdf (Zugriff 10. 06. 2011); http://galapagospark.org/onecol.php?page=turismo_estadisticas (Zugriff 26. 02. 2011)

M 8 Anzahl und Herkunft der Galapagos-Touristen

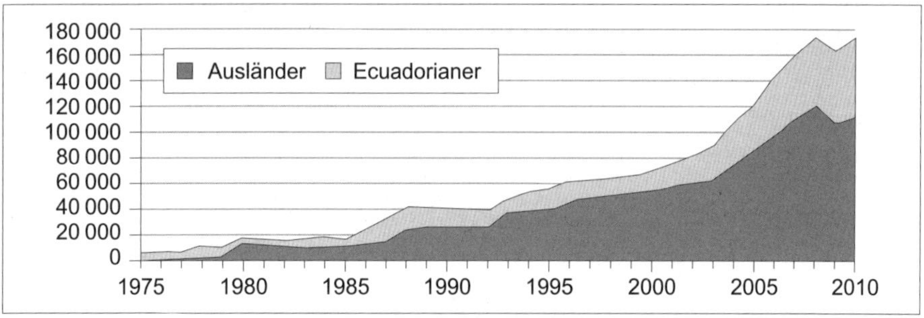

Herkunftsländer ausländischer Touristen 2009:

- USA: 44 461
- Großbritannien: 10 953
- Deutschland: 7 129
- Kanada: 6 946
- Australien: 3 549
- Frankreich: 3 162
- Sonstige: 30 514

Eigene Zusammenstellung nach:
http://galapagospark.org/documentos/Informe_ingresco_turistas_2009.pdf.pdf (Zugriff 26. 02. 2011);
http://galapagospark.org/onecol.php?page=turismo_estadisticas (Zugriff 02. 04. 2011)

M 9 Bevölkerungsentwicklung der Provinz Galapagos

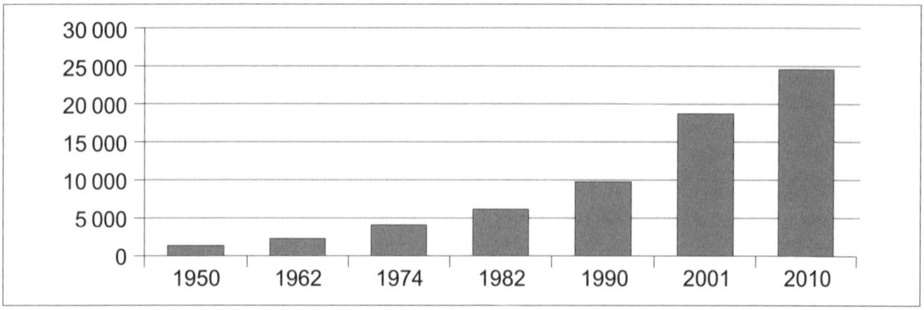

Anmerkungen:
Angabe für 2010 Prognosen
bewohnte Inseln: Santa Cruz, San Cristobal, Isabella, Santa Maria sowie Baltra (Militärgarnision)
höchste offizielle Zuwanderungswerte: 843 Zuwanderer (2006) und 674 Zuwanderer (2000)
Migrationsgründe (Befragung 2009): 43,1 % wirtschaftliche Gründe; 44,3 % Heirat/Familienzusammenführung; 12,6 % Sonstiges

Eigene Zusammenstellung nach:
http://www.inec.gob.ec/web/guest/ecu_est/est_soc/cen_pob_viv (Zugriff 26. 02. 2011);
http://www.inec.gob.ec/web/guest/ecu_est/est_soc/enc_hog/ecv_gal (Zugriff 11. 06. 2011)

M 10 Wirtschaftsfaktor Tourismus im Galapagos-Archipel

Verteilung der Einnahmen aus dem Galapagos-Tourismus 2006 (Gesamthöhe: 482 Mio. US-$)

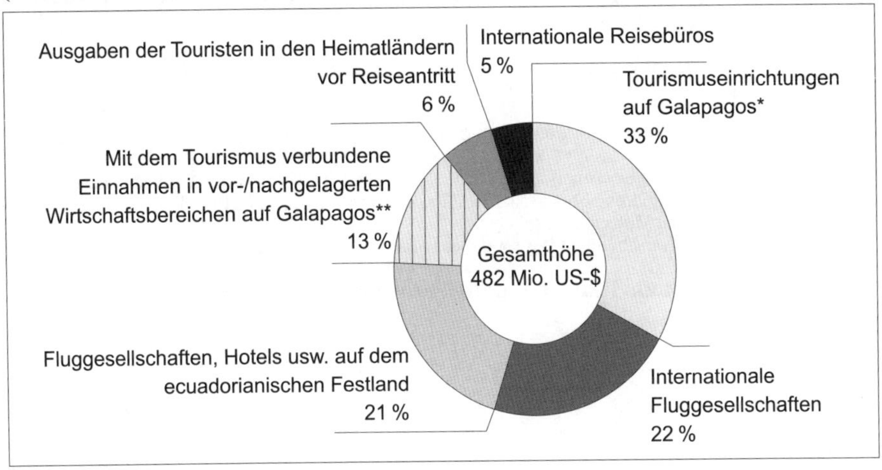

* Davon fließen rund 60 % an Hotelschiffbesitzer, die im Ausland bzw. auf dem ecuadorianischen Festland leben.

** Hierzu zählen z. B. öffentliche und soziale Dienstleistungen, Banken, Telekommunikation, Handel, Landwirtschaft.

Eigene Darstellung nach: Galapagos Report 2006-2007, S. 47, http://www.galapagos.org/wp-content/uploads/2012/04/socio6-tourism-and-galapagos- economy.pdf (Zugriff 11. 06. 2011)

Stellenwert ausgewählter Wirtschaftsbereiche auf Galapagos

Wirtschaftsbereiche	**Bruttowertschöpfung 2007 (in Mio. US-$)**	**Erwerbstätige 2009**
Land-/Forstwirtschaft, Fischerei	2,4	1 556
Groß- und Einzelhandel*	46,2	1 573
Hotels und Restaurants*	7,1	1 357
Transport (inkl. Hotelschiffe) und Kommunikation*	34,7	1 672
Öffentlicher Dienst (inkl. Militär)	4,3	1 401
Sonstige	12,2	3 426
Insgesamt	106,9	10 985

* vom Tourismus dominierter Wirtschaftsbereich

Eigene Zusammenstellung nach: http://www.bce.fin.ec/frame.php?CNT=ARB0000175 (Zugriff 21. 05. 2011); http://www.inec.gob.ec/web/guest/ecu_est/est_soc/enc_hog/ecv_gal (Zugriff 11. 06. 2011)

M 11 Umweltaspekte im Galapagos-Archipel

Von den Hotelschiffen praktizierten 2007	
eine ordnungsgemäße Müllsammlung und Müllentsorgung im Hafen*	82 %
Abwasseraufbereitung**	48 %
Verfahren zur Reduzierung der Gefahr einer Einschleppung fremder Tier-/ Pflanzenarten	69 %
Erzeugung von Ökostrom (z. B. aus Solarzellen)	0 %

* Seit 2006 im Haupthafen der Hotelschiffe auf der Isla Santa Cruz verbessertes Müllmanagement: Mülltrennung, Kompostierung organischer Abfälle, Abtransport von Glas, Plastik usw. zum Festland; 2008 wurden 18 % des Mülls recycelt.

** Fehlt diese, wird das verschmutzte Wasser unbehandelt ins Meer geleitet.

Eingeschleppte fremde Pflanzen- und Tierarten nach Galapagos

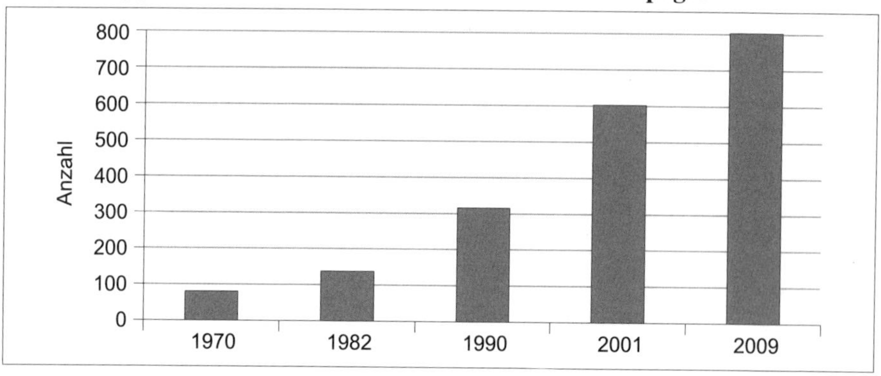

Eigene Zusammenstellung nach:
http://www.markuskappeler.ch/tex/texs/galapagos.html (Zugriff 11. 06. 2011);
Plan de Control total de Especies Introducidas,
http://www.feigalapagos.ort/docs/publicaciones/Plan%20de%20Control%20Total/Plan%20de%20Control%20Total.pdf (Zugriff 11. 06. 2011)

Die Aufgabe bezieht sich auf die folgenden **inhaltlichen Schwerpunkte:**

- Das Spannungsfeld von Landschaftszerstörung und -bewahrung im Zusammenhang mit Freizeitgestaltung
  - Standortfaktoren für unterschiedliche Tourismusformen
  - Drei-Phasen-Modell der raum-zeitlichen Entfaltung der Tourismuswirtschaft nach Vorlaufer und Tourismusmodell nach Butler
  - Formen angepassten und sanften Tourismus
- Tertiärisierung als Motor für die räumliche Verteilung von Arbeitsplätzen und Warendistribution
  - Wirtschaftsfaktor Fremdenverkehr in seiner Bedeutung für Zielregionen

Lösungsvorschlag

Teilaufgabe 1

Der Operator „lokalisieren" (Anforderungsbereich I) erfordert zunächst die Einordnung des Raumbeispiels Galapagos-Archipel in Ihnen bekannte Orientierungsraster. Anschließend sollen Sie gemäß den Anforderungen an den Operator „kennzeichnen" (Anforderungsbereich II) auf der Grundlage naturgeographischer und räumlicher Merkmale das touristische Potenzial aufzeigen (M 1–M 6).

Lage

Der Galapagos-Archipel ist eine aus zwölf Inseln bestehende Inselgruppe, die im Pazifischen Ozean liegt. Der Großteil des Archipels befindet sich südlich des Äquators zwischen 0° und 1° s. B und erstreckt sich von etwa 89° w. L bis 92° w. L. Die größte Insel ist die Isla Isabela. Weitere größere Inseln sind die Isla Fernandina, die Isla San Salvador, die Isla Santa Cruz sowie die Isla San Cristóbal. Politisch gesehen zählt die Inselgruppe zu Ecuador, dessen Küste sich östlich hiervon befindet und ca. 1 000 km entfernt ist (M 1, M 3).

Touristisches Potenzial

Die Lage am **Äquator** bietet günstige klimatische Voraussetzungen mit einer Jahresdurchschnittstemperatur von 24 °C, einer **Temperaturamplitude** von nur 5–6 °C und geringen Niederschlägen von 288 mm im Jahr, die hauptsächlich von Dezember bis April fallen. In den höheren Lagen auf den größeren Inseln fallen aufgrund des Regenwaldklimas ganzjährig Niederschläge (M 5).

Der Galapagos-Archipel ist vulkanischen Ursprungs und weist eine **einzigartige Flora und Fauna** auf. Er ist Lebensraum für verschiedene bedrohte Pflanzen- und Tierarten, die nur hier vorkommen, z. B. für die Riesenschildkröten. Aufgrund der **hohen Wassertemperaturen**, die im Durchschnitt zwischen 22 °C und 26 °C liegen und nur regional auch unter 20 °C sinken, kann die Meeresfauna auf Tauchgängen erkundet werden. Hierzu gibt es vor allem an den Küsten der größeren Inseln Sporttauchstationen. Die Flora und Fauna an Land kann an zahlreichen Exkursionsstandorten erkundet werden (M 3 – M 5).

Nationalpark Galapagos

Wegen der einzigartigen Tier- und Pflanzenwelt gehören 97 % des Inselareals seit 1968 zum **Nationalpark Galapagos**, seit 1978 steht der Inselarchipel auf der UNESCO-Liste des Weltnaturerbes. Aus diesem Grund ist eine spezifische touristische Infrastruktur entwickelt worden, die die Erhaltung des Weltnaturerbes berücksichtigt (M 2, M 4).

Der Archipel kann per Flugzeug über Quito oder Guayaquil erreicht werden. Seit 1968 gibt es einen regelmäßigen **Flugverkehr** zur Isla Santa Cruz, im Jahre 1988 wurde zusätzlich ein Flughafen auf der Isla San Cristóbal eröffnet. Die Flugkapazität ist jedoch beschränkt, sodass 2010 und 2011 täglich nur unter 1 000 Touristen auf die Inseln gelangen konnten (M 3, M 4, M 6).

Infrastruktur und Erreichbarkeit

Auf den Inseln gibt es kein ausgebautes **Straßennetz**. Auf den Inseln Isabela, Santa Cruz und San Cristóbal gibt es jeweils eine Straße, die zwei Orte miteinander verbindet. Auf Santa Cruz stellt sie die Anbindung vom Flughafen im Norden zum Tourismusort Puerto Ayora im Süden dar. Darüber hinaus gibt es neben drei kleineren Orten nur drei Tourismusorte auf den Inseln Isabela, Santa Cruz und San Cristóbal, die durch eine **Schiffsroute** miteinander verbunden sind. Zur Erkundung des Inselarchipels gibt es das Angebot, verschiedene Inseln auf einer Hotelschiff-Rundreise anzusteuern. Eine 4-tägige Rundreise verbindet die vier östlich gelegenen Inseln Santa Cruz, San Cristóbal, Genovesa und Espanola, eine 5-tägige Reise steuert die vier größten Inseln an (M 3).

An Land können die Inseln nur in Begleitung von **lizenzierten Führern** auf markierten Wegen erkundet werden. Die Führer geben einerseits Informationen zu Flora und Fauna, sind aber auch dafür zuständig, die Einhaltung der Nationalpark-Regeln zu überwachen (M 6).

Einschränkung des touristischen Potenzials

Die wenig ausgebaute touristische Infrastruktur stellt gleichzeitig einen Faktor dar, der die Attraktivität für den Tourismus verringert. Denn hierdurch ist zum Beispiel die Erreichbarkeit der Inseln eingeschränkt. Des Weiteren müssen Touristen aufgrund der Auflagen für den Aufenthalt auf Galapagos eine Einschränkung ihres Bewegungsspielraums vor Ort in Kauf nehmen. Eine weitere Einschränkung des touristischen Potenzials ist durch die naturgeographischen Voraussetzungen gegeben. Die Küsten bestehen in weiten Teilen aus zerklüftetem Lavagestein, während Sandstrände kaum vorhanden sind. Aufgrund der kalten Meeresströmung gibt es keine ausgedehnten Korallenriffe und teilweise gibt es starke Unterwasserströmungen (M 5, M 6).

Reiseziel für Naturinteressierte

All diese Merkmale machen deutlich, dass der Galapagos-Archipel ein Reiseziel für Touristen ist, für die die Einzigartigkeit der Flora und Fauna im Vordergrund steht und die auch bereit sind, Einschränkungen auf sich zu nehmen.

Teilaufgabe 2

Der Operator „erläutern" (Anforderungsbereich II) verlangt von Ihnen, dass Sie aus dem Material entnehmbare Zusammenhänge verdeutlichen. In dieser Teilaufgabe sollen Sie zunächst die Entwicklung des Tourismus auf Galapagos sowie die touristischen Strukturen aufzeigen und anschließend auf die wirtschaftliche Bedeutung eingehen (M 2–M 10).

Struktur des Tourismus

Die Besonderheiten des Galapagos-Archipels haben eine spezifische Struktur des Tourismus hervorgerufen. Es gibt unterschiedliche **Beherbergungstypen**, nämlich neben Hotels und Pensionen auch Hotelschiffe. Die letzte Form dominierte bis 2006 in Bezug auf die Anzahl, auf die Bettenkapazität und die Zahl der Übernachtungen. 80 Hotelschiffe standen 65 Hotels gegenüber. Auf den Hotelschiffen verbrachten 2007 etwa ein Drittel mehr Touristen ihren Urlaub auf Galapagos als in Hotels und Pensionen (M 6, M 7).

Die durchschnittliche Aufenthaltsdauer hat sich von mehr als 5 Tagen im Jahr 1982 und 4 bis 5 Tagen im Jahr 1991 auf 3,3 Tage im Jahr 2006 reduziert. Es dominiert der Auslandstourismus: Die meisten Touristen – nämlich 44 461 – kamen 2009 aus den USA, mit weitem Abstand gefolgt von Touristen aus Großbritannien (10 953), Deutschland (7 129) und Kanada (6 946) (M 3, M 8).

Sanfter Tourismus im UNESCO-Weltnaturerbe

Die strukturellen Besonderheiten sind auch auf den Status der Inseln als **Weltnaturerbe der UNESCO** zurückzuführen. Im Jahre 2007 wurde dieses als gefährdet eingestuft, da die Einzigartigkeit nicht nur durch den Tourismus bedroht wurde, sondern auch durch illegale Siedler oder die Expansion der Ölimporte und ein steigendes Verkehrsaufkommen. Daraufhin entstand die Initiative „Galapagos 2020", die der touristischen Nutzung strengere Beschränkungen auferlegte. Diese beinhaltete neben Maßnahmen, die das Einschleppen von fremden Arten verhindern soll, auch eine Einpassung des Tourismus in das Nationalpark-Konzept sowie die Orientierung an der Weltnaturerbe-Konvention der UNESCO. So wurden weiterhin die Beschränkungen der Besucherzahlen aufrechterhalten und die Flugkapazitäten mit 500–800 Plätzen pro Tag bis 2010 gering gehalten, aber auch die Genehmigungen für den Wassersport reduziert. Darüber hinaus wurden umweltschonende technische Maßnahmen sowie Wasserrecycling auf den Hotelschiffen eingeführt und die Touristenführer besser geschult sowie ihre Arbeit kontrolliert.

Berücksichtigt man alle genannten Maßnahmen, kann man den Tourismus auf Galapagos als **sanften Tourismus** bezeichnen.

Dem Problem der illegalen Einwanderung wurde mit der Einführung einer Identifikationskarte begegnet (M 2, M 4, M 6).

Naturerlebnis im Mittelpunkt

Die Form des Tourismus, die sich auf Galapagos entwickelt hat, und die ergriffenen Maßnahmen zum Schutz der Natur werden auch durch die Motive der Touristen bestätigt. In einer Umfrage aus dem Jahr 2007 gaben 77,2 % der Galapagos-Reisenden an, wegen der einzigartigen Flora und Fauna die Inseln zu bereisen, 9,5 % kamen auf Empfehlung von Bekannten und 6,3 % wollten „sehen, was Darwin sah“. Das Naturerlebnis hat also gegenüber einem Bade- oder Taucherlebnis Priorität. Außerdem erschwert die **periphere Lage** des Archipels die Anreise und ist auch ein Grund für die **hohen Preise**. So kosten 4 Nächte pro Person ab Quito/ Guayaquil beispielsweise 1 315 €, 7 Nächte sogar 2 349 €. Eine Einreisegebühr, die für ausländische Touristen bei 100 US-$ liegt und vor allem für die Erhaltung des Nationalparks und für die Inselgemeinden verwendet wird, kommt hinzu (M 1, M 6).

Zunahme des Tourismus seit den 1970er-Jahren

Dennoch ist in der touristischen Entwicklung eine Zunahme seit den 1970er-Jahren festzustellen. So ist ein deutlicher **Wachstumstrend** bei den Fernreisen, seit 2000 auch beim Inlandstourismus zu verzeichnen. In den 1970er-Jahren war die Anzahl der ausländischen Touristen sehr niedrig, von 1979 bis 1980 gab es einen sprunghaften Anstieg auf ca. 16 000, in den folgenden Jahren sank die Zahl wieder auf ca. 15 000 (1985). Von 1985 bis 2002 ist ein stetiger, aber moderater Anstieg und in den Jahren 2003 bis 2008 ein steiler Anstieg zu verzeichnen. Innerhalb der drei Jahre hat sich die Zahl der ausländischen Touristen verdoppelt von ca. 60 000 auf 120 000. Durch die Weltwirtschaftskrise ist die Zahl der Reisenden etwas eingebrochen, sie hat sich aber 2010 wieder erholt. Die Entwicklung der Anzahl der ecuadorianischen Touristen verläuft weitgehend parallel zur Entwicklung der Anzahl der ausländischen Touristen. Erst ab 2005 wächst der Anteil der einheimischen Touristen, etwa zwei Drittel der Touristen kommen aber weiterhin aus den ausländischen Quellgebieten (M 8).

Ausweitung der touristischen Infrastruktur

Im Rahmen dieses Wachstumstrends ist eine Ausweitung der **touristischen Infrastruktur** zu erkennen. Einerseits wird eine Verlagerung der Beherbergung von Hotelschiffen zu Hotels deutlich. Zwar hat sich die Anzahl der Hotelschiffe von 1982 bis 2007 von 40 auf 83 Schiffe mehr als verdoppelt. Die Anzahl der Hotels hat sich aber fast verfünffacht von 18 Hotels im Jahr 1982 auf 89 im Jahr 2007. Somit lag 2007 die Bettenzahl in Hotels über der auf Hotelschiffen (M 7). Andererseits wirkt sich das Wachstum auf die touristische Infrastruktur an Land aus. Denn auch die Anzahl an Restaurants und Bars ist gewachsen: im Zeitraum von 1982 bis 1991 eher moderat und im Zeitraum von 1991 bis 2006/2007 sprunghaft. Mit 122 Gastronomieeinrichtungen hat sich die Anzahl von 1982 bis 2007 versechsfacht (M 7).

Große wirtschaftliche Bedeutung des Tourismus

Die große **wirtschaftliche Bedeutung** des Tourismus auf Galapagos zeigt sich in verschiedenen Bereichen. Fast die Hälfte der Einnahmen aus dem Galapagos-Tourismus (46 %), die 2006 bei 482 Mio. US-$ lagen, entfallen auf die tourismusbasierten Wirtschaftsbereiche. 33 % der Einnahmen fließen in die Tourismuseinrichtungen auf Galapagos, allerdings gehen hiervon rund 60 % an Hotelschiffbesitzer im Ausland oder auf dem ecuadorianischen Festland und tragen so nur indirekt zur Bruttowertschöpfung auf Galapagos bei. Ein Anteil von 13 % der Einnahmen geht an die vor- und nachgelagerten Wirtschaftsbereiche des Tourismus, wie z. B. Hotels und Restaurants, Groß- und Einzelhandel sowie Transport, auch auf Hotelschiffen, und Kommunikation. Insgesamt umfassten die drei vom Tourismus dominierten Bereiche eine Bruttowertschöpfung von 88 Mio. US-$ im Jahr 2007 und 4 602 Beschäftigte. Der Bereich des primären Sektors sowie der öffentlichen Dienstleistungen, die auch von den Einnahmen durch den Tourismus profitieren, sorgten im gleichen Jahr für eine Bruttowertschöpfung von 6,7 Mio. US-$ und zählten 2 957 Erwerbstätige. Neben den Hotelschiffbesitzern im Ausland und auf dem ecuadorianischen Festland schöpfen jedoch vor allem die internationalen Reisebüros (5 %) sowie die internationalen und ecuadorianischen Fluggesellschaften und Hotels auf dem ecuadorianischen Festland Gewinn von den Einnahmen aus dem Tourismus ab (zusammen 48 %) (M 10).

Dennoch wirkt sich der Wirtschaftsfaktor Tourismus positiv auf das **Pro-Kopf-Einkommen** auf Galapagos aus. Im Jahr 2009 lag es bei 4 716 US-$, während das durchschnittliche Pro-Kopf-Einkommen in Ecuador mit 3 776 US-$ deutlich darunter lag. Galapagos steht damit an 4. Stelle der 24 ecuadorianischen Provinzen (M 4).

Bevölkerungszunahme

Durch den Tourismus haben sich folglich die **Einkommensmöglichkeiten** auf Galapagos verbessert, was eine **Zunahme der Bevölkerung** zur Folge hatte. Von 1950 bis 2010 ist die Bevölkerung kontinuierlich von ca. 2 000 auf fast 25 000 angestiegen. Im Jahr 2006 wurde der höchste offizielle Zuwanderungswert von 843 Migranten erreicht, im Jahr 2000 waren es 674. In einer Befragung von 2009 nannten 43,1 % der Befragten wirtschaftliche Gründe als Migrationsmotiv, 44,3 % kamen aufgrund einer Heirat oder Familienzusammenführung. Der illegalen Zuwanderung wurde unter anderem durch zwangsweise Rücksiedlung der Migranten weiter vorgebeugt. Insgesamt bestätigt die Bevölkerungsentwicklung die wirtschaftliche Bedeutung des Tourismus auf Galapagos (M 4, M 9).

Teilaufgabe 3

Der Operator „erörtern" (Anforderungsbereich III) verlangt von Ihnen das begründete Abwägen zwischen Pro und Kontra mit dem Ziel einer abschließenden eigenen Urteilsbildung. In dieser Teilaufgabe wird von Ihnen erwartet, dass Sie beurteilen, ob der Tourismus auf Galapagos positive oder negative Zukunftsperspektiven hat, und dass Sie hierzu eines der Ihnen aus dem Unterricht bekannten Modelle der touristischen Entwicklung (z. B. Butler, Vorlaufer) hinzuziehen (M 2–M 4, M 6–M 11).

Positive Perspektiven

Dem **Wirtschaftsfaktor Tourismus** kommt auf Galapagos eine große Bedeutung zu und es sprechen einige Aspekte für eine positive Entwicklung dieses Wirtschaftsbereiches. Nach wie vor weist die Branche einen Wachstumstrend auf, der auch durch die Weltwirtschaftskrise 2009 kaum gebremst wurde. Des Weiteren sind die Bemühungen zur Bewahrung des Weltnaturerbe-Status als positiv zu bewerten. Die Maßnahmen, die im Rahmen der Initiative „Galapagos 2020" eingeleitet wurden, haben sich so positiv ausgewirkt, dass 2010 der Galapagos-Archipel von der UNESCO als nicht mehr gefährdet eingestuft wurde. Hervorzuheben sind in diesem Zusammenhang die intensiveren Kontrollen des Tourismus und der Einsatz **umweltschonender Technik** wie Wasserrecycling auf Schiffen und **regenerativer Energien**, die dem Konzept des sanften Tourismus entsprechen (M 4).

Negative Perspektiven

Dennoch gibt es einige problematische Aspekte, die den Konflikt zwischen **Ökologie** und **Ökonomie** verdeutlichen und die die künftige Entwicklung des Tourismus beeinträchtigen könnten. Der Ausbau der touristischen Infrastruktur und die Verlagerung des Tourismus an Land dienen dazu, das touristische Potenzial der Inseln ökonomisch auszuschöpfen, langfristig ist jedoch eine Gefährdung des Naturraums auf Galapagos und somit auch des Status als Weltkulturerbe der UNESCO zu befürchten. Eine weitere Beschränkung des Tourismus und die einseitige Ausrichtung auf gut situierte, naturorientierte Bildungsurlauber kann allerdings das wirtschaftliche Wachstum bremsen.

Der Anstieg der Touristenzahlen wirkt sich negativ auf das Ökosystem aus. Trotz intensiver Kontrollen und des Einsatzes von Verfahren zur Reduzierung der Anzahl der **eingeschleppten fremden Pflanzen- und Tierarten**, die allerdings nur auf 69 % der Hotelschiffe praktiziert werden, ist diese kontinuierlich gestiegen; im Jahr 2009 lag sie bereits bei 800. Diese Arten gefährden langfristig durch ihre Überlegenheit im Ökosystem die einheimischen Arten. Außerdem gibt es weitere Defizite im **Ökomanagement:** Zwar ist auf 82 % der Hotelschiffe eine ordnungsgemäße Müllsammlung, -trennung und -entsorgung üblich, die auch in den Häfen praktiziert wird, allerdings wurden 2008 nur 18 % des Mülls recycelt. Ein weiteres Problem stellt die Abwasseraufbereitung dar, die auf 48 % der Schiffe praktiziert wird. Bei den übrigen 52 % aber wird das verschmutzte Wasser unbehandelt ins Meer geleitet. Die Erzeugung von Strom aus regenerativen Energiequellen, z. B. von Solarstrom, fehlte 2007 auf allen Hotelschiffen (M 11).

Modell von Butler

Vergleicht man die Entwicklung des Tourismus auf Galapagos mit dem modellhaften Verlauf nach **Butler**, sind deutliche Parallelen festzustellen. Da durch das Tourismuskonzept aber nur bestimmte Zielgruppen angesprochen werden, ist eine Entwicklung zum Massentourismus nicht zu befürchten. Dennoch ist eine Ausweitung auf den Hoteltourismus als **Erneuerungsphase** einzuordnen, die einen weiteren Anstieg der Touristenzahlen mit sich bringen kann. Angesichts der Sensibilität des Ökosystems bestünde dann aufgrund der steigenden ökologischen Belastung die Gefahr eines raschen Verfalls.

Fazit: Qualitätstourismus als Perspektive

Galapagos muss trotz der negativen Aspekte weiterhin auf den Tourismus setzen, da er für Ecuador einen **positiven Wirtschaftsfaktor** darstellt. Allerdings darf hierbei nicht allein der ökonomische Profit im Vordergrund stehen, sondern es muss eine Balance gefunden werden zwischen den Bedürfnissen der Touristen und denen des fragilen Ökosystems. Dieses kann am besten durch eine Schwerpunktsetzung auf Qualitätstourismus gelingen. Ein weiterer Ausbau der touristischen Infrastruktur an Land und die Verlagerung auf Hoteltourismus sollte daher verhindert werden, damit der Hauptreisegrund zum Archipel, nämlich die Einzigartigkeit der Flora und Fauna, weiterhin Bestand hat.

Leistungskurs Geographie (NRW) – Abiturprüfung 2012
Aufgabe 3

Thema

Raumentwicklung in Europa –
Die Öresund-Verbindung als grenzübergreifender Wachstumsmotor?

Aufgabenstellung

Punkte

1. Lokalisieren Sie die Öresund-Region und kennzeichnen Sie deren verkehrsinfrastrukturelle Ausstattung sowie sozioökonomische Struktur Anfang der 1990er-Jahre. 25

2. Erläutern Sie die Entwicklungsprozesse, die sich seit der Fertigstellung der Öresund-Verbindung vollzogen haben. 27

3. Erörtern Sie Chancen und Probleme der Öresund-Verbindung in regionaler Hinsicht und im Kontext europäischer Raumentwicklung. 28

Zugelassene Hilfsmittel

- der an der Schule in der Qualifikationsphase überwiegend verwendete Atlas, in einer für alle Prüflinge gleichen Auflage
- Wörterbuch zur deutschen Rechtschreibung
- Taschenrechner

Materialgrundlage

M 1 Atlaskarten nach Wahl

M 2 Wirtschaft Öresund-Region 1991 (siehe Farbabbildung F-20)

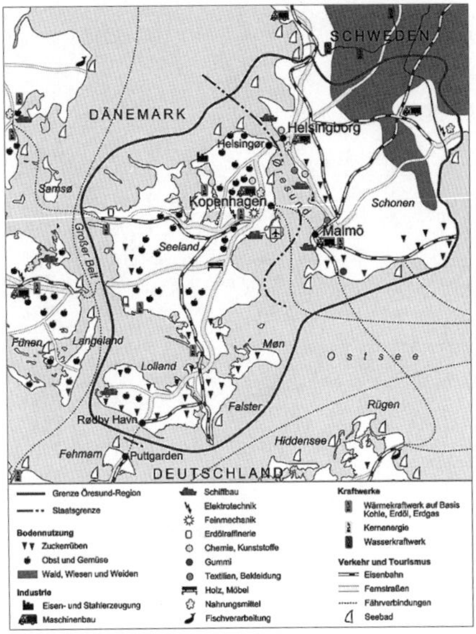

Quelle: © cartomedia, Karlsruhe

M 3 Beschäftigungsstruktur Öresund-Region 1993 / 2007

Wirtschaftssektor (Anteile in %)	Region Kopen-hagen 1993	Region Kopen-hagen 2007	Region Seeland 1993	Region Seeland 2007	Region Schonen 1993	Region Schonen 2007
Primärer Sektor	1,0	0,7	6,3	3,8	3,2	2,1
Sekundärer Sektor	17,9	14,8	23,2	21,9	25,7	22,6
Tertiärer Sektor	81,1	84,5	70,5	74,3	71,1	75,3
Anzahl der Beschäftigten insgesamt	830 371	938 511	315 771	345 065	448 323	535 585

Eigene Zusammenstellung nach: http://www.tendensoresund.org/de/wirtschaftsstruktur (Zugriff 15. 09. 2011)

M 4 Demographische Entwicklung in der Öresund-Region

Gesamtregion

Jahr	Bevölkerung
1999	3 503 576
2004	3 583 302
2009	3 698 199
2014	3 796 000
2019	3 884 000
2024	3 971 000
2029	4 052 000

Teilregionen

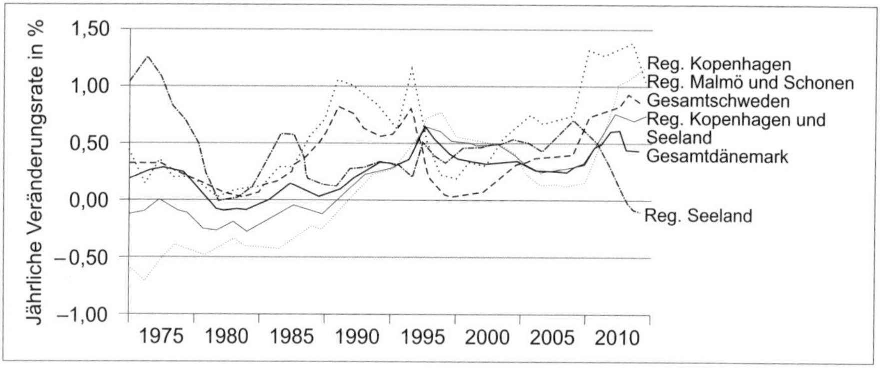

Eigene Zusammenstellung nach:
http://www.tendensoresund.org/de/bevolkerung/bevolkerungsprognose (Zugriff 15. 09. 2011);
http://www.tendensoresund.org/de/bevolkerung (Zugriff 15. 09. 2011);
http://www.kk.dk/sitecore/content/Subsites/CityOfCopenhagen/SubsiteFrontpage/ContactsAndFacts/Statistics/Population/PopulationOriginCityDistricts.aspx (Zugriff 11. 10. 2011)

M 5 Daten und Fakten zur Öresund-Verbindung (siehe Farbabbildung F-21)

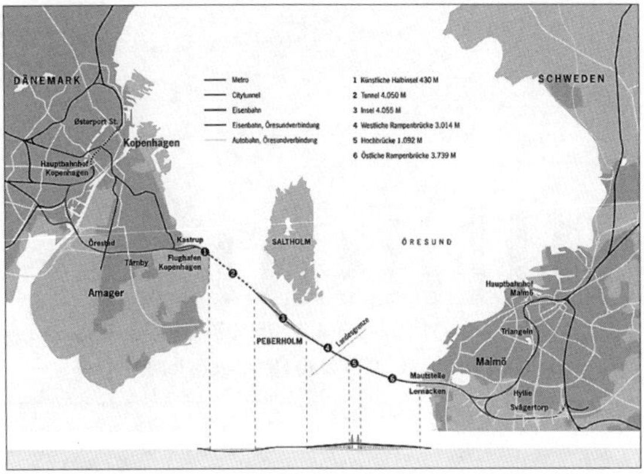

- 1991: Abkommen zwischen Dänemark und Schweden über den Bau der Öresund-Verbindung
- Fertigstellung: 1. Juli 2000 (Bauzeit: 4,5 Jahre)
- Baukosten: ca. 3 Mrd. Euro, gefördert mit 50 Millionen Euro aus Mitteln des Europäischen Strukturfonds für regionale Entwicklung
- 5 000 Beschäftigte während der Bauphase
- Streckenlänge: ca. 16 km
- Konstruktionstyp: Schrägseilbrücke mit Zufahrtstunnel ohne Standspur
- Streckenführung: kombinierte vierspurige Autobahnbrücke mit zweispuriger Bahntrasse, ausgelegt für 4 000 Kfz stündlich

Eigene Darstellung und Zusammenstellung nach: ØRESUNDSBRO KONSORTIET 2010 (Hrsg.): 10 Jahre. Die Öresundbrücke und ihre Region, S. 7 unter http://de.oresundsbron.com/page/26 (Zugriff 15. 09. 2011); http://de.oresundsbron.com/page/2867 (Zugriff 15. 09. 2011)

M 6 Verkehrsentwicklung Öresund-Verbindung

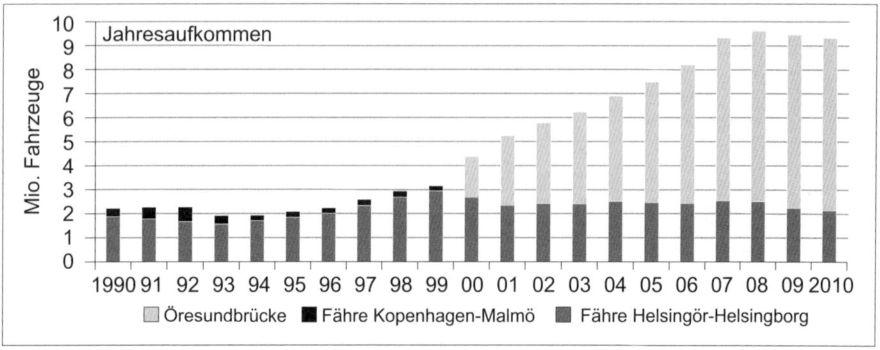

Daten nach: Shippax, Øresundbron

Tagesaufkommen

Kategorie	2001	2005	2007	2008	2009	2001–2009
Pkw	7 290	12 328	16 831	17 767	17 986	147 %
Motorräder	67	82	106	96	93	39 %
Lieferwagen und Wohnwagen	204	300	465	441	449	120 %
Lkw	421	737	927	932	817	94 %
Busse	103	155	153	131	117	14 %
Verkehr insgesamt	**8 085**	**13 602**	**18 482**	**19 367**	**19 462**	**141 %**
Personenpassagen						
Auto	21 900	32 000	40 600	41 000	41 300	89 %
Bahn	13 500	18 100	26 600	29 400	30 400	125 %
Total	**35 400**	**50 100**	**67 200**	**70 400**	**71 700**	**103 %**

Nutzungszweck

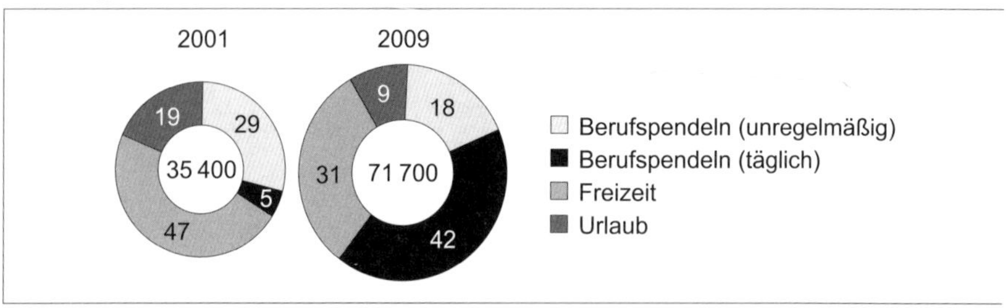

Eigene Zusammenstellung nach: ØRESUNDSBRO KONSORTIET 2010 (Hrsg.): 10 Jahre. Die Öresundbrücke und ihre Region, S. 8 unter http://de.oresundsbron.com/page/486 (Zugriff 15. 09. 2011)

M 7 Immobilienpreise und interregionale Umzüge in der Öresund-Region

Eigentumswohnungen: Durchschnittlicher Quadratmeterpreis in Dänischen Kronen (DKK)

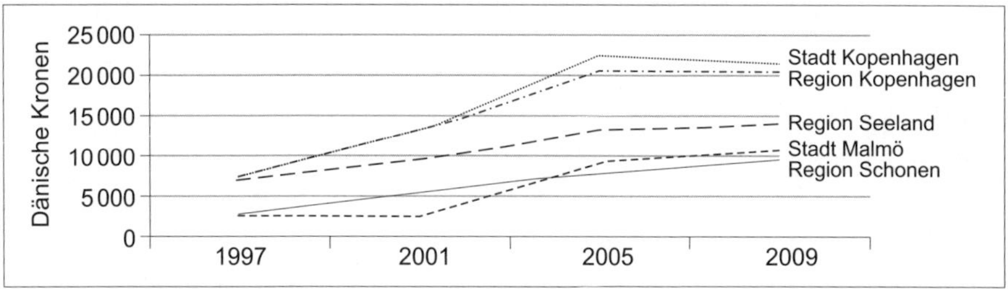

Daten nach: Realkreditrådet og Värderingsdata AB

Interregionale Umzüge

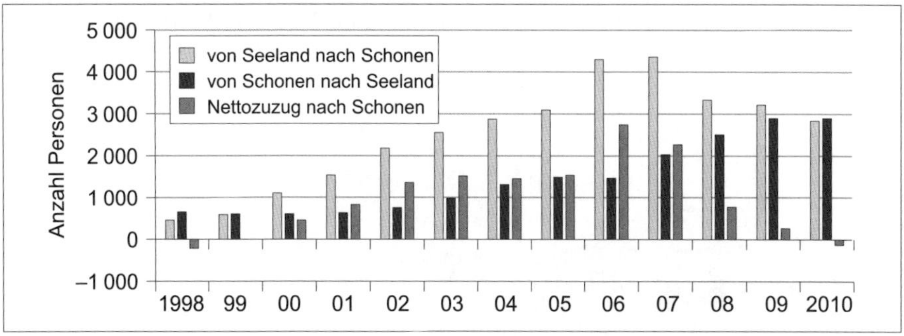

Eigene Zusammenstellung nach:
http://data.oresundsbron.com/image/broen%20og%20regionen/treienDe.png (Zugriff 15. 09. 2011)

M 8 Entwicklungsszenarien Öresund-Verbindung

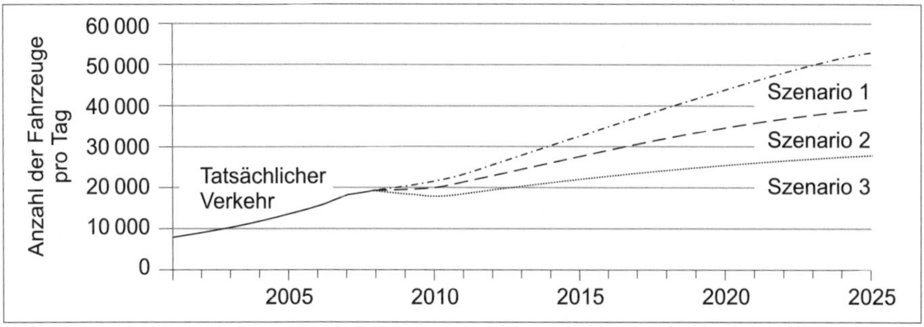

Eigene Darstellung nach: http://data.oresundsbron.com/image/broen%20og%20regionen/
Graf_08_ForventetTrafik_DE png (Zugriff 15. 09. 2011)

M 9 Entwicklung Güterverkehr im westlichen Ostseeraum* (in Mio. t/Jahr)

Fracht mit	2002	2015**
Lkw	23,0	31,6
Güterzug	5,6	12,3
Kombination Lkw – Zug	1,0	2,0
Gesamt	29,6	45,9

* Der westliche Ostseeraum umfasst Deutschland, Dänemark und Südschweden.
** Prognose

Quelle: Vieregg-Rössler GmbH: Gutachterliche Stellungnahme zu den aktuellen Verkehrsprognosen und Kostenkalkulationen der geplanten Festen Fehmarnbelt-Querung. Aktualisierte Fassung. München 2009. Hrsg.: NABU Deutschland; http://www.fehmarnbeld.riechey.de/uploads/media/Bericht120309.pdf (Zugriff 15. 09. 2011)

M 10 Konzept europäischer Raumentwicklung (siehe Farbabbildung F-22)

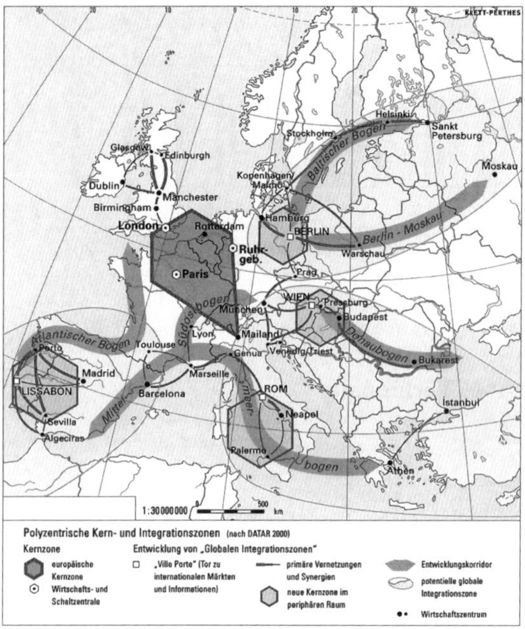

Quelle : Haack Weltatlas 2012, S. 109; Ernst Klett Verlag GmbH, Stuttgart 2012

Die Aufgabe bezieht sich auf die folgenden **inhaltlichen Schwerpunkte:**
- Verkehrs- und Kommunikationsnetze in ihrer Bedeutung für die Verflechtung und Gestaltung von Räumen
  - Zusammenhang zwischen der Modernisierung der Verkehrs- und Kommunikationsnetze und der Globalisierung
- Zusammenwachsen oder Desintegration von Räumen aufgrund politischer Vorgaben und kultureller Prägung
  - Europäische Raumordnungsmodelle, u. a. die „Blaue Banane"

Lösungsvorschlag

Teilaufgabe 1

Der Operator „lokalisieren" (Anforderungsbereich I) erfordert zunächst die Einordnung der Öresund-Region in Ihnen bekannte Orientierungsraster. Anschließend sollen Sie gemäß den Anforderungen an den Operator „kennzeichnen" (Anforderungsbereich II) einen Raum bzw. einen Sachverhalt auf der Grundlage bestimmter Kriterien begründet charakterisieren. In dieser Teilaufgabe sollen Sie die verkehrsinfrastrukturelle Ausstattung und die sozioökonomische Struktur dieser Region aufzeigen (M 1–M 4).

Geographische Lage

Die Öresund-Region umfasst das Gebiet der dänischen Inseln Seeland und Lolland sowie die Region Schonen in Südschweden. Die westliche Grenze wird durch den Großen Belt markiert. Die Meerenge Öresund bildet die Grenze zwischen Dänemark und Schweden und verbindet die Nord- mit der Ostsee. An der dänischen Küste, auf der Insel Seeland, liegt die Hauptstadt Kopenhagen, an der schwedischen Küste liegt die Großstadt Malmö. Die Öresund-Brücke verbindet nicht nur diese beiden Städte, sondern ist Teil eines Verkehrsnetzes, das die großen Städte Schwedens miteinander verknüpft und eine Anbindung zum dänischen Festland und somit zum europäischen Kontinent schafft (M 1, M 2).

Verkehrs-infrastruktur

Malmö und die Metropole Kopenhagen sind über verschiedene Verkehrswege an das **transnationale Verkehrsnetz** angebunden. Von Malmö aus führt eine Autobahn entlang der Küste in Richtung Norden. Nach Süden und ins Landesinnere verlaufen weitere Fernstraßen. Verschiedene Eisenbahntrassen, die z. T. untereinander verbunden sind, führen darüber hinaus in alle Teile Schwedens (M 1, M 2).

Auf der dänischen Seite führen **Autobahnen** von Kopenhagen aus nach Norden in Richtung Schweden bzw. nach Süden über die Insel Lolland in Richtung Deutschland. Außerdem gibt es zwei

Autobahnverbindungen nach Westen sowie eine Bundesstraße, die quer über die Insel Seeland führt. Die **Eisenbahnlinien** verlaufen fast parallel zum Fernstraßennetz. Auf diese Weise werden die Regionen Seeland und Schonen ausgehend von den Zentren Kopenhagen und Malmö sternförmig erschlossen (M 2).

Ein **internationaler Flughafen** befindet sich südlich von Kopenhagen auf einer vorgelagerten Insel im Öresund. Die Anbindung ans europäische Festland und Schweden erfolgt aber nicht nur über Flugverbindungen, sondern auch über **Fährlinien**. Im östlichen Teil der Region verbinden diese Kopenhagen mit Malmö, über Helsingør mit Helsingborg sowie mit der Insel Rügen und den baltischen Staaten. Im westlichen Teil der Region wird der Große Belt durch eine Fährlinie zur dänischen Insel Fünen und zum dänischen Festland überbrückt (M 1, M 2, M 5).

Ökonomische Struktur

Am Anfang der 1990er-Jahre stellte Kopenhagen das **ökonomische Zentrum** der Öresund-Region dar, da hier im Vergleich zur Region Seeland und zur Region Schonen mit 830 371 mehr **Beschäftigte** zu verzeichnen waren als in den beiden anderen Regionen zusammen. Die Region Seeland hatte 315 771 und die Region Schonen 448 323 Beschäftigte. In der Region Kopenhagen ließ sich außerdem eine starke **Konzentration des tertiären Sektors** erkennen, der 1993 einen Anteil von 81,1 % der Beschäftigten aufwies. In der Region Seeland lag er 10,6 %, in der Region Schonen genau 10 % darunter. Demnach hatten in den Regionen Seeland und Schonen der **primäre** und der **sekundäre Sektor** eine höhere Bedeutung als in der Hauptstadtregion Kopenhagen. In Seeland stellte der primäre Sektor noch 6,3 % und in Schonen immerhin 3,2 % der Beschäftigten (Kopenhagen 1 %). Der sekundäre Sektor machte in Schonen und Seeland einen Anteil von rund einem Viertel aus (M 3).

Entlang der Küsten zum Öresund haben sich ähnliche **Industrien** angesiedelt. Der Schwerpunkt liegt auf stahlverarbeitenden Industrien, wie z. B. Maschinen- oder Schiffbau, und der chemischen Industrie. Auch gibt es auf beiden Seiten Nahrungsmittelindustrie. Auf der schwedischen Seite gibt es zusätzlich zwei Standorte der Textilindustrie (M 2).

Demographische Entwicklung

Die Regionen Seeland und Schonen, inklusive Kopenhagen und Malmö, weisen auch eine ähnliche **demographische Entwicklung** auf. In der Gesamtregion ist von 1999 bis 2009 ein geringer Bevölkerungsanstieg von ca. 5,5 % (absolute Zahl: 194623) zu verzeichnen. Betrachtet man die Entwicklung in den Teilregionen, wird dieser Trend durch eher niedrige jährliche Wachstumsraten bestätigt. Zudem wird im Zeitraum von 1975 bis 2010 eine Konzentration auf Kopenhagen und Malmö deutlich. Die schwedischen Teilregionen weisen im Vergleich zu den dänischen höhere Wachstumsraten auf (M 4).

Teilaufgabe 2

Der Operator „erläutern" (Anforderungsbereich II) verlangt von Ihnen, dass Sie aus dem Material entnehmbare Zusammenhänge verdeutlichen. In dieser Teilaufgabe sollen Sie die Entwicklungsprozesse seit der Fertigstellung der Öresund-Verbindung nachvollziehen (M 2–M 7).

Feste Öresund-Verbindung

Im Jahr 1991 wurde ein Abkommen zwischen Dänemark und Schweden geschlossen, das den Bau einer festen **Verbindung über den Öresund** beinhaltete. Nach 4,5 Jahren Bauzeit wurde diese dann am 1. Juli 2000 fertiggestellt. Die Baukosten betrugen etwa 3 Mrd. Euro und es floss eine Förderung von 50 Mio. Euro aus dem Europäischen Strukturfonds zur regionalen Entwicklung in das Projekt. Realisiert wurde eine **Schrägseilbrücke** mit einem Zufahrtstunnel ohne Standspur auf einer Strecke von insgesamt 16 km. Der **Tunnel** überbrückt das erste Teilstück der Strecke auf einer Länge von 4,05 km. Im weiteren Verlauf wird die Strecke dann oberirdisch weitergeführt. Die Streckenführung kombiniert eine **vierspurige Autobahn** und eine **zweispurige Bahntrasse**. Die Öresund-Verbindung beginnt östlich des Kopenhagener Flughafens und endet im südlichen Teil Malmös. Sowohl auf der dänischen als auch auf der schwedischen Seite wurde die Verbindung an das bestehende Verkehrsnetz angebunden. Neben der Fährstrecke Kopenhagen-Malmö wurde dadurch eine weitere **grenzübergreifende Verbindung** geschaffen (M 2, M 5).

Steigendes Verkehrs- und Güteraufkommen

Seit der Fertigstellung der Verbindung ist ein steigendes **Verkehrs- und Güteraufkommen** über den Öresund zu verzeichnen. Die Anzahl der Fahrzeuge, die die neue Verbindung passieren, hat von 2000 bis 2008 jährlich zugenommen. Im ersten Jahr nach der Fertigstellung waren es nur etwa 1,8 Mio. Fahrzeuge, bis 2008 stieg die jährliche Fahrzeugzahl aber auf ca. 7 Mio. und in den folgenden zwei Jahren blieb diese Zahl konstant.

Dies wirkte sich auf die bestehenden Fährverbindungen aus: Während auf der Strecke Helsingör – Helsingborg die Anzahl der Fahrzeuge nur geringen Schwankungen unterlag, aber immer noch bei 2 Mio. pro Jahr liegt, wird die Fähre Kopenhagen – Malmö gar nicht mehr genutzt. Diese Entwicklung zeigt sich auch im **täglichen Verkehrsaufkommen**, denn von 2001 bis 2009 ist es um 141 % gestiegen, die Anzahl der **Personenpassagen** hat sich im gleichen Zeitraum verdoppelt. Dies ist auf die schnellere und flexiblere Art der Überquerung über die Öresund-Verbindung einerseits, aber andererseits auch auf die **kombinierte Streckenführung**, die für ein stündliches Aufkommen von 4 000 Kfz ausgelegt ist und gleichzeitig den Transfer per Bahn ermöglicht, zurückzuführen. Nicht zuletzt schafft die Anbindung an die bestehende Verkehrsinfrastruktur eine **Zeitersparnis** (M 5, M 6).

Gestiegenes Pendler-aufkommen

Aus diesem Grund hat auch eine Verflechtung der benachbarten **Arbeitsmärkte** stattgefunden. Das regelmäßige **Pendleraufkommen** ist von 5 % im Jahr 2001 auf 42 % im Jahr 2009 gestiegen. Rechnet man diejenigen dazu, die unregelmäßig pendeln, hat sich das Pendleraufkommen von 2001 bis 2009 verdoppelt. Mit der steigenden Zahl von Pendlern ging ein deutlicher Zuwachs des Pkw-Aufkommens einher: Von 2001 bis 2009 stieg das Tagesaufkommen dieser Fahrzeugart um 147 %, die Personenpassagen per Pkw um 89 %. Ein erheblicher Anstieg ist auch bei der täglichen Anzahl von Lieferwagen und Wohnwagen (120 %) sowie von Lkw (94 %) zu verzeichnen. Die Personenpassagen per Bahn weisen im gleichen Zeitraum einen Zuwachs von 125 % auf. 2001 betrugen diese lediglich 13 500 täglich. Bis zum Jahr 2007 hat sich diese Anzahl fast verdoppelt, bis 2009 ist ein weiterer Anstieg auf täglich 30 400 Personenpassagen per Bahn festzustellen. Auch die **freizeitorientierte Nutzung** hat mit 31 % noch einen recht hohen Stellenwert, wenngleich der Anteil gegenüber 2001 um 16 % gesunken ist (M 6).

Interregionale Umzüge

Die Öresund-Verbindung hat sich darüber hinaus auf die **demographische Entwicklung** ausgewirkt. In der gesamten Region ist die Bevölkerung seit 1999 um fast 200 000 gewachsen und lag 2009 bei 3 698 199. Profitiert haben vor allem die Teilregionen Kopenhagen sowie die Regionen Malmö und Schonen. Letztere weisen einen deutlichen Wachstumstrend seit der Fertigstellung auf, während dieser in Kopenhagen etwas später einsetzte. Im Vergleich dazu ist die Entwicklung in Seeland gegenläufig. Die Wachstumsrate rutschte 2009 erstmals in den negativen Bereich (M 4). Diese Entwicklung lässt sich durch die **interregionalen Umzüge** erklären. Von 2000 bis 2007 ist ein Umzugstrend von Seeland nach Schonen zu erkennen. Die Anzahl der Umzüge in diese Richtung war in diesen Jahren doppelt so hoch, vereinzelt auch mehr als doppelt so hoch, wie die Anzahl von Umzügen in die Gegenrichtung, was einen Anstieg des Nettozuzugs nach Schonen zur Folge hatte. In den Folgejahren war diese Entwicklung aber rückläufig, und die Anzahl der Umzüge in beide Richtungen hat sich immer mehr angeglichen. Im Jahr 2010 lag die Anzahl der Umzüge von Schonen nach Seeland schließlich geringfügig über der Anzahl der Umzüge in die Gegenrichtung (M 7).

Gründe für das Umzugsverhalten

Verschiedene Gründe lassen sich für das Umzugsverhalten anführen. Die **Immobilienpreise** sind zwar in allen Teilregionen gestiegen, jedoch sind sie in Kopenhagen und der Region Kopenhagen deutlich höher. Während im Jahr 1997 der durchschnittliche Quadratmeterpreis für Eigentumswohnungen in Kopenhagen und Region bei ca. 7 500 Dänischen Kronen (DKK) lag, verzeichnete man 2005 in der Region Kopenhagen einen Preis von etwa 21 000 DKK pro m^2. In der Stadt Kopenhagen lag er mit ca. 23 000 DKK pro m^2 sogar noch etwas darüber. Seitdem haben sich die Preise nur leicht abgeschwächt und liegen immer noch bei über 20 000 DKK pro m^2. In der Stadt Malmö und der Region Schonen haben sich die durchschnittlichen Quadratmeterpreise von 1997–2009 zwar mehr als verdreifacht, im Vergleich zu Kopenhagen machen sie mit ca. 10 000 DKK aber nur die Hälfte des dortigen Preises aus (M 7).

Zunehmende Tertiärisierung

Ein weiterer Grund für das Umzugsverhalten ist die unterschiedliche **Dynamik des Arbeitsmarktes** in den Teilregionen. Obwohl in Schonen bis 2007 der primäre Sektor auf einen Anteil von 2,1 % (1993: 3,2 %) der Beschäftigten und der sekundäre Sektor auf 22,6 % (1993: 25,7 %) gesunken sind, hatten beide Sektoren weiterhin eine höhere Bedeutung als in Kopenhagen. Dort betrug der Anteil der Beschäftigten im primären Sektor nur noch 0,7 % (1993: 1,0 %) und im sekundären Sektor 14,8 % (1993: 17,9 %) (M 3).

In beiden Teilregionen ist die **Tertiärisierung** weiter vorangeschritten. Der Anteil der Beschäftigten im tertiären Sektor ist in Kopenhagen um 3,4 % auf 84,5 % und in Schonen um 4,2 % auf 74,3 % gewachsen. Auch die Anzahl der Beschäftigten insgesamt hat zugenommen. In Kopenhagen gab es 2007 insgesamt 938 511 Beschäftigte, was einen Zuwachs von 108 140 Beschäftigten im Vergleich zu 1993 bedeutet. In Schonen betrug der Zuwachs 87 262 Beschäftigte, sodass es 2007 535 585 Beschäftigte in der Region gab (M 3).

Teilaufgabe 3

Der Operator „erörtern" (Anforderungsbereich III) verlangt von Ihnen das begründete Abwägen zwischen Pro und Kontra mit dem Ziel einer abschließenden eigenen Urteilsbildung. In dieser Teilaufgabe wird von Ihnen erwartet, dass Sie die Chancen und Probleme der Öresund-Verbindung aufzeigen und vor dem Hintergrund regionaler Aspekte sowie der europäischen Raumentwicklung beurteilen (M 4–M 10).

Konzept der europäischen Raumentwicklung

Im Zuge einer fortschreitenden **europäischen Integration** werden durch Leitbilder Perspektiven und Strategien für die Raumentwicklung in Europa aufgezeigt. Diese stellen einen raumordnungspolitischen Orientierungsrahmen dar, der neben dem Zusammenwachsen Europas auch gesellschaftliche und räumliche Entwicklungen berücksichtigt. Mithilfe dieser Konzepte und der **europäischen Regionalpolitik** sollen beispielsweise räumliche und wirtschaftliche Disparitäten zwischen hoch verdichteten und peripheren Räumen abgeschwächt werden.

Im Konzept der **europäischen Raumentwicklung** sind über die Kernzone mit den Wirtschafts- und Schaltzentralen London, Paris und dem Ruhrgebiet weitere Kernzonen im peripheren Raum vorgesehen. Eine davon befindet sich im Nordosten Deutschlands. Die Öresund-Region liegt am Rande des Baltischen Bogens, der einen Entwicklungskorridor von St. Petersburg über die skandinavischen Metropolen Helsinki und Stockholm bis nach Berlin bildet und somit in die beschriebene neue Kernzone im **peripheren** Raum hineinreicht. Berlin stellt am Ende dieses Korridors das Tor zu internationalen Märkten, die sog. Ville Porte, dar. Ein weiterer Entwicklungskorridor führt von Berlin aus zurück über Warschau nach Moskau. Entlang des Entwicklungskorridors und nördlich der neuen Kernzone werden die Metropolen Kopenhagen und Malmö mit den Wirtschaftszentren St. Petersburg, Helsinki und Stockholm sowie mit Hamburg, Berlin und Warschau primär vernetzt und es werden Synergien geschaffen (M 10).

Infrastrukturelle Anbindung der Öresundregion

Durch die Einbindung der Öresund-Region in das Raumentwicklungskonzept und die durch die Öresund-Verbindung geschaffene **infrastrukturelle Anbindung** ist eine zunehmende wirtschaftliche Bedeutung der Region möglich. Verschiedene Aspekte sprechen hierfür.

Steigendes Verkehrsaufkommen

Zunächst soll laut Prognosen bis 2029 die Bevölkerung weiter wachsen. Ein Anstieg auf 4 052 000 wird in diesem Rahmen für wahrscheinlich gehalten. Außerdem soll der **Güterverkehr** im westlichen Ostseeraum, das heißt in Deutschland, Dänemark und

Schweden, weiter ansteigen. Insgesamt wird bis 2015 ein Zuwachs von 16,3 Mio. t erwartet, sodass der Güterverkehr dann 45,9 Mio. t jährlich umfassen wird. Der größte Anstieg ist beim Gütertransport per Lkw von 23,0 auf 31,6 Mio. t und per Güterzug von 5,6 auf 12,3 Mio. t zu erwarten, während die Kombination beider Verkehrsmittel eher unbedeutend bleiben wird. Auch der **Personenverkehr** wird weiter zunehmen. Hierzu gibt es drei verschiedene Szenarien, die alle einen kontinuierlichen Anstieg der Anzahl der Fahrzeuge pro Tag bis 2025 prognostizieren. Der niedrigste anzunehmende Wert liegt bei ca. 29 000, der mittlere bei 40 000 und der höchste bei ca. 53 000. Der tatsächliche Wert von ca. 20 000 im Jahr 2008 wird somit in allen Szenarien deutlich übertroffen. Nicht zuletzt ist eine weitere **Vernetzung** mit dem Baltikum und der neuen Kernzone im peripheren Raum vielversprechend im Hinblick auf die wirtschaftliche Entwicklung (M 4, M 8, M 9).

Beitrag zum Abbau von Disparitäten

In diesem Zusammenhang hat die Öresund-Verbindung einen entscheidenden Beitrag zur grenzüberschreitenden Kooperation und zur Raumentwicklung Europas geleistet. Es wurde hierdurch nicht nur eine Verkehrsverbindung zwischen Dänemark und Schweden geschaffen, sondern im Sinne der europäischen Raumentwicklung auch die Anbindung Skandinaviens und des Baltikums ans europäische Festland sowie die wirtschaftlichen Kernzonen Europas verbessert. Entlang der Verkehrsachse Hamburg-Stockholm wurden außerdem Impulse für die wirtschaftliche Entwicklung peripherer Räume gegeben und so **innereuropäische Disparitäten** zwischen Nord- und Mitteleuropa abgemildert (M 5, M 10).

Ökologische Risiken der Öresund-Verbindung

Trotz der Chancen, die die Öresund-Verbindung für die Region mit sich gebracht hat und weiter mit sich bringen wird, sollten die Risiken des Projekts nicht unberücksichtigt bleiben. Durch das aufwendige Bauprojekt wurden erhebliche **Eingriffe in das marine Ökosystem** vorgenommen. Insbesondere das Anlegen einer künstlichen Halbinsel von 430 m Länge angrenzend an den Kopenhagener Flughafen, das Vorrücken des Tunnelabschnitts sowie die Fundamentlegung für die Brückenpfeiler sind hier zu nennen. Durch das Bauwerk wurde darüber hinaus der ohnehin schmale Durchlass zwischen Nord- und Ostsee, der für den Wasseraustausch zwischen den Meeren von Bedeutung ist, weiter verringert (M 4).

Die Zunahme des Personen- und Güterverkehrs sowie der Pendlerströme stellt ein weiteres **ökologisches** Problem dar, da dies die **Lärmbelästigung** verstärkt und die **Schadstoffemissionen** erhöht, ein Problem, dem Großstädte sowieso schon ausgesetzt sind. Insbesondere im Bereich der innerstädtischen Zufahrtsstraßen von Malmö und Kopenhagen wird die Umweltbelastung höher und das **Stadtklima** wird erheblich beeinflusst (M 5, M 6, M 8, M 9).

Zunahme der regionalen Disparitäten

Innerhalb Europas werden zwar durch die beschriebene Raumentwicklung Disparitäten abgebaut, die **regionalen Disparitäten** in Dänemark und Schweden nehmen jedoch zu. Besonders deutlich wird dies in der Region Seeland, die nur einen geringen Zuwachs von Beschäftigten aufweist und auch bei der demographischen Entwicklung dem Trend des Bevölkerungszuwachses Kopenhagens und Malmös entgegensteht (M 3, M 4, M 7).

Fazit

Die positiven Aspekte, insbesondere in Bezug auf die wirtschaftliche Zukunftsperspektive der Öresund-Region, überwiegen. Die Öresund-Verbindung hat die Abkopplung Skandinaviens und des Baltikums vom Rest Europas verhindert und somit eine Hürde bei der wirtschaftlichen und räumlichen Entwicklung peripherer Räume Europas beseitigt. Jedoch darf beim Blick auf Europa nicht die regionale Perspektive außer Acht gelassen werden. In der Öresund-Region selbst bedarf es daher ebenso einer genauen Raumplanung, damit die negativen Aspekte vor Ort langfristig nicht überhandnehmen.

M 3 Fremdenverkehr auf Oahu und Big Island (Hawaii) (GK 2010, Aufgabe 2)

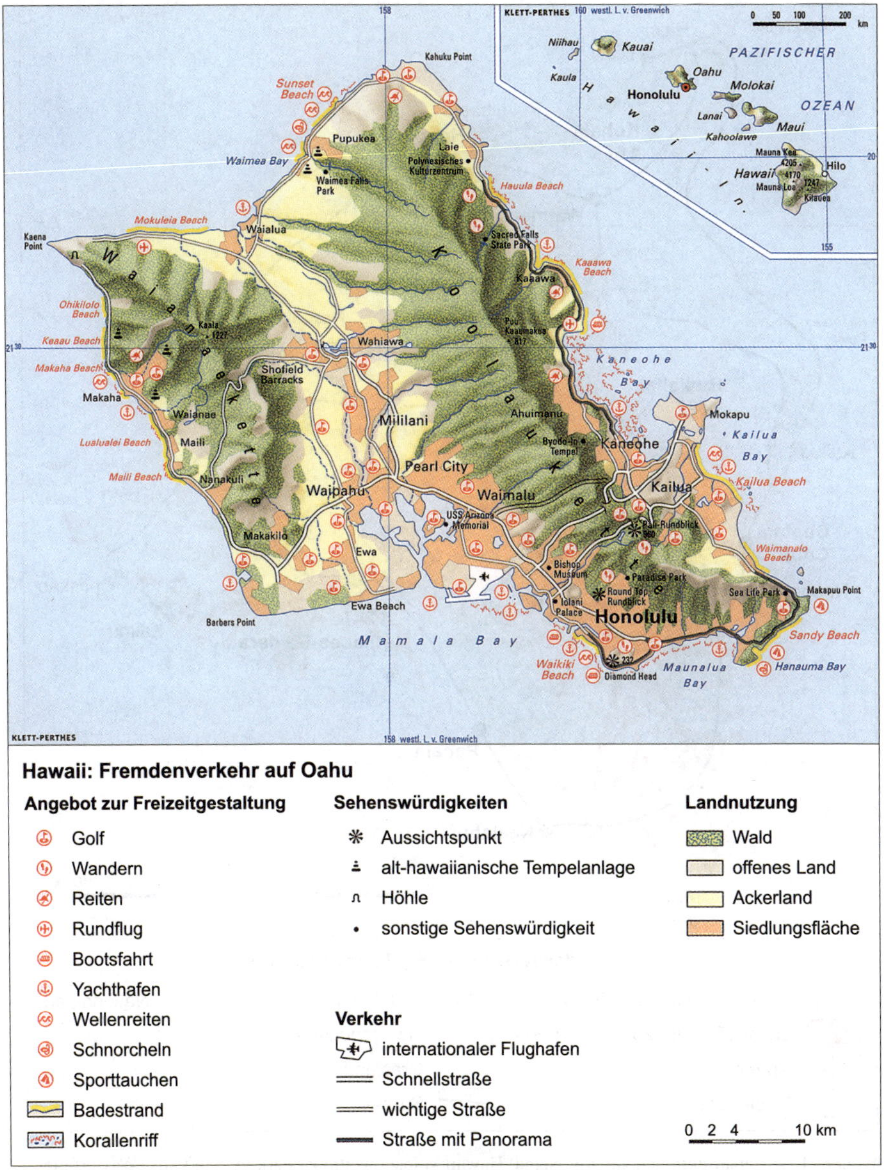

Alexander Weltatlas, © Ernst Klett Verlag GmbH, Stuttgart und Gotha

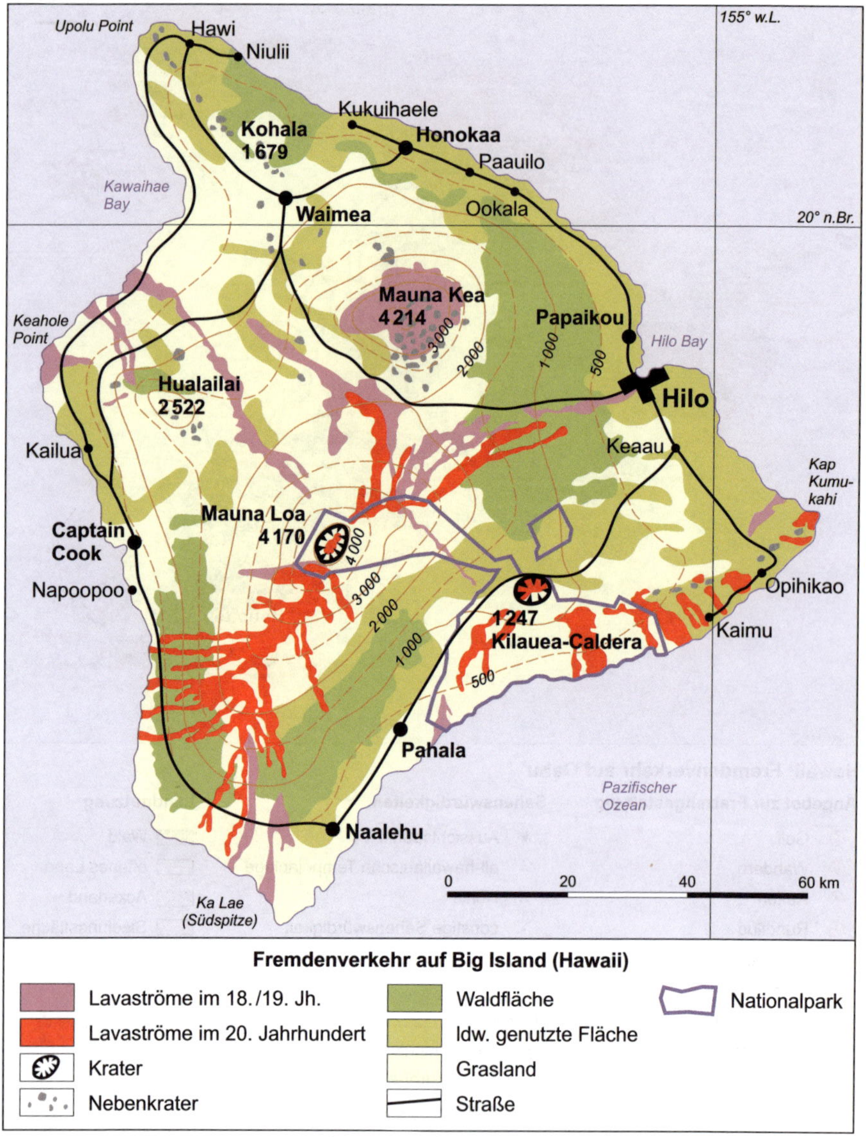

Weitere Touristenattraktionen auf Big Island: Hawaii Volcano National Park, Akaka Falls (Wasserfälle und tropische Flora), Lapakahi State Historical Park (Archäologie), Hochseeangeln

Abiturähnliche eigene Darstellung

M 10 Stadtumbaukonzept Halle-Silberhöhe (LK 2010, Aufgabe 2)

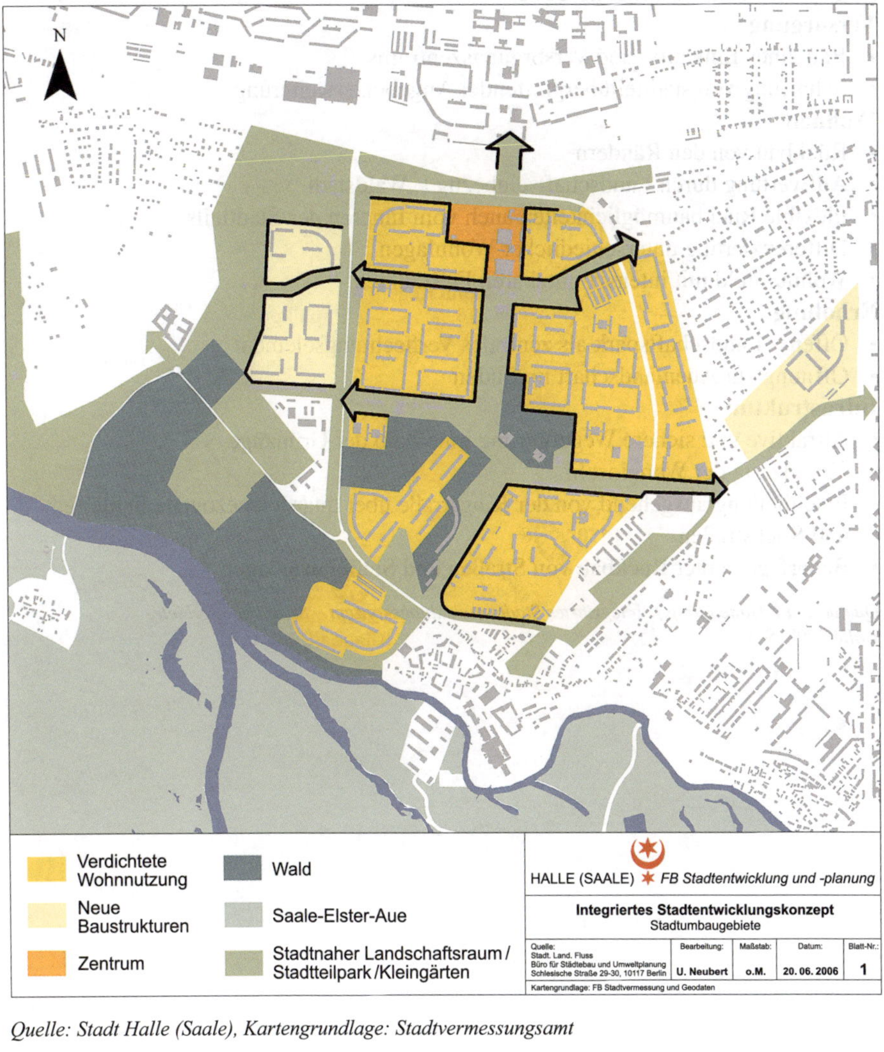

Quelle: Stadt Halle (Saale), Kartengrundlage: Stadtvermessungsamt

Zu M 10:

Beginn der Maßnahmen ab 2002

Versorgung

- Bau eines Einkaufs- und Versorgungszentrums
- Schaffung von stadtteilübergreifender Angebotserweiterung

Wohnen

- Rückbau von den Rändern
- Aufwertung durch Landschaftseinbezug („Waldstadt“)
- Flexible Rückbaumöglichkeiten auch vom Inneren des Stadtteils
- Differenzierung unterschiedlicher Wohnlagen
- Wohnumfeld mit intensiv nutzbaren Freiräumen

Erholung

- Offener Landschaftspark als zentrales Verflechtungselement
- Öffnung zur Auenlandschaft im Süden

Infrastruktur

- Attraktive und sichere Wegeführung innerhalb der Grünzüge
- Vernetzung der Wohninseln
- Erschließung ausgehend von der Ringstraße über quartiersbezogene Schleifen und Stichstraßen
- Bedarfsgerechter Rückbau von Straßen und Stellplatzanlagen

Quelle: Stadt Halle (Hrsg.): Integriertes Stadtentwicklungskonzept – Stadtumbaugebiete. Halle 2007, S. 87

M 4 Lanzarote und La Palma: Topographie und touristische Zentren (LK 2010, Aufgabe 3)

□ **Santa Cruz**	über 50 000 Einwohner	• **San José**	1 000 bis 5 000 Einwohner
□ **Taco**	10 000 bis 50 000 Einwohner	• **Benijo**	bis 1 000 Einwohner
○ **Los Silos**	5 000 bis 10 000 Einwohner		

Quellen: © GEO / Stefanie Peters, Geo Special Ausgabe 6 / 2005 „Kanarische Inseln“, S. 155 und 158; Instituto Canario de Estadistica (Hrsg.): Canarias en cifras 2006 / 07. o. O. u. o. J., S. 10 und 13, http://www.gobiernodecanarias.org/istac (Zugriff 12. 04. 2008)

M 5 Agglomeration Buenos Aires – soziale Differenzierung (GK 2011, Aufgabe 1)

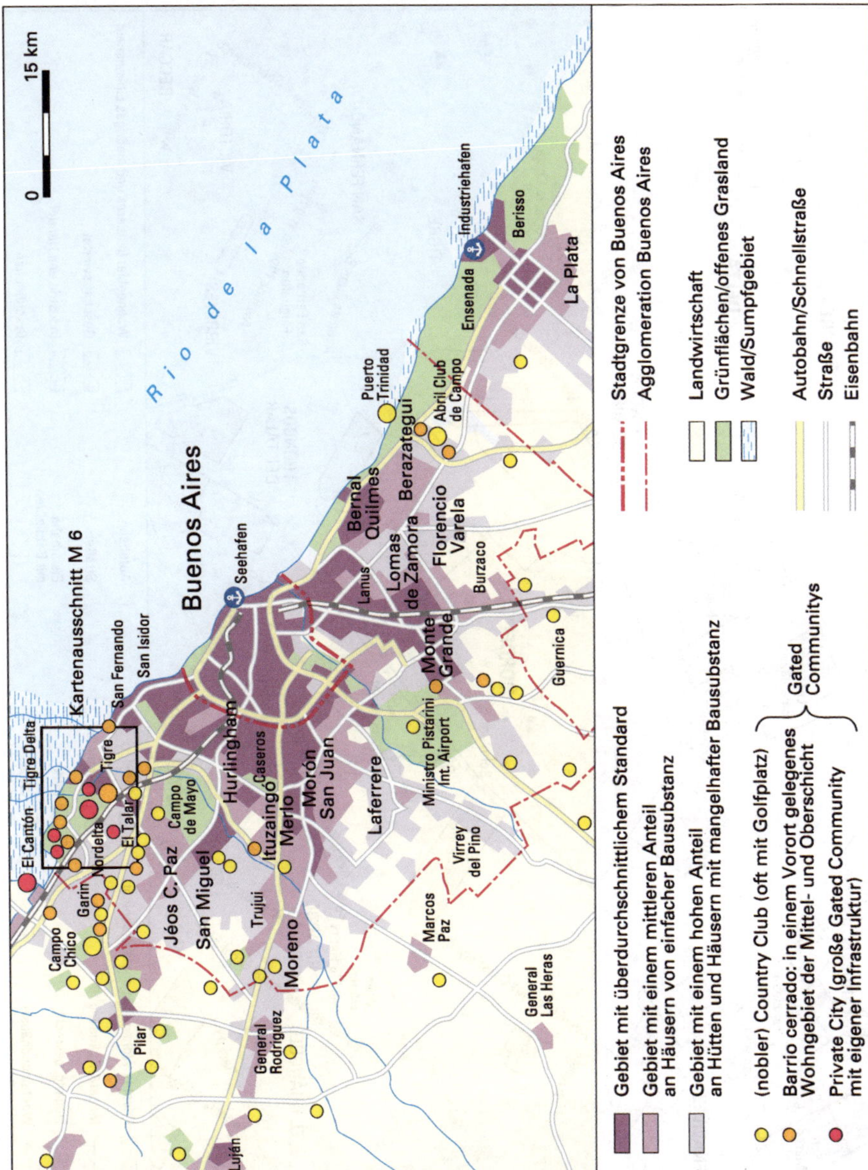

Quelle: © cartomedia, Karlsruhe

M 6 Flächennutzung und soziale Differenzierung im Nordwesten von Buenos Aires (GK 2011, Aufgabe 1)

Quelle: © cartomedia, Karlsruhe

M 4 Wilhelmshaven
(GK 2011, Aufgabe 2)

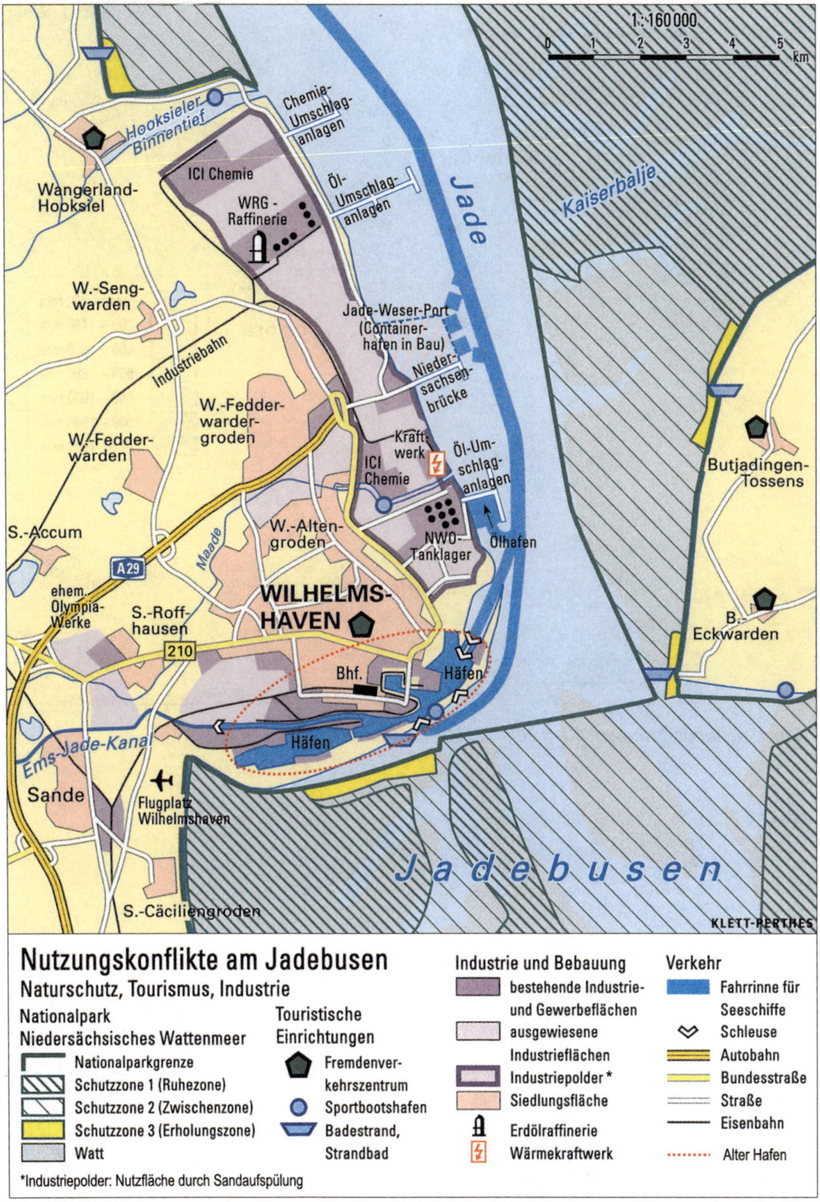

Quelle: Haack Weltatlas. Stuttgart: Klett 2008, S. 25 (verändert)

M 2 Jahresniederschlag in Spanien (LK 2011, Aufgabe 1)

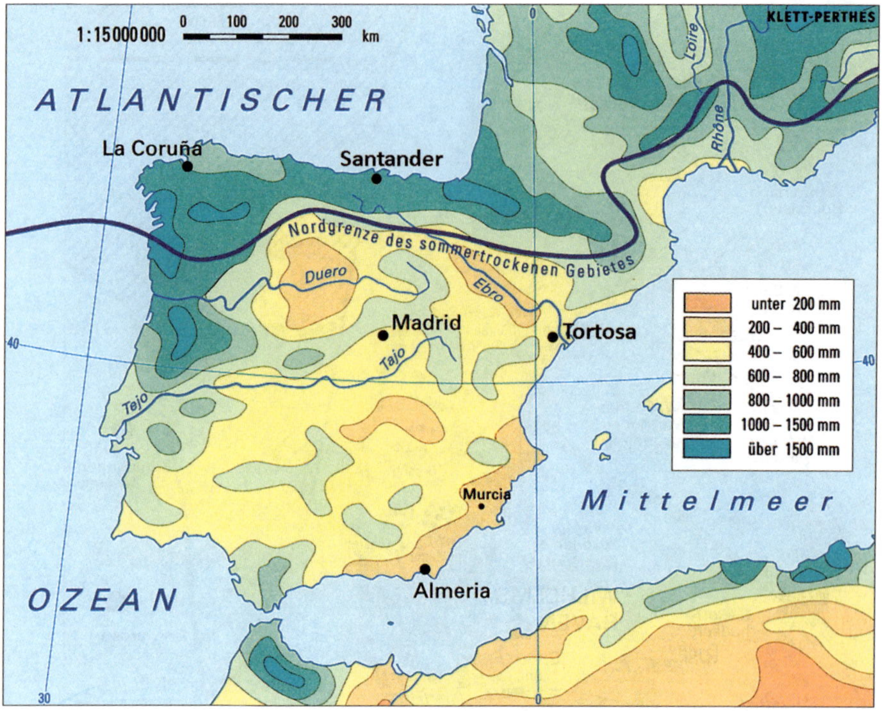

Quelle: Haack Weltatlas, Stuttgart: Klett 2008, S. 103 (verändert)

M 3 Wasserbilanz der Iberischen Halbinsel (LK 2011, Aufgabe 1)

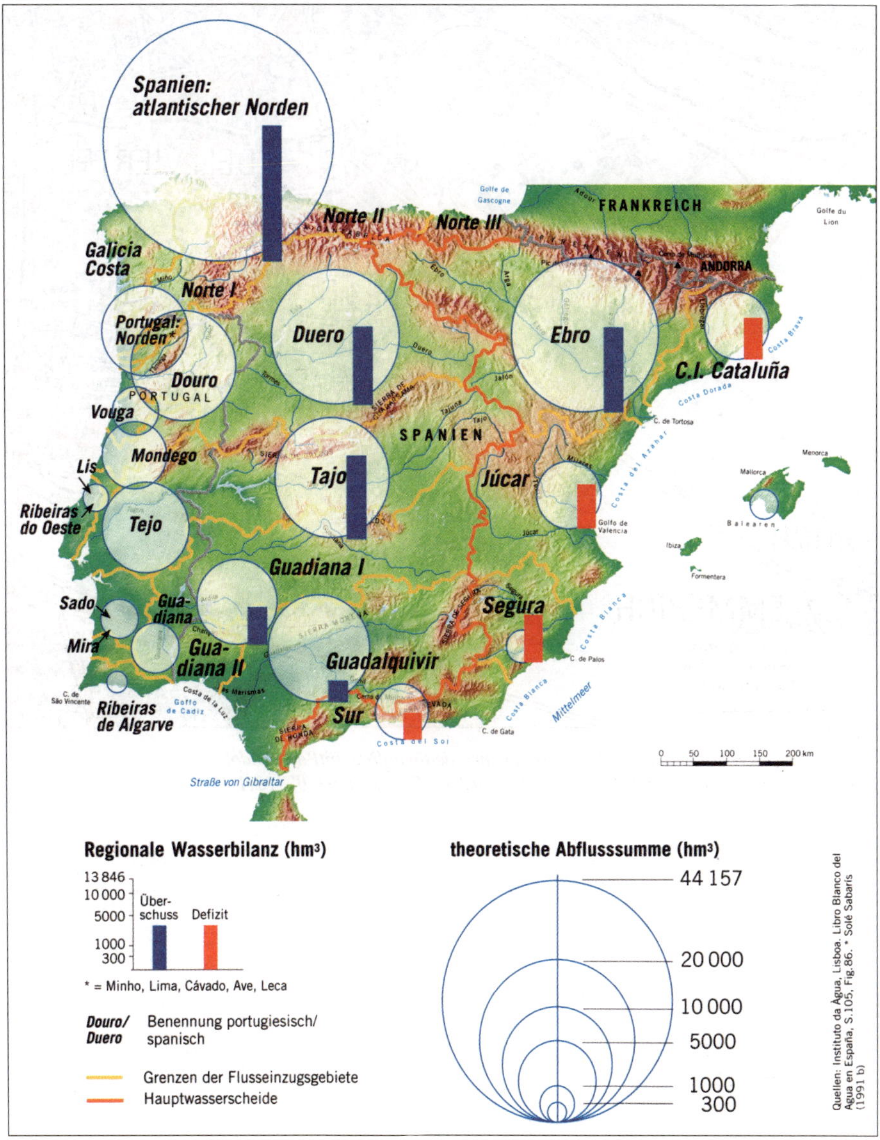

Quelle: Breuer, Toni: Iberische Halbinsel. Darmstadt; Wissenschaftliche Buchgesellschaft 2008, S. 62

M 3 Duisburg-Hochfeld Ende der 1990er-Jahre (GK 2012, Aufgabe 1)

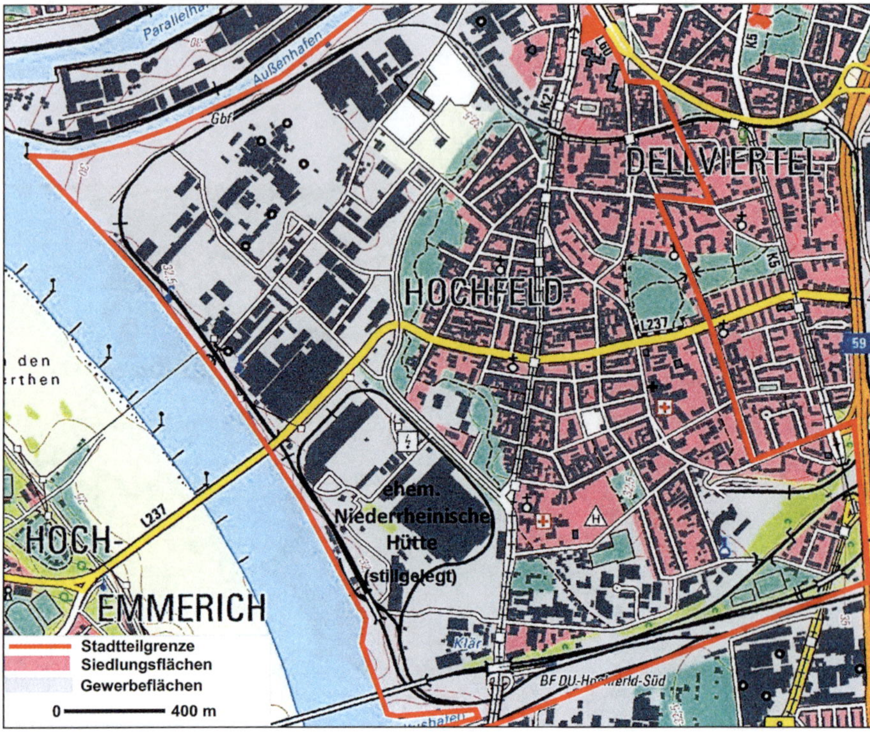

Quelle: verändert nach: http://www.tim-online.nrw.de/timonline/initParams.do; jsessionid=579B106DADA5A98D036B40277E9EDDEF (Zugriff 03. 08. 2011)

M 6 Stadtteilentwicklung im Rahmen des Programms „Soziale Stadt“ (GK 2012, Aufgabe 1)

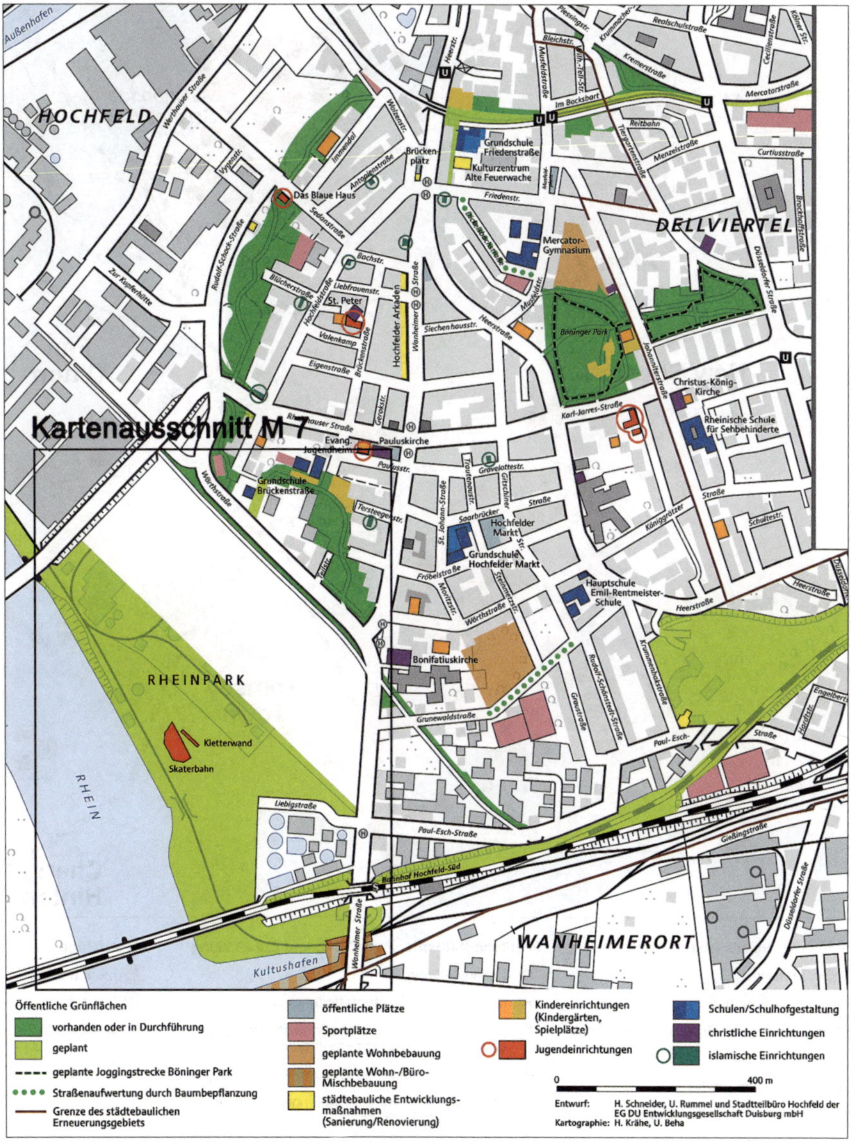

Anmerkung:
Dargestellt werden die bis 2008 geförderten Maßnahmen sowie noch in Planung stehende Maßnahmen.

Quelle: Atlas der Metropole Ruhr, Emons Verlag, Köln 2009, S. 151.

M 5 Cambridge City – Hightech-Branche (GK 2012, Aufgabe 2)

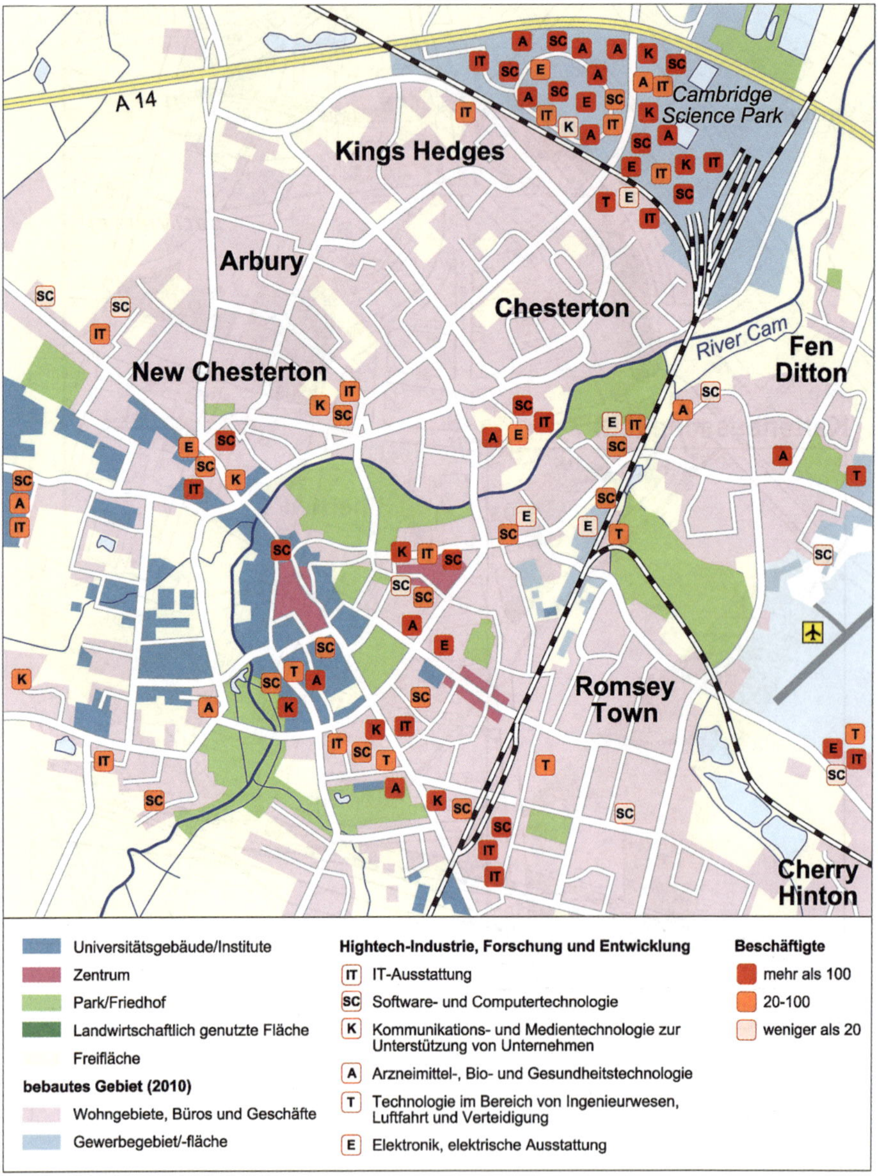

Quelle: © cartomedia, Karlsruhe

M 2 Bitterfeld und Wolfen 2007
(LK 2012, Aufgabe 1)

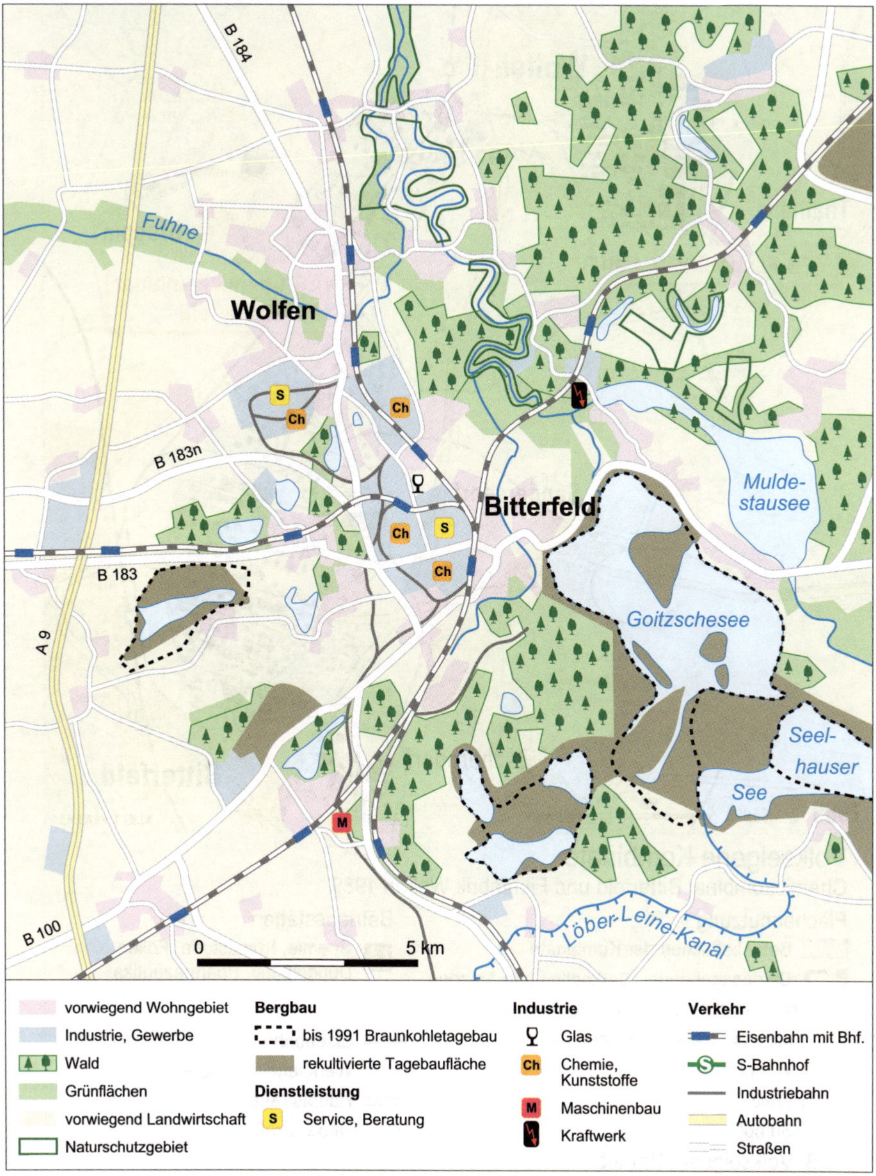

Quelle: © cartomedia, Karlsruhe

M 3 Entwicklung der Industrie in Bitterfeld und Wolfen 1989 – 2005 (LK 2012, Aufgabe 1)

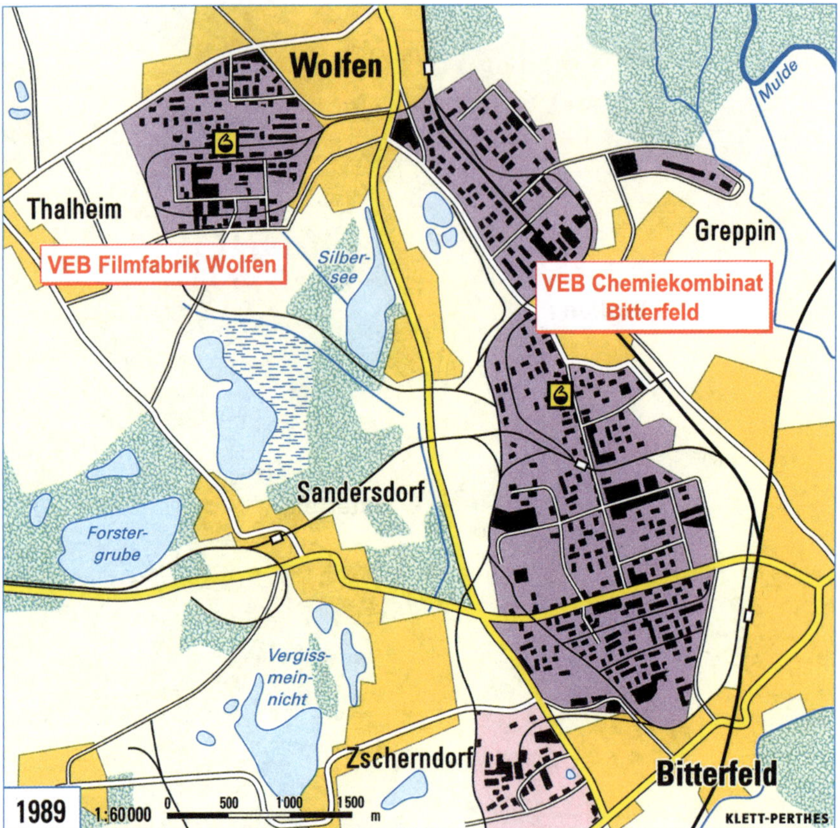

Volkseigene Kombinate

Chemiekombinat Bitterfeld und Filmfabrik Wolfen 1989

Flächennutzung

- Betriebsflächen der Kombinate
- Betriebsgebäude, Werkhallen und Anlagen

Betriebsstätten

- Chemie, Kunststoffe, Folien, Düngemittel, Pharmazeutika

Erklärungen für beide Karten

- sonstige Gewerbeflächen
- Wohnbebauung
- Wald
- Sumpf
- Eisenbahn
- Werkbahn, Industriebahn
- Hauptstraße
- Nebenstraße

VEB: Volkseigener Betrieb

Kombinat: konzernartig vernetzte Gruppe von Volkseigenen Betrieben

Quelle: Haack Weltatlas 2012, S. 56; Ernst Klett Verlag GmbH, Stuttgart 2012

M 3 Entwicklung der Industrie in Bitterfeld und Wolfen 1989 – 2005 (LK 2012, Aufgabe 1)

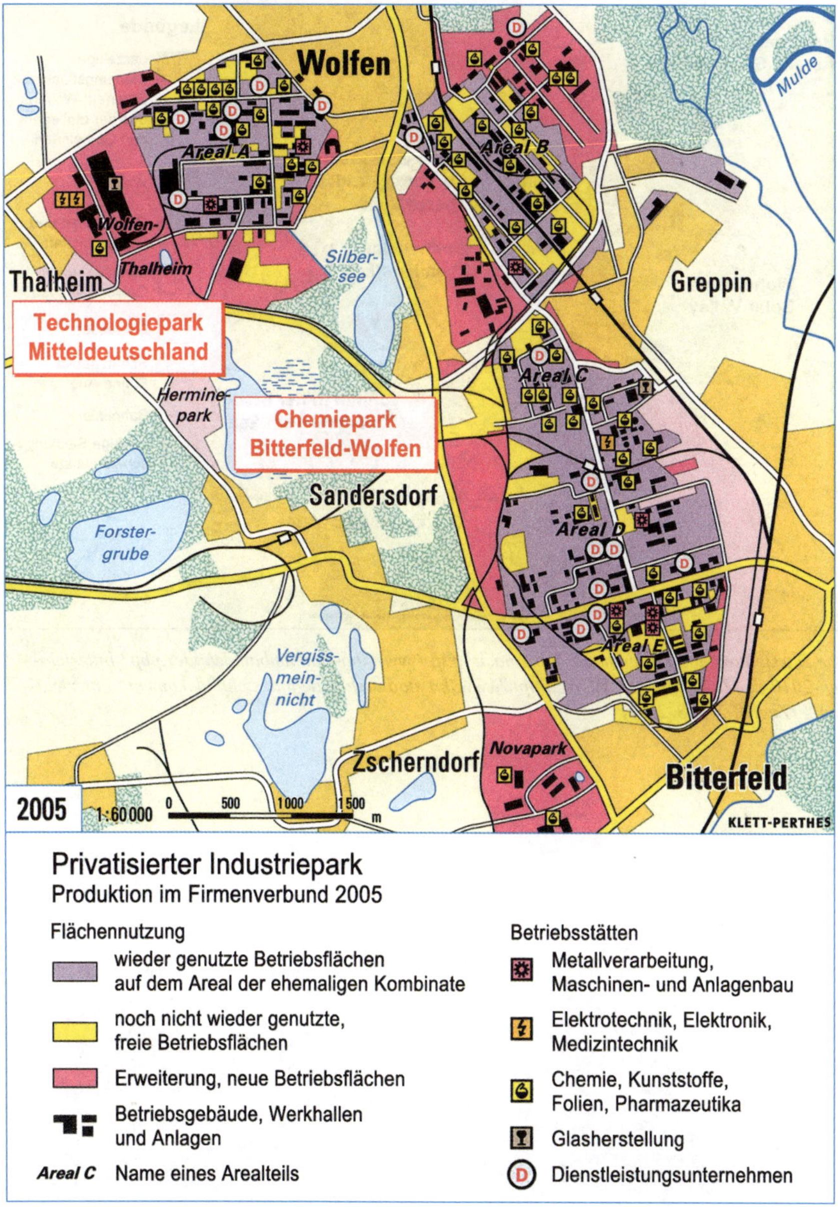

Quelle: Haack Weltatlas 2012, S. 56; Ernst Klett Verlag GmbH, Stuttgart 2012

M 10 Siedlungsprojekte bis 2020 (LK 2012, Aufgabe 1)

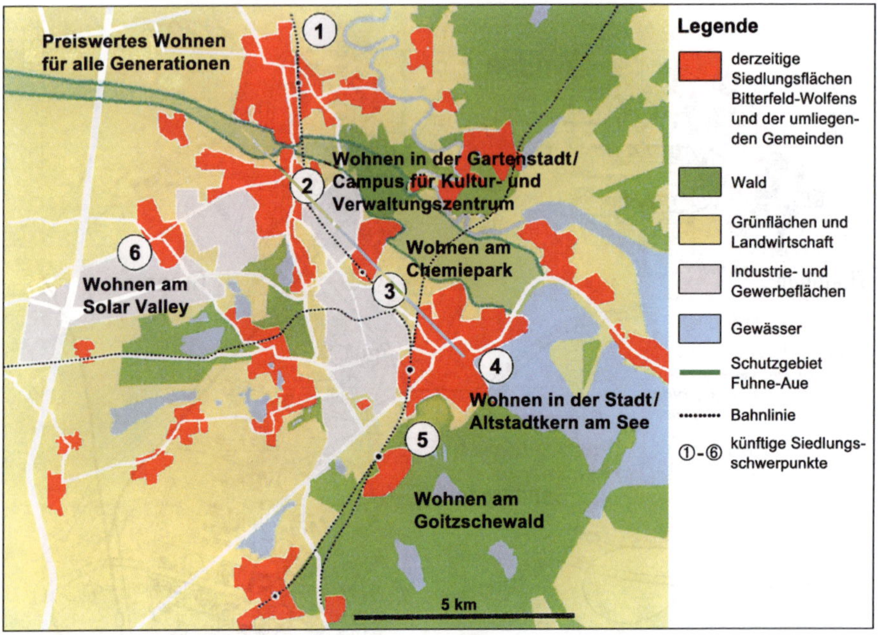

Eigene Darstellung und Zusammenstellung nach: http://www.iba-stadtumbau.de/index.php? bitterfeld-wolfen-2010-de (Zugriff 06. 07. 2010); http://www.iba-stadtumbau.de/index.php?dokumente-bitterfeld-wolfen-1 (Zugriff 29. 08. 2011)

M 3 Der Galapagos-Archipel (LK 2012, Aufgabe 2)

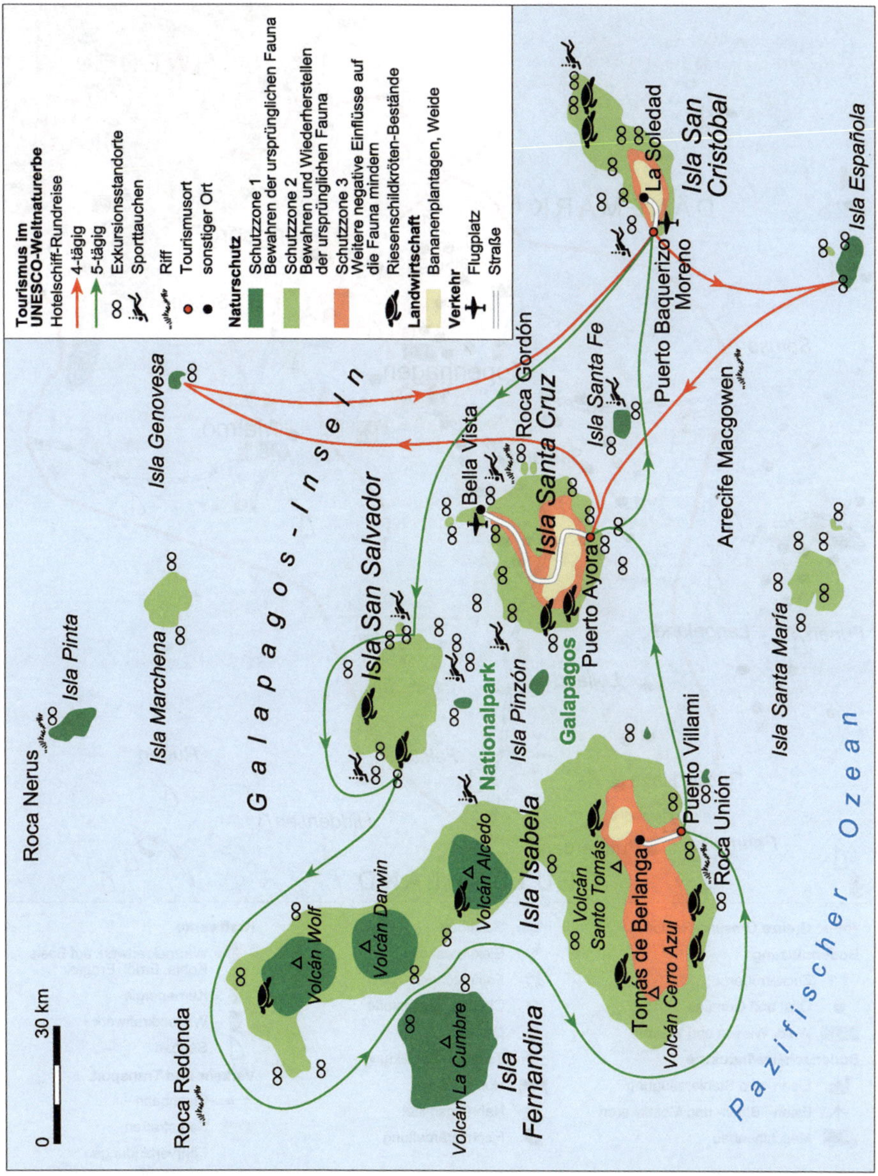

Quelle: © cartomedia, Karlsruhe

M 2 Wirtschaft Öresund-Region 1991 (LK 2012, Aufgabe 3)

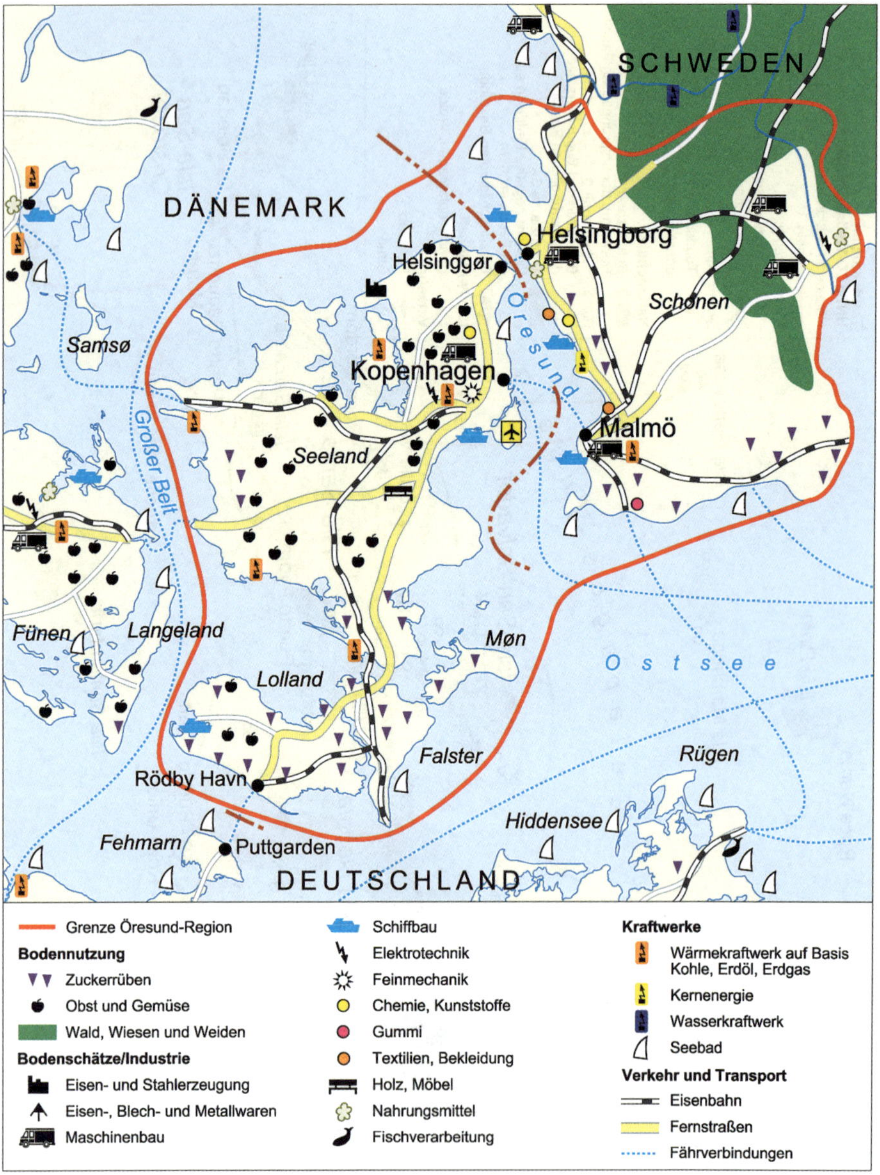

Quelle: © cartomedia, Karlsruhe

M 5 Daten und Fakten zur Öresund-Verbindung (LK 2012, Aufgabe 3)

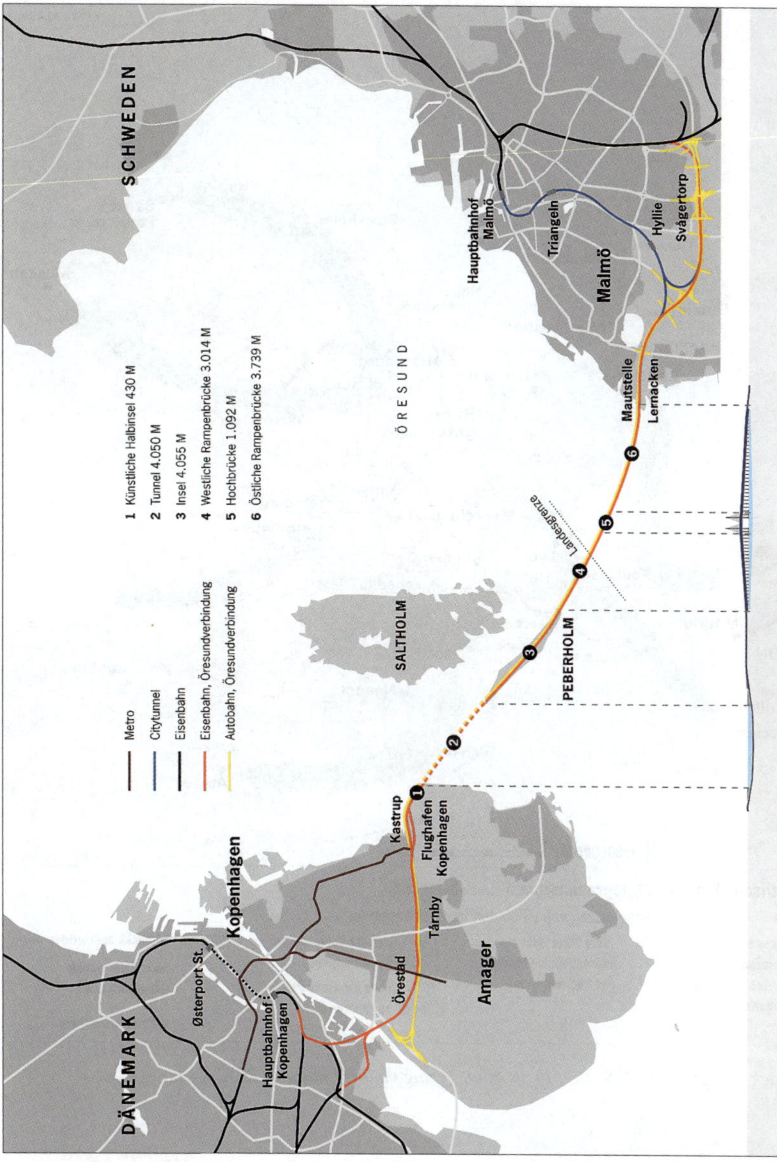

Eigene Darstellung und Zusammenstellung nach: ØRESUNDSBRO KONSORTIET 2010 (Hrsg.): 10 Jahre. Die Öresundbrücke und ihre Region, S. 7 unter http://de.oresundsbron.com/page/26 (Zugriff 15. 09. 2011); http://de.oresundsbron.com/page/2867 (Zugriff 15. 09. 2011)

M 10 Konzept europäischer Raumentwicklung (LK 2012, Aufgabe 3)

Quelle: Haack Weltatlas 2012, S. 109; Ernst Klett Verlag GmbH, Stuttgart 2012

(Bitte blättern Sie um)